U0283739

木　质　门

主　编　吕　斌　傅　峰
主　审　叶克林

中国建材工业出版社

图书在版编目（CIP）数据

木质门／吕斌，傅峰主编．—北京：中国建材工业出版社，2013.5

ISBN 978-7-80227-853-0

Ⅰ.①木… Ⅱ.①吕… ②傅… Ⅲ.①木结构—门—基本知识 Ⅳ.①TU228

中国版本图书馆 CIP 数据核字（2010）第 186772 号

木质门

吕 斌 傅 峰 主编

出版发行：中国建材工业出版社
地　　址：北京市西城区车公庄大街 6 号
邮　　编：100044
经　　销：全国各地新华书店
印　　刷：北京中科印刷有限公司
开　　本：710mm×1000mm　1/16
印　　张：20
字　　数：370 千字
版　　次：2013 年 5 月第 1 版
印　　次：2013 年 5 月第 1 次
书　　号：ISBN 978-7-80227-853-0
定　　价：88.00 元

本社网址：www.jccbs.com.cn
本书如出现印装质量问题，由我社发行部负责调换。联系电话：（010）88386906

编委会

参编企业：

浙江梦天木业有限公司
巴洛克木业（中山）有限公司
金田豪迈木业机械有限公司
重庆星星套装门有限责任公司
湖州世友门业有限公司
江苏合雅木门有限公司
北京闼闼同创工贸有限公司
广东润成创展木业有限公司
广东汇龙涂料有限公司
吉林兄弟木业集团有限公司
佛山市德嘉木业有限公司
吉林森林工业股份有限公司北京门业分公司
南京格林木业有限公司
秦皇岛卡尔凯旋木艺品有限公司
北京润成创展木业有限公司
江苏肯帝亚森工科技股份有限公司
北京安居益圆工贸有限公司
北京伟士佳合展览策划有限公司

前　言

民以食为天，人以居为安。《论语·雍也》曰："谁能出不由户？"居住要素中首要的就是门，入必由之，出必由之。除了必备的实用功能外，门还具有一定的装饰作用，体现文化品味。门既是建筑物的脸面，又是独立的艺术品。而木质门是人居环境质量改善的标志，是美好幸福生活的体现，更是生态文明建设的承载者。

传统的木质门，大多以原木或锯材为原料，采用简单工具手工加工而成。现代木质门，则以原木、锯材、集成材、纤维板、刨花板、胶合板、装饰纸、装饰单板等木质材料为主体，辅以玻璃、蜂窝纸、五金件等，利用电子开料锯、四面刨床、数控机床、加工中心等现代化装备加工而成。木质门按材料可分为实木门、实木复合门和木质复合门；门的款式则是应有尽有。十几年来，木质门生产由初期的手工订做逐渐转向机械化、自动化、规模化生产，材料、设计、工艺、设备、安装和使用等都发生了翻天覆地的变化，企业生产技术、产品质量、管理水平显著提高，市场意识、品牌意识、服务意识也明显增强。目前，全国已有木质门生产企业一万余家，新生企业如雨后春笋，品牌企业产能扩大，产业集群正在形成，呈现出蓬勃繁荣的发展势头。为了全面反映我国木质门产业的最新发展情况，便于行业内的相互交流和借鉴，中国林业科学研究院木材工业研究所联合国内高等院校、有关企业的知名专家、教授及经验丰富的技术人员，共同编写了《木质门》一书。

本书从木质门文化、木质门分类、行业发展、材料与性能、五金件及其他辅料、造型与设计、生产工艺、加工装备、涂饰工艺、特种功能木质门、质量与标准、选购、安装与使用以及木质门图示等多个方面，对木质门进行了全方位的解读，主要供木质门生产技术人员、营销人员、管理人员、科研人员、高校师生以及对木质门感兴趣的读者进行阅读，也可作为木质门相关企业的培训教材使用。本书的出版将为我国木质门的生产、销售、管理和技术革新提供重要参考，为木质门产业的健康发展提供有力的科技支撑。

由于编写水平有限，不妥之处在所难免，敬请读者批评指正！

本书编委会

2013 年 1 月 18 日

目　录

第1章　概述…………………………………………………………………… 1

1.1　木质门起源 …………………………………………………………… 1
1.2　木质门文化 …………………………………………………………… 3
1.2.1　木质门的文化蕴涵 …………………………………………… 4
1.2.2　木质门文化的发展…………………………………………… 14
1.3　木质门分类…………………………………………………………… 14
1.3.1　按材料分类…………………………………………………… 15
1.3.2　按芯材结构分类……………………………………………… 15
1.3.3　按表面装饰分类……………………………………………… 16
1.3.4　按门口形式分类……………………………………………… 16
1.3.5　按功能分类…………………………………………………… 16
1.4　木质门相关术语……………………………………………………… 17
1.4.1　与门分类相关的术语………………………………………… 17
1.4.2　与门框相关的术语…………………………………………… 17
1.4.3　与门扇相关的术语…………………………………………… 18

第2章　我国木质门行业发展概况 ………………………………………… 19

2.1　木质门现状概述……………………………………………………… 19
2.1.1　木质门行业现状……………………………………………… 19
2.1.2　我国木质门主要产区………………………………………… 20
2.1.3　木质门进出口情况…………………………………………… 22
2.1.4　品牌建设与行业管理………………………………………… 23
2.2　木质门市场需求分析………………………………………………… 24
2.3　木质门行业发展中存在的问题……………………………………… 27
2.4　木质门行业发展趋势………………………………………………… 28

第3章　木质门材料与性能 ………………………………………………… 31

3.1　木材…………………………………………………………………… 31

3.1.1 胡桃木 …… 31
3.1.2 樱桃木 …… 32
3.1.3 枫木 …… 32
3.1.4 榉木 …… 32
3.1.5 山毛榉 …… 33
3.1.6 水曲柳 …… 33
3.1.7 橡木 …… 34
3.1.8 欧洲桦 …… 34
3.1.9 筒状非洲楝 …… 35
3.1.10 阿林山榄 …… 35
3.1.11 爱里古夷苏木 …… 36
3.1.12 柚木 …… 36
3.1.13 铁刀木 …… 36
3.1.14 柞木 …… 37
3.1.15 花梨木 …… 37
3.1.16 铁杉 …… 37
3.1.17 杉木 …… 38
3.1.18 柏木 …… 38
3.2 人造板材 …… 38
3.2.1 集成材 …… 39
3.2.2 纤维板 …… 42
3.2.3 刨花板 …… 45
3.2.4 胶合板 …… 51
3.2.5 细木工板 …… 55
3.2.6 蜂窝纸 …… 57
3.2.7 木塑复合材料 …… 59
3.2.8 竹质板材 …… 61
3.2.9 其他人造板材 …… 63
3.3 饰面材料 …… 63
3.3.1 薄木 …… 64
3.3.2 装饰纸 …… 66
3.3.3 聚氯乙烯（PVC） …… 70

第四章 五金件及其他辅料 …… 72

4.1 五金件 …… 72

4.1.1　概述 …… 72
4.1.2　五金件 …… 73
4.2　其他辅料 …… 94
4.2.1　胶粘剂 …… 94
4.2.2　玻璃 …… 96
4.2.3　密封条及挡尘条 …… 98

第5章　木质门造型与设计 …… 99

5.1　造型设计概述 …… 99
5.1.1　造型设计 …… 99
5.1.2　木质门的造型设计 …… 99
5.2　造型要素 …… 99
5.2.1　形态要素 …… 100
5.2.2　色彩要素 …… 110
5.2.3　肌理要素 …… 117
5.2.4　装饰要素 …… 120
5.3　形式美法则 …… 122
5.3.1　比例与尺度 …… 123
5.3.2　对称与均衡 …… 125
5.3.3　变化与统一 …… 127
5.3.4　节奏与韵律 …… 129

第6章　木质门生产工艺 …… 131

6.1　实木门生产工艺 …… 131
6.2　实木复合门生产工艺 …… 135
6.3　T型木质门生产工艺 …… 137
6.4　木质复合门生产工艺 …… 140
6.5　木质门先进生产线介绍 …… 141

第7章　木质门生产装备 …… 147

7.1　木质门加工备料设备 …… 147
7.1.1　细木工设备 …… 147
7.1.2　板材加工设备 …… 156
7.1.3　单板备料设备 …… 159
7.2　门扇加工设备 …… 164

7.2.1 组坯热压线设备 …… 164
7.2.2 四面刨床 …… 167
7.2.3 数控加工中心 …… 169
7.2.4 双端开榫加工中心 …… 170
7.2.5 T型封边机 …… 172
7.2.6 门芯板异形铣床 …… 173
7.2.7 真空覆膜机 …… 173
7.3 门框加工设备 …… 176
7.3.1 门框部件加工设备 …… 177
7.3.2 门框包覆设备 …… 179
7.3.3 门框线条砂光机 …… 180
7.3.4 门框切角、锁孔和铰链孔数控加工中心 …… 181
7.4 木质门涂饰设备 …… 182
7.4.1 平面UV辊涂、砂光及干燥设备 …… 182
7.4.2 异形喷涂及干燥设备 …… 186
7.4.3 门框喷涂设备 …… 189

第8章 木质门涂饰 …… 191

8.1 涂饰基础知识 …… 191
8.1.1 涂料 …… 191
8.1.2 涂饰的分类 …… 195
8.1.3 涂饰方法的分类 …… 196
8.2 涂饰作用 …… 199
8.3 涂饰工艺 …… 200
8.3.1 涂饰工艺过程 …… 200
8.3.2 主要工序的施工 …… 200
8.4 涂层干燥 …… 207
8.4.1 固化方法 …… 207
8.4.2 固化规程 …… 208
8.5 涂饰缺陷及消除方法 …… 208
8.5.1 涂饰缺陷的影响因素 …… 208
8.5.2 涂饰缺陷的消除方法 …… 210
8.6 涂饰工艺示例 …… 213
8.6.1 不透明涂饰工艺示例 …… 213
8.6.2 透明涂饰工艺示例 …… 215

第 9 章　特种功能木质门 …… 220
9.1　木质防火门 …… 220
9.1.1　防火门的定义和分类 …… 220
9.1.2　木质防火门设计、安装与使用要求 …… 222
9.1.3　木质防火门使用的材料 …… 224
9.1.4　防火门生产工艺 …… 235
9.2　其他功能木质门 …… 239
9.2.1　电磁屏蔽木质门 …… 239
9.2.2　隔声功能木质门 …… 241
9.2.3　防盗木质门 …… 242
第 10 章　木质门质量与标准 …… 243
10.1　木质门质量 …… 243
10.1.1　木质门外观质量 …… 243
10.1.2　木质门的开裂和变形 …… 245
10.1.3　加工精度和安装质量要求 …… 245
10.1.4　木质门的理化性能质量 …… 246
10.1.5　木质门主要功能质量 …… 247
10.1.6　木质门的环保质量 …… 251
10.2　木质门标准 …… 252
10.2.1　我国木质门标准现状 …… 252
10.2.2　国外木质门标准现状 …… 271
第 11 章　木质门选购、安装与使用 …… 272
11.1　木质门的选购 …… 272
11.1.1　种类 …… 272
11.1.2　颜色与款式 …… 272
11.1.3　材料 …… 273
11.1.4　功能 …… 274
11.1.5　价格 …… 274
11.1.6　质量 …… 274
11.1.7　其他 …… 276
11.2　木质门的安装 …… 276
11.2.1　安装前准备工作 …… 276

11.2.2 安装流程 …… 277
11.2.3 安装实例 …… 277
11.2.4 安装时应注意的问题 …… 279
11.2.5 安装质量验收 …… 280
11.3 木质门的使用与维护 …… 280
11.3.1 室内基本条件的控制 …… 280
11.3.2 安装初期的保养 …… 280
11.3.3 使用过程中注意事项 …… 281
11.4 售后服务 …… 281
11.4.1 保修期 …… 281
11.4.2 保修时用户需注意的问题 …… 282
11.4.3 企业服务 …… 282
第12章 木质门图示 …… 283
12.1 实木门 …… 283
12.2 实木复合门 …… 288
12.3 木质复合门 …… 296
参考文献 …… 299

第1章 概　述

木质门指由实木或其他木质材料为主要材料制作的门框和门扇并通过五金件组合而成的门。从古至今，木质门在门装饰中一直有着十分重要的地位，特别是室内门，绝大多数为木质门。随着社会经济与科学技术的发展，木质门产业由最初的纯实木、纯手工家庭制作，逐步发展到以实木和人造板为原料，机械化和批量化生产的产业，初步形成了设计、生产、销售、服务齐全的产业体系。

1.1 木质门起源

木质门出现的确切时间难以考证。但是，根据一些古书记载和考古发现等可探寻木质门的起源。吴裕成在《中国的门文化》中指出，构巢筑屋是门意识的真正的开始。民间流传，上古时代的有巢氏是我国建筑史上第一人，是他发明了房屋，为民众解决了“住”的问题。《韩非子·五蠹》中描述：“上古之世，人民少而禽兽众，人民不胜禽兽虫蛇。有圣人作，构木为巢，以避群害，而民悦之，使王天下，号曰有巢氏。”关于有巢氏的传说也可见于庄周的《盗跖》篇和《淮南子》等。尚秉和在《历代社会风俗事物考》中将有巢氏神话诠释为：“架木巢居，得免穴居之苦。有巢氏之巢，不必在树上；垒土石，上架以木，简陋有类于巢，实近似于房屋。”

但是，房屋最初的门口多为固定的掩闭方式，然后逐步发展为可活动的门口掩闭方式，对陕西西安半坡村的仰韶文化遗址的考古发现也佐证了这一发展。陕西西安半坡村的仰韶文化遗址是目前我国考古发现中时代较早、聚落较完整和原始氏族房屋基址保存较多的遗址。杨鸿勋在《仰韶文化居住建筑发展问题的探讨》中论述，西安仰韶文化遗址中早期建筑门口多为固定的掩闭方式，门前有隔墙形成缓冲空间和略呈踏跺的沟状门道、缓冲坡状门道、槛墙式高门限等，到中后期出现了可活动的门口掩闭方式。如对一住房遗址复原考察中指出，该处住房入口处有木骨泥墙围成的类似“门厅”的缓冲空间（图1-1）。对另一处住房遗址复原考察中指出，该处住房的入口宽敞，但门口内外均未发现缓冲处理或遮挡结构的痕迹，似乎门口已有不固定的掩闭设置，诸如苇编的帘、席或枝条编笆之类的挡板。图1-2为该处房屋遗址的复原图。在此遗址出土的陶器上发现席纹以及墙体、屋盖骨架的制作，都表明了技术上的可能性。非洲、美洲、澳洲、东南亚等地区近世所见原始状态的民居都还没有门扇，其掩闭方式，例如美洲印第安人一般是在门口挂兽皮，非洲利比亚的加瑞安（Garian）一带，窑洞口则挂草帘等。

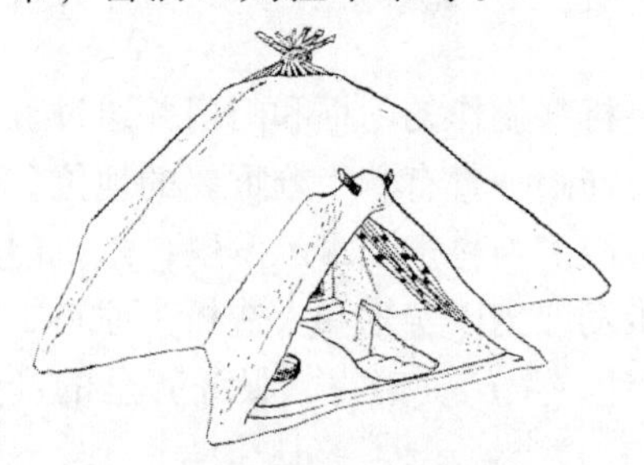

图1-1 住房门口为固定掩闭方式的半坡遗址复原图
（摘自《杨鸿勋建筑考古学论文集》第19页）

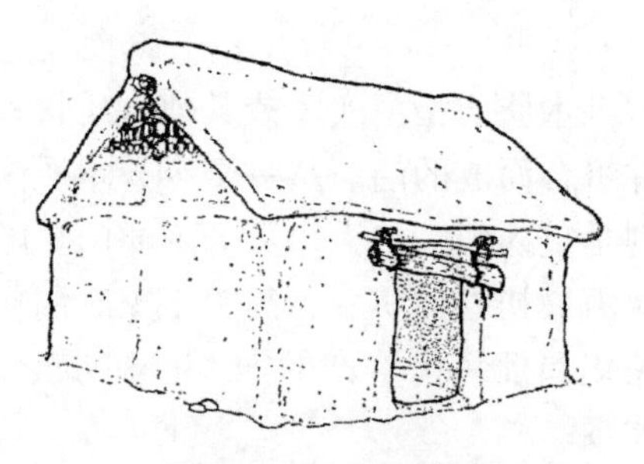

图1-2 住房门口为不固定掩闭方式的半坡遗址复原图
（摘自《杨鸿勋建筑考古学论文集》第25页）

门口掩闭方式自固定掩闭方式发展为可活动掩闭方式，在门的发展上是一大进步。之后，随着石制工具的发展和人类对木材加工水平的提高，在一定程度上促进了木质门的产生。但是，相关的考古文献对木质门的论述较少。浙江余姚河姆渡遗址第四文化层是我国首次发现的最早的木结构，距今已有6900多年，其出土的木材加工工具有石斧、石凿、石楔等，木构件有大量的带有榫卯、榫头的梁、柱、直棂栏杆构件和企口板等（图1-3），表明了同期人类有制作木质门的可能，但是具体有待进一步的考证。

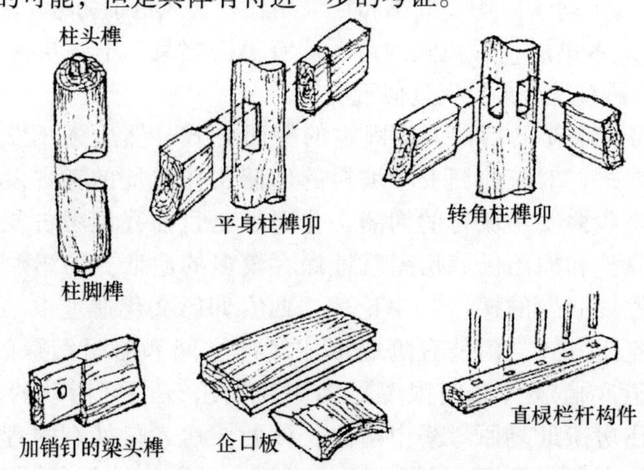

图1-3 河姆渡遗址出土的木构件
（摘自《杨鸿勋建筑考古论文集》第53页）

图1-4 宋《营造法式》所载的“乌头门”
（摘自《杨鸿勋建筑考古论文集》第92页）

对河南偃师二里头村宫廷建筑遗址的发掘，表明了在此之前已经出现了结构较完善的木质门。河南偃师二里头遗址，考古学界有推测为商代初期都城故址，也有推测为夏都遗址，具体情况还有待进一步考证。但是，据对其大门遗址的发掘，大门可复原为八间没有屋盖的牌坊门形式，其门扇可能是木条直棂或与木板混用。甲骨文的“冃”字正是画的这个形象。这种门因其形像车衡，所以古称“衡（或横）门”，是一种最古老的宫廷大门的式样，后世历代封建统治的宫苑、坛庙等重地所采用的“乌头门”（图1-4），便是模仿这种门。

1.2 木质门文化

门与人类文明同期产生和发展，门是人类最早进入建筑的出入口，同时也是了解人类文化的最大出入口。作为建筑的出入口，门总是处于建筑的中心或显要位置，这种特殊的地位使人们对门的利用和尊崇超过了建筑的任何一个部分，因而也就孕育和凸显出了更多更深的门文化。

探寻门的文化可从“门”字开始。东汉《说文解字》解释：“门……从二户，象形。”，甲骨文中“户”字写作“戶”，是单扇门的象形字。单扇为户，双扇为门，故甲骨文“门”字写作“門”、“門”或“門”。入必由之，出必由之，门占尽了出入口的区位优势，因此必然通过门来演绎或传递同期历史文化。从《礼记月令》中的“阖、扇”，到《鸡肋编》中的“篾门”、《晋书·石季龙载记》中的“铁扉”、《水经注·渭水》中的“磁石门阙”、《南部烟花记》中的“水晶门”；从《夜宿田家》中的“白板扉”，到《汉旧仪》中的“黄阁”、《伤宅》中的“朱门”、《明会典》中的“金漆、绿油和黑漆门”；从《诗经·陈风》中的“衡门之下，可以栖迟”，到《晋书》的“抗志柴门”，再到《满江红》中的“天阙”等，都呈现着门文化的痕迹。

木质门作为我国最古老的门，几千年来人类的生活都与木质门密不可分，人类社会的变迁和发展都无不在木质门上得到反映。

1.2.1 木质门的文化蕴涵

1.2.1.1 木质门的取材文化

正如门的起源一样，木质门最初的取材也无法考究，只能根据古书记载来推断。《礼记·月令》中记载，仲春之月“耕者少舍，乃修阖、扇”。郑玄注“因耕事少闲而治门户，用木曰阖，用竹苇曰扇”。《鸡肋编》中记载：“广州波斯妇，绕耳皆穿穴带环，有二十余枚者。家家以篾为门，人食槟榔，唾地如血。北人嘲之曰：‘人人皆吐血，家家尽篾门。’”这表明较早时期的木质门取材较随意，就地取材，或是木材，或是竹材，或是苇。

随着人们对不同树种木材性质认识水平的提高，木质门的取材开始注重木材的树种，这可从一些古书记载等得到佐证。敦煌遗书《下女夫词》是唐朝时期敦煌地区民众在举行婚礼时所唱的歌词。其中，描述到女婿入门后，对所经的门庭院落均要吟五言绝句一首。入大门时，女婿吟唱《下至大门咏词》：“柏是南山柏，将来作门额。门额长时在，女是暂来客。”入至中门后，吟唱《至中门咏》：“团金作门扇，磨玉作门环。掣却金钩锁，拔却紫檀关。”这两首歌词中唱到，门额（又称门匾）为柏木，门闩为紫檀，并且采用团金、磨玉、金钩锁等来作为门的装饰。

此外，一些民间流传的风俗也能依稀探寻木质门的取材。如旧时民间对做门的木材选用忌槐木。民谚说：“槐木不宜做门窗”；因为“槐”字一旁为“鬼”，用槐木做门，门带“鬼气”。《古今图书集成》引《云仙杂记》中记载：“凡门以栗木为关者，可以远盗”，意为强盗战栗而不敢前来的意思。再如《太平御览》引《典术》中描述到“桃者，五木之精也，故压伏邪气者也。桃木之精生在鬼门，制百鬼，故今作桃人梗著门以压邪，此仙木也”反映古代民间削桃木为人像，雕塑成门神，以驱鬼、辟邪的风俗。用桃木刻人以驱鬼辟邪，后来发生了一些转化，一则是直接在门上画门神，另一则是在门上悬挂桃符，即用桃木板代替桃木人，在桃木板上画神荼郁垒或写门神神名。王安石在《元日》诗中描述“千门万户曈曈日，总把新桃换旧符”正反映民间在门前悬挂桃符以驱鬼辟邪的风俗。

在现代房屋的装饰装修过程中，木质门凭借其独特的材质特性在门装饰中占有重要地位。通常，为迎合不同的房屋整体装饰风格，通过对木质门表面进行装饰来突出或掩盖木质门基材的特点，这些表面装饰也在一定程度上透露出现代人的木质门取材文化。如表面采用红木装饰单板或红木纹理的浸渍纸饰面的木质门隐约透露着房主对红木文化的喜爱；采用几何图形饰面的木质门则透露房主对西方文化的喜爱；而那些采用白色的混油饰面的木质门则将房主对简约装饰风格的喜爱之情展露无遗。

1.2.1.2 木质门的门饰文化

门的装饰就是对构件进行美化加工，传统木质门在这一装饰中又被赋予了很多文化寓意，使其既具实用性，又具教化、祈福、艺术欣赏于一身，形成了独具特色的中国门饰文化。

匠人对门进行美化加工时，采用象形、会意、谐音、借喻、比拟等手法，对门扇、门框以及门上的附加装饰件进行修饰。通过攒斗、攒插、插接、雕刻、色彩、图案、人物和器物等，寄托对幸福、美满、富庶、多寿等美好生活的追求和向往。本节从攒斗、攒插、插接、雕刻、门色、门钉、门环与铺首以及门当户对等门饰方法来探讨门饰文化。

1）攒斗、攒插和插接

攒斗、攒插和插接是明清时期木质门中隔扇门格心常用的装饰。隔扇门在宋代称“格子门”，主要特点是采光较好。攒斗是指以小木件攒合大面积整齐划一的图案，每一个单元一致并相互咬斗成型的一种复杂工艺，具有图案细腻严谨，富于韵律的特点。攒插与攒斗工艺相同之处是以“小”攒“大”，所不同点是它的榫卯结构不完全是在木件端部，在部件的中部凿出榫眼，与另外部件的榫头相接。与攒斗相比，攒插格心的牢固性更好，且图案灵活多变。图1-5所示为攒插中“一根藤”纹理装饰的木质门示例。插接是以长条木件为基本元素，完全摒弃榫卯结构，以90°或60°槽口对接，以“大”攒“小”，图案单元的大小是以槽口之间的距离决定的，双交四椀、三交六椀是这种工艺的典范。

图1-5 格心为攒插装饰的木质门

（摘自《中国古代门窗》第262页）

2）雕刻

雕刻工艺是古代木质门装饰中最常用的手段，与攒斗、攒插、插接工艺不同，雕刻工艺以整材为基础，以减法施工。首先是用锯镂空不需要的部分，露出空间，再雕凿，将事先设计的图案逐步完成。雕刻工艺主要的纹饰、图案较前三种更为丰富，传统文化中的人物故事，以及动物、植物、建筑、器物、文字等均可通过雕刻表现出来。在较为封闭的中国传统住宅建筑中，不同雕刻技艺在门饰的运用，不仅给整体建筑带来一种灵动的美，更引发人们对生活哲理、对博大精深的中国传统文化的无穷回味。木质门最常用的雕刻题材有如下几类：

（1）以人物为题材的图案，包括起教化作用的历史人物、戏曲人物和民间故事。

（2）以祥禽贵兽为题材的吉祥图案，如，龙、凤象征封建帝王和皇后，象征权贵；狮子象征威武与力量；鹿与“禄”同音，寓意高官厚禄；鱼与“余”同音，引申为富裕，象征多子多福；蝙蝠与“遍福”谐音，象征福气；喜鹊象征吉祥；鸳鸯象征夫妻恩爱。

（3）以植物山水为题材的风景图案（图1-6），如“松、竹、梅”岁寒三友比喻文人雅士的清高气节；“梅、兰、竹、菊”四君子比喻文人高洁、清逸、气节和淡泊的人格；莲荷象征圣洁；牡丹花叶茂盛象征着富贵；桃、石榴、佛手象征多寿多福；自然景物中的山水、花草象征悠闲自得的生活。

图1-6　裙板为花卉题材浮雕装饰的木质门

（摘自《中国古代门窗》第258页）

（4）以文字、诗词、对联等为题材的图案（图1-7），如福、禄、寿、喜、财；吉祥、如意；十字、人字、万字、福字、寿字、禄字、喜字、财字等。

图1-7　绦环板为文字浮雕装饰的木质门
（摘自《中国古代门窗》第266页）

（5）以吉祥纹样为题材的图案，如，平安如意纹、十字纹、万字纹、回纹、井口纹、步步锦、冰竹纹等线条相互穿插，既具寓意又是精美图案。

（6）以博古、器物图案为题材的雕饰，如，文房四宝象征着文人仕途；在瓶中插四季花朵，象征着“四季平安”；瓶中插谷穗，象征“岁岁平安”；佛教中八种表示吉庆祥瑞之物；八仙手中持有的法器等。

雕刻在木质门装饰中的应用主要有以下三类：

一是用于门扇的雕刻，多用在门扇的格心、绦环板和裙板上。在格心部分，雕刻通常是与攒斗、攒插或插接工艺组合，通过攒斗、攒插或插接工艺组合成花格，在格网中雕刻小幅图案，使得格心更富有表现力。绦环板的雕刻一般都比较精美和细腻，题材和雕刻手法丰富多彩。裙板由于位置比较低，雕饰要比绦环板和格心简单。

二是用于大门门簪的雕刻。门簪位于大门门框上，有的一对、有的两对或更多。门簪的外形有圆形、方形、长方形、菱形、六角形、八角形和花瓣形。朝外的断面就是美化加工的装饰部分，施以色彩和雕饰，雕刻题材以文字类、植物花草和四季山水图案为多，雕刻方法一般采用贴雕。

三是大门或垂花门花罩、花板和垂柱头的雕刻，雕刻题材多以植物山水图案为主（图1-8）。

3）门的颜色

在中国传统文化中，各种颜色的寓意不同。黄色，象征太阳之光，天之所赐，历来为帝王所独家拥有；红色，华贵典雅，迎合喜气，多为宦官、贵族之专利；白色，简约清纯，暗寓坚贞素洁之意；黑色，肃穆厚重，霸气凛然，凸现行伍气派，虽清浊不同，但等级俨然。

图1-8　垂花门上的木雕

封建时代，门有很强的色彩等级划分，红色、黄色是中国传统高等级建筑大门色彩的基本格调。汉代卫宏《汉旧仪》说："丞相听事阁曰黄阁，不敢洞开朱门，以别于人主，故以黄涂之，谓之黄阁。"《韩诗外传》中描述："诸侯之有德，天子锡之：一锡车马，再锡衣服，三锡虎贲，四锡乐器，五锡纳陛，六锡朱户，七锡弓矢，八锡铁钺，九锡秬鬯。"《公羊传》庄公元年何休注描述："礼有九锡，一曰车马，二曰衣服，三曰乐则，四曰朱户，五曰纳陛，六曰虎贲，七曰弓矢，八曰铁钺，九曰秬鬯。"杜甫名句"朱门酒肉臭，路有冻死骨。"白居易的《伤宅》诗："谁家起第宅，朱门大道边？丰屋中栉比，高墙外回环。累累六七堂，栋字相连延。……主人此中坐，十载为大官，厨有腐败肉，库有朽贯钱。"这可移做"朱门酒肉臭"五字的诠释。当了十年的大官，第宅大门自然不会像普通百姓那样开在坊里门内，而是开门直冲大街，并且将门漆成朱红色。至于黄色之门也极其显贵，以至唐代用"黄阁"指宰相府，用"黄阁"借喻宰相。

明代初年，朱元璋申明官民第宅之制，对于大门的漆色，也有明确的规定。《明会典》载：洪武二十六年规定，公侯"门屋三间五架，门用金漆及兽面，摆锡环"；一品二品官员，"门屋三间五架，门用绿油及兽面，摆锡环"；三品至五品，"正门三间三架，门用黑油，摆锡环"；六品至九品，"正门一间三架，黑门铁环"。同时规定，"一品官房……其门窗户牖并不许用髹油漆。庶民所居房舍不过三间五架，不许用斗拱及彩色妆饰"。可以看出从帝王宫殿的大门到九品官的府门颜色依次是：黄、绿、黑。除红色、黄色、黑色用于官宦或贵族大门装饰以外，历史上还有彩绘的大门。如南北朝时鲍照在《芜城赋》中描述"若夫藻扃黼帐，歌堂舞阁之基"，其中"藻扃"就指彩绘的门户。这中彩绘，或许是绘花草，或许是绘龙、绘凤。

与红色、黄色和彩绘门户的华丽形成巨大反差，则是白板扉。唐代王维

《田家》诗："雀乳青苔井，鸡鸣白板扉"；杜甫《与朱山人》诗曰："相送柴门月色新"；南宋戴复古《夜宿田家》诗："夜扣田家白板扉"。"白板扉"、"柴门"都不涂漆，为荆条、木枝原始的木色，比起朱门彩扃，自然逊色寒酸，但正是农家简朴生活和低下的社会地位的写照。此外，黑色也用于民间大门装饰。如济南旧城民居四合院的黑漆大门、东北一些地方宅院的黑漆大门以及电影《大红灯笼高高挂》中讲述的山西祁县乔家大院黑漆大门等。民间也有将"黑大门"说成是"黑煞神"，并传说"黑煞神"当门，邪气难侵入。此时，门的颜色又被赋予了"门神"的寓意。

4）门钉

门钉也是一种传统木质门的门饰（图1-9）。门钉一般安装在位于城门、宫门、院门、券洞门位置的板门上。提到门钉，大家很容易联想到北京故宫的宫门，因为，故宫宫门上象征"九五之尊"的"九九八十一"个金光闪闪的门钉尤为引人注目。凸起的门钉纵横皆成行，圆鼓鼓的，与那厚重的门扇正相称，凸显庄严和气势。门钉，作为宫殿建筑外檐装修门上的一种饰件，经历了一个从无意成形到有意为之的过程，通过装饰与实用的结合起到了反映门制等级的作用。因此，门钉的发展与变化，也在一定程度上反映了封建社会建筑礼制的演变。

图1-9　门钉

古文献上记载门钉使用情况的最早文献是《洛阳伽蓝记》。它记载了北魏熙平元年（516年）在洛阳建造的永宁寺方形九层木塔的构造情况："……中有九层浮图一所，架木为之，举高九十丈，有刹复高十丈，合去地一千尺，去京师百里已遥见之。……刹上有金宝瓶，容二十五石，宝瓶下有承露金盘十三重，周匝皆垂金铎，复有铁链四道，引刹向浮图四角，……浮图有九级，角角皆悬金铎，合上下有一百二十铎。浮图有四面，面有三户六窗。户皆朱漆，扉上有五行金钉，合有五千四百枚，复有金环铺首……。"由此可上推至在北魏时期建筑门也已使用门钉。目前，我国境内现存最早的门钉是位于山西五台山的佛光寺的大门门钉。

中国营造学社的古建筑专家刘敦侦1936年在河南少林寺发现，金元时代古塔"门钉的数目，无论纵横双方，均极自由，无清代仅用奇数的习惯"，说明在很久以前，门钉的数目并没有特别的含义。例如，金代正隆二年（1157年）西堂老师塔，门为双扇，每扇排列门钉上下四行，每行四钉，两扇共计三十二钉。年代更早的是山西的五台山佛光寺大殿殿门，门背面有多处唐代题记。这板门后面用五道福，每道福在门扇前面钉一行门钉，每行十一个钉。这反映了门钉的结构功用，也说明讲究门钉数目是后来的事。

随着木质门文化的发展，门钉的数量便有了许多讲究。门钉数目体现着等级观念。如《明会典》中记载亲王府的大门门钉为金钉，九行七列共六十三枚，公主府大门门钉减少两列用四十五枚。又如，清代规定：九路门钉只有宫殿可以饰用，亲王府用七路，世子府用五路。宫门饰九九八十一颗钉。因为“九”是最大的阳数，《易·乾》“九五·飞龙在天”。古代以“九五之尊”称指帝王之位。从故宫的城门上，可以看到每扇门有九排门钉，一排有九个，一共九九八十一个门钉。清宫门钉均横九纵九数目，唯独东华门的门钉少一排，是八九七十二个。据说，当时文武百官上朝都走东华门，此门是给文武官员准备的，所以少一排（九个）门钉，就剩七十二个了。而到老百姓家，就没有门钉了。只要不是官府，即使再有钱的财主，大门上也不敢钉上一个门钉！大门上没有门钉就是白丁，所以，民间还流传着称平民老百姓叫“白丁儿”的说法。

门钉还被纳入民俗活动，明代沈榜《宛署杂记》说：“正月十六夜，妇女群游，祈免灾咎。暗中举手摸城门钉，一摸中者，以为吉兆。”结伴而游的妇女们，行走叫“走百病”，过桥是“度厄”。病、厄全抛，再试一试运气，去摸城门门钉，一摸而中，则欢声笑语，满意而归。门钉在民俗活动中获得神秘意味，摸一摸，有病者去病，无子者得子。

如，明崇祯年间刘侗、于奕正《帝京景物略》记，正月十五前后摸钉儿，妇女们“至城各门，手暗触钉，谓男子祥，曰摸钉儿”。城门门钉的造型和体量，容易使人产生这方面的联想。因此，摸钉儿总是要手暗暗地摸、心暗暗地喜。《帝京景物略》录有一首《元宵曲》：姨儿妗子此间谁，问着前门佯不知。笼手触门心暗喜，郎边不说得钉儿。又如 1930 年《嘉定县续志》中记载：“中秋，比户竞焚香斗，并陈瓜果、月饼祀于中庭。妇女踏月摸丁东。摸丁东者，夜至孔庙门上扪其圆木，谓可宜男。此风于光绪中叶后已渐不行。”再如 20 世纪 20 年代福建《兴化莆田县志》，正月十六夜“有过桥、摸钉之俗。……暗摸城门钉，谓之‘吉兆’”。

5）门环与铺首

在传统的木质门上，金属门环即充当拉手的作用，又有装饰的效果，而且还通过叩环有声，达到敲门的目的。历史上，门环还可反映封建的等级观念。如前文提到的《明会典》中记载：亲王府和公主府大门用铜门环，公侯门、一二品官府和三至五品用锡门环，六至九品用铁环等。

一般，门环都会配以装饰性的底座，即铺首（图1-10）。如《汉书·哀帝纪》“孝元庙殿门铜龟蛇铺首鸣”，唐代颜师古注“门之铺首，所以衔环者也”。

图1-10　木质门铺首

铺首多为铜质，也有铁质铺首。汉成帝时的一首童谣，说到铜色青青的铺首：“木门仓琅根，燕飞来，啄皇孙……”歌谣影射皇后赵飞燕的得宠、作为和下场，写《汉书》的班固说：“‘木门仓琅根’，谓宫门铜锾，言将尊贵也。”以宫殿木门上的铜铺首，隐言赵飞燕将被立为皇后。颜师古释：“铜色青，故曰仓琅。铺首衔环，故谓之根。”三字“仓琅根”，形、色兼备，被后世传为铺首的异名。早期铺首的实物，有秦咸阳宫遗址出土青铜铸件，造型为虎头变形，双目圆睁，铸纹流畅。

铺首作为一种传统的门饰，造型多是猛兽怒目，露齿衔环，将威严气象带上大门，充当门的辟邪物。如清代《字诂》所说：“门户铺首，以钢为兽面御环著于门上，所以辟不祥，亦守御之义。”铺首兽头，大约是由螺形演变而来。明代杨慎《艺林伐山》有这样的记载：龙生九子，为霸下、狴犴、螭吻、椒图、蒲牢、囚牛、狻猊、饕餮和睚眦。其中，椒图是龙的九子之一，其“形似螺狮，性好闭，故立于门上”，所谓“性好闭”即似螺之闭，以此强调门之闭。铺首兽头的威形厉志，那戒备与示威合一的形象，将“闭藏周密”的精神在朱漆、黑漆的门扇上展示千年，它蕴涵着中国木质门文化的精髓。

与兽面铺首属于同类的还有门钹，门钹状似钹，周边通常取圆形、六边形、八角形，中部隆起如球面，上带钮头圈子。普通民宅门上的这种门钹（图1-11），样式简洁，却不乏装饰美，有的还带着外沿圈以如意纹，或镂出蝙蝠（取“福”音）图形的吉祥符号。

图 1-11　普通民宅木质门上的门钹

6）门当户对

“门当”（图 1-12）与“户对”（图 1-13）最初是指传统大门建筑中因结构需要而产生的构件。门当是指在大门前左右两侧相对而置的门枕石，有的是呈长方形的石礅，有的呈鼓形，鼓背刻有鼓钉，有些鼓形礅的顶端还有或卧或蹲的石狮子。门枕石，也被称为抱鼓石、门墩儿。门枕石的装饰内容十分丰富，有四季花草图案、有吉祥器物图案、有祥禽贵兽图案，宅主人靠加高和雕饰门枕石来显赫家族身份和地位，从而形成了独特的门枕石文化。

图 1-12　门当

图 1-13　户对

户对是指安装在大门中槛上连接联楹的构件，即门簪，少则一对，根据门阔，有的安置四对、六对或八对，都是成对出现，朝外的断面是装饰的部位，或雕刻或绘制吉祥图案。

根据建筑学上的和谐美学原理，大门前有门当的宅院必有户对，所以，门当、户对常常被同呼并称。又因为门当、户对上往往雕刻有适合主人身份的图案，且门当的大小、户对的多少又标志着宅第主人家财势的大小，所以，门当和户对除了有镇宅装饰的作用，还是宅第主人身份、地位、家境的重要标志。

所以，门当户对逐渐演变成社会观念中衡量男婚女嫁条件的一个成语，在今天，反而被人忽略了其原来作为门饰的作用。

1.2.1.3　木质门的门名文化

门名撰写在门额上，选取哪些词藻，回避哪些文字，寥寥几字却蕴藏着丰富的文化。纵观历史，门的取名方式大致可分为以下三种：

一是根据地支、方位、四季、五行、色彩等观念来取名。中国传统文化中，常用地支“子、丑、寅、卯、辰、巳、午、未、申、酉、戌、亥”来纪时、纪月。古人也将地支与方位、四季等观念结合用于门名。如顾炎武所著的《历代宅京记》中记载，五代时后周世宗帝曾以方位命名城门：在寅者叫“寅宾门”，在辰者叫“延春门”，在巳者叫“朱明门”，在午者为“景风门”，在未者叫“畏景门”，在申者名“迎秋门”，在戌者名“肃政门”，在亥者叫“玄德门”，在子者叫“长景门”。在传统文化观念中，以五色象征五行与天下五方的，这种文化也反映在门名中，如古代都城的城郭四门，东方苍龙门（对应青色）、南方朱雀门（对应红色）、西方白虎门（对应白色）、北方玄武门（对应黑色）。

二是根据名人典故取名。如明代的曹化淳建城，命名城门时用“永昌”和“顺治”。又如故宫中轴线上，御花园里有座天一门。门名“天一”，是在呼唤克火之水。这名称的得来，在明嘉靖年内几次大火后，重修钦安殿时嘉靖皇帝题此，以命名南墙门，而钦安殿里供奉的则是玄武神。玄武是掌水之神。天一、玄武，都在祈求祝融远远地走开。再如西安古城的勿幕门和玉祥门，勿幕门又叫小南门，在今四府街南端。1926 年，为纪念辛亥革命中陕西革命先烈井勿幕先生而修；玉祥门又叫小西门，在今莲湖路西端。1926 年，北洋军阀刘镇华包围西安 8 个月之久，使西安人民饿死 4 万多人，直到冯玉祥将军率国民军击败刘镇华后西安才得以解围。后来，陕西省主席宋哲元为纪念冯将军的历史功绩，特开此门，取名为玉祥门。

三是封建等级、风俗文化等的浓缩。如《三辅黄图》记汉建章宫“正门曰阊阖”，唐代人注释：“阊阖，天门也。宫门名阊阖者，以象天门也”。皇帝贵为真龙天子，故皇宫正门取名阊阖。又如北京东边的“崇文门”和西边的“宣武门”来源于“东崇文而西宣武”的观念。古人认为，东主长育万物，四时东为春，文武东为文；西方主肃杀，属秋，主武事。而明代刘若愚《明宫史》中提到的“螽斯门”则与古老风俗有关。《明宫史》中描述：“说者曰：祖宗为圣子神孙，长育深宫，阿保为侣，或不知生育继嗣为重，而宠注一人，未能溥贯鱼之泽，是以养猫养鸽，复以螽斯、千婴、百子名其门者。无非欲借此感触生机，广胤嗣耳。”螽斯是蝗虫的一种，古人传说它一次能生九十九子。因此，古人以螽斯为喻，祝人“多子多孙”。这种门名的命名方式也可见于故宫，故宫的东西六宫有四个门，叫螽斯门、百子门、千婴门、麟趾门，象征多子多孙，意在强调东西六宫的嫔妃，要多生孩子，这样皇帝的地位才可以永远地延续下去。传说慈禧太后常拿“螽斯门”来暗示光绪皇帝要多多和皇后亲近、多多生育皇子。

1.2.2 木质门文化的发展

通过本节对木质门文化的介绍和探讨，我们发现木质门文化是一门很深、很复杂的学问，包括了不同国家或民族的历史、地理、民情风俗、传统习俗、社会生活、文学艺术、行为规范、思维方式、意识形态、价值观和信仰等方方面面，内容极其丰富。人类拥有并享用木质门的历史已有数千年，木质门文化随着人类历史的发展也不断发展。

在高速发展的现代社会中，木质门将如何发展？木质门文化将如何传承和发扬？目前，我们还很难准确勾画和预言木质门及木质门文化的未来，但有一点可以肯定的是，随着人类富足、文明和开放程度的不断提高，门的防御功能将越来越降低，而文化功能将成为主导，并将得到更为充分的体现和更丰富的发展。在众多材质装饰的门中，木质门以其独具特色的纹理、色泽、质感及功能特点，仍将占据极其显赫的位置。同时，随着室内装饰装修业的发展和东西方文化的交流，设计师的设计理念、房主的生活感悟、室内整体的装饰风格等元素将融入到木质门文化中，增加新的木质门文化蕴涵。

要继承和发展木质门文化，不仅需要我们对传统木质门文化进行不断的挖掘，借助先进的科学技术对传统木质门及相关文化遗产进行深入研究，而且，还需要我们不断地学习和利用现代文明所创造出来的文化，从而达到“古为今用”的目的、“古今融合”的效果。木质门企业作为木质门文化传承与发扬的主体，一方面需要有精湛的木质门加工技术，另一方面需要从历史、地理、经济、社会、建筑、文学、艺术、心理、伦理、法学、哲学、民族、民俗和家庭等学科综合考察，挖掘出木质门更深、更广的文化财富，探索如何实现“木质门文化”在现代木质门产品中的传承与呈现，最终将“木质门文化”的价值赋予到现代木质门产品中，进而提升我国木质门产业的价值。

1.3 木质门分类

随着木质门产业的快速发展，木质门的原材料类型、内部结构设计、外观装饰不断丰富，加工设备等不断改进，木质门的种类日趋繁多。目前，市场上对木质门的分类不统一，与其他材质的门相比，木质门以实木或其他木质材料为原料，具有独特的材料特性、加工工艺、结构设计等。因此，本章建议从材料类型、芯材结构、表面装饰、门口形式和功能性角度对木质门进行分类。

1.3.1　按材料分类

1）实木门

实木门指门扇、门框全部由相同或性质相近的实木或集成材制作的木质门。根据所使用的木质材料类型，可将实木门分为全实木门和集成材实木门。其中，全实木门以天然木材为原材料，经过干燥、下料、刨光、开榫、打眼、高速铣形等工序科学加工而成。全实木门，市场上有的称为“原木门”，一般多采用名贵木材，如樱桃木、胡桃木、沙比利、花梨木、柚木等，加工后的成品具有外观华丽、雕刻精美、款式多样、隔热保温、吸声性好等特点，但容易变形、开裂，并且价位较高，木材利用率低。集成材实木门是以松木、杉木、杨木等轻质木材为门芯，以集成材为框架，再经装饰单板或薄木饰面加工制成的门。集成材实木门不仅具有天然的木材纹理、色泽、质感以及良好的保温、隔热等性能，而且不易变形和开裂，尺寸稳定性较好，木材利用率较高。

2）实木复合门

实木复合门指以装饰单板为表面材料，以实材拼板为门扇骨架，芯材为其他人造板复合制成的木质门。实木复合门不仅具有木材的天然质感，而且造型多样、款式丰富。或精致的欧式雕花，或中式古典的各色拼花，或时尚现代，不同装饰风格的门给予了消费者广阔的挑选空间。

3）木质复合门

木质复合门指除实木门、实木复合门外，其他以木质人造板为主要材料制成的木质门。木质复合门不仅具有造型多样、款式丰富等特点，而且采用机械化生产，效率高、成本低，价位经济实惠，备受中等消费群体的青睐。此外，可通过添加防腐剂、阻燃剂、防水剂等物质，增加木质复合门的防腐、阻燃、防潮等性能。

1.3.2　按芯材结构分类

1）实心木质门

实心木质门采用集成材、刨花板、纤维板、胶合板、实心细木工板或碎料模压制品等实心木质材料制作门芯，具有成本高、强度大、质量重和隔声性能好等特点。

2）空心木质门

空心木质门采用木条、空心细木工板、塑料、蜂窝纸等材料制作门芯，具有成本低、质量轻等特点。

1.3.3 按表面装饰分类

1）饰面木质门

按照饰面材料类型，饰面木质门又可分为油漆饰面木质门和非油漆饰面木质门。其中，油漆饰面木质门指采用油漆进行饰面的木质门，包括透明油漆饰面木质门和不透明油漆饰面木质门。目前，市场上不加色粉的清漆饰面的木质门属于透明油漆饰面木质门，而加了色粉饰面的木质门（俗称混油门）属于不透明油漆饰面木质门。非油漆饰面木质门，市场上也称作“免漆门”；可采用浸渍胶膜纸、装饰纸、PVC 等材料进行饰面，名称采用“饰面材料名称 + 饰面木质门”的形式，如 PVC 饰面木质门。

2）素板木质门

素板门是指表面不采用任何材料进行饰面的木质门，具有木材的天然特性，受到部分消费者的喜爱。但是，由于木材干缩湿胀、易腐朽虫蛀等缺点，素板门容易出现开裂、变形、腐朽等现象。目前素板门所占的市场份额较小。

1.3.4 按门口形式分类

1）平口木质门

平口木质门指门扇的横剖面为长方形的木质门。我国传统的木质门均为平口木质门，由于锁开启的原因，门扇与门框之间有缝隙，一般约为 3mm，影响门的密闭隔声效果和装饰性。

2）T 型木质门

T 型木质门指门扇横剖面呈大写字母“T”型，凸出部分压在门框上，并配有密封胶条的门。T 型木质门是从欧洲引进的新型门，其密闭隔声效果好，整体美观。

1.3.5 按功能分类

木质门可以通过在木质材料中添加阻燃剂、防腐剂、防虫剂、抗菌剂等材料或是通过木质材料与其他类材料的组合装配，使木质门具有防火、防腐、隔声、防虫、抗菌、电磁屏蔽、光功能等功能。目前，市场上占有数量相对较多的功能性木质门主要有防火木质门和隔声木质门两类。

1.4　木质门相关术语

1.4.1　与门分类相关的术语

1）门，指可围蔽墙体的洞口，可开启关闭，并可供人出入的建筑部件。

2）整樘门，指安装好的门组合件，包括门框和一个或多个门扇以及五金配件，需要时门上部还带有亮窗。

3）木质门，指由实木或其他木质材料为主要材料制作的门框和门扇并通过五金件组合而成的门。

4）室内木质门，指分隔建筑物两个室内空间的木质门。

5）实木门，指按照材料分类时，门扇、门框全部由相同树种或性质相近的实木或者集成材制成的木质门。

6）实木复合门，指按照材料分类时，以装饰单板为表面材料，以实木拼板为门扇骨架，芯材为其他人造板复合制成的木质门。

7）木质复合门，指按照材料分类时，除实木门、实木复合门外，其他以木质人造板为主要材料制成的木质门。

8）饰面木质门，指按照表面装饰分类时，采用油漆、浸渍胶膜纸、装饰纸、PVC 等材料进行饰面的木质门。

9）素板木质门，指按照表面装饰分类时，表面不采用任何材料进行饰面的木质门。

10）平口木质门，指按照门口形式分类时，门扇横剖面为长方形的木质门。

11）T 型木质门，指按照门口形式分类时，门扇的横剖面为大写字母“T”型，凸出的部分压在门框上，并配有密封胶条的门。

12）实心木质门，指门扇的门芯内无空隙的木质门。

13）空心木质门，指门扇的门芯内有空隙的木质门。

14）木质防火门，指按照功能分类时，用难燃木材或难燃木质材料为主要材料制作的防火门。

15）木质隔声门，指按照功能分类时，以木材或木质材料为主要材料制作的具有吸声、隔声功能的木质门。

1.4.2　与门框相关的术语

1）门框（门套），指固定在墙体门洞口，支承活动门扇和安装固定门扇的框形木质构件，由边框、上框和装饰板组成。

2）门框边框、上框，指门洞口侧面和顶面的墙面装饰板。

3）门框装饰板，指门框边框和上框两侧的墙面装饰板。

1.4.3 与门扇相关的术语

1）门扇，指门的活动扇、待用扇、固定扇等可开启部件和不可开启部件的总称。门扇一般由上梃、中横梃、边梃和下梃组成，必要时还包括横芯、竖芯、玻璃压条、镶板等构件。

2）活动扇，安装在门框上的可开启和关闭的组件。

3）固定扇，安装在门框上不可开启的组件。

4）上梃，又称上帽头，指门扇构架的上部横向杆件。

5）中梃，又称横档，指门扇构架的中部横向杆件。

6）边梃，指门扇构架的两侧边部竖向杆件。

7）下梃，又称下帽头，指门扇构架的底部横向杆件。

8）横芯，指门扇构架的横向玻璃分隔条。

9）竖芯，指门扇构架的竖向玻璃分隔条。

10）玻璃压条，指镶嵌固定门玻璃的可拆卸的杆状件。

11）镶板，指镶嵌在门扇构架或框构架开口中的板或组件（除玻璃外）。

第2章　我国木质门行业发展概况

木质门是建筑中应用最早的产品之一，也是现代家居和公共场所装修的必需品之一。近10年来，我国房地产业的高速发展和城镇化步伐加快，为木质门行业提供了极大的发展空间。现代木质门行业已经完全改变过去“木匠上门”手工制作的传统加工方式，逐渐转入“规模化定制设计”、大规模工业化生产和产品由实用向装饰、环保综合发展的全新阶段，目前我国已经成为世界上最大的木质门生产基地和消费市场。本章简要介绍了我国木质门行业现状、国内外木质门市场、发展中存在的问题以及木质门行业发展趋势等。

2.1　木质门现状概述

伴随着我国木材加工业、建筑业以及室内装饰装修业的发展，木质门行业已跳出小农经济时代的“木匠思维”，在产品理念、款式设计、工艺流程等各个方面与国际接轨，优质原木、集成材、胶合板、纤维板、空心刨花板、细木工板、装饰人造板等广泛用于木质门的生产，丰富了木质门的材料选择。木质门加工技术不断创新，整体结构设计和表面装饰工艺不断丰富，产品种类迅速增加，目前已开发出实木门、实木复合门、木质复合门等多种产品。人性化、绿色低碳、文化回归的家居理念，赋予了木质门更多的内涵，木质门实现了由单一实用功能型向家居适用兼欣赏型的转变，时尚、简约、欧式、古典、现代、节能、环保等不同风格的木质门琳琅满目，产品款式新颖多样，文化内涵不断丰富，已成为家居装饰不可或缺的部分，不断满足着人们的多元化需求。

2.1.1　木质门行业现状

我国木质门行业发展十分迅速。据统计，21世纪的第一个10年，国内木质门行业总产值年平均增长率超过25%，从2003年的120亿元到2006年的320亿元，从2007年的400亿元，到2010年突破780亿元，一直保持了较高的发展速度。2011受国内房地产调控的影响，木质门生产放缓了脚步，但增速仍然超过10%，达到12.8%。2011年生产木质门1.4亿多樘（工业化生产），产值 880 亿元左右（图 2-1）。

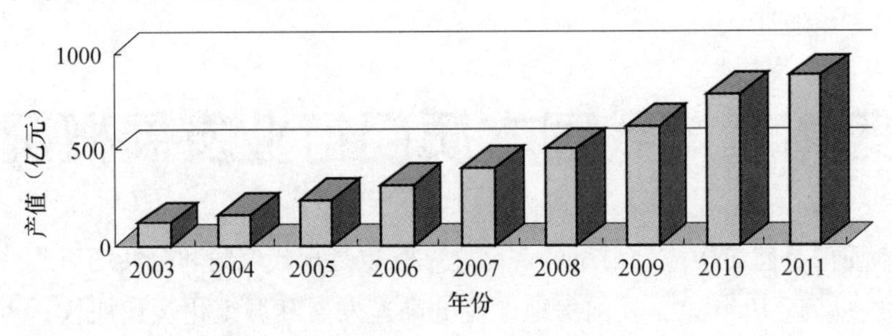

图 2-1　我国木质门行业产值

经过 10 多年的高速发展，我国木质门行业日趋成熟，企业管理、生产技术、产品质量显著提高，市场意识、品牌意识、服务意识明显增强。但是受我国建筑门洞尺寸不规范的影响，木质门的整个生产过程需要经历测量、制作、安装、调试和售后服务 5 道工序，因此，木质门生产基本以本地化生产为主，很少进行标准化生产。目前初步达到工厂化生产的企业 10000 多家，其中具备一定规模、以机械化生产为主，年产值在 500 万元以上的企业约有 3000 多家；年产值在 1000 万元以上的不超过 2000 家，年产值 5000 万元以上的 200 家左右，亿元以上产值的木门企业有 50 家左右。生产企业主要分布在珠三角、长三角、环渤海地区和东北、西南、西北地区等 6 大生产基地，从过去小规模的作坊式加工，发展为今天大规模成品化、集成化、品牌化的工业化生产，初步形成了木质门产业化集群（图 2-2）。

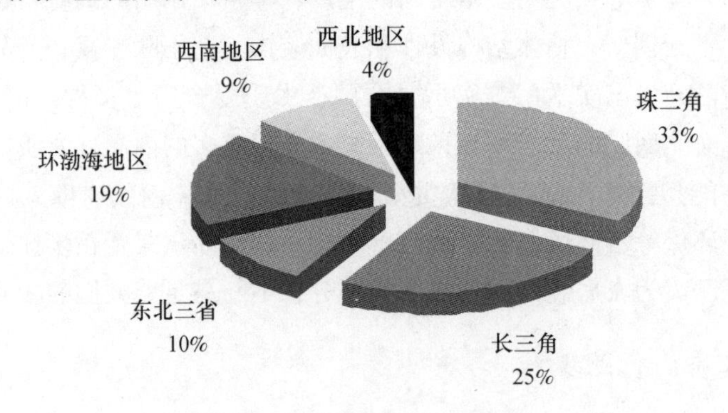

图 2-2　木质门企业区域分布

2.1.2　我国木质门主要产区

从我国木质门企业分布的特点来看，地域性差异较为明显：东、北部地区分布最广，产区较为集中；中、西部地区分布较东、北部少，产区比较分散。

总体而言，全国木质门生产区大致可划分为环渤海地区、东北地区、珠三角地区、长三角地区、西北地区和西南地区等六大区域。

1）环渤海地区

该地区以北京、天津、河北、山东为中心，木质门产品销量较大，加之地处首都和首都周边地带，环渤海地区的消费水平较高，所以木质门的价位也较高。众多的家装市场和发达的交通条件把整个环渤海地区连成了一个木质门销售的大网络，促使厂家提高产品质量、扩大销售范围。当然，产品的价位也会随着品牌的壮大和产品质量的提高而上升。

2）东北地区

该地区包括黑龙江、吉林、辽宁三省，以齐齐哈尔、沈阳、大连、哈尔滨、长春为中心。该地区森林资源丰富，加之邻近俄罗斯，进口木材便利，国内进口木材有很大一部分都是通过东北地区进入国内流通市场的，地域性优势促进了本地区木业的发展。2011 年，辽宁省出口木质门 1.09 亿美元，全国排名第二；黑龙江省木质门出口单价全国最高，平均每吨售价 5151 美元。

3）珠三角地区

该地区以广东、福建为中心，属于我国东南沿海地区，木质门生产企业众多，实力雄厚、资金丰富、规模较大的木质门生产企业不在少数，且还有不少企业仅采取了外销策略，没有开拓国内市场，主要原因除受消费水平影响外，也跟实木门现多采用进口木材有关。广东省 2011 年出口木质门 1.08 亿美元，全国排名第三。

4）长三角地区

该地区以上海、浙江、江苏为中心，地处于我国东部沿海，是我国经济最发达的地区，也是我国木业最发达的地区之一。由于其江海交汇的地理优势，加上市场、消费、资金等多重优势，木质门行业迅猛发展，企业数量和规模增速很快。2011 年，浙江省木质门出口额超过 1.4 亿美元，排在全国第一位。

5）西北地区

该地区以陕西、宁夏为中心，是我国的干旱地区，生态环境极其脆弱。由于该地区经济发展和消费水平略低，所以木质门企业生产的产品，其价格也明显低于其他消费水平较高的地区，但也有产品档次高的品牌企业存在。

6）西南地区

该地区以四川、重庆、云南为中心，是国家西部大开发、扩大对外开放的前沿地带。趁着这股发展与开放的东风，该地区的木质门企业正在集中力量快速发展。但由于地处西部，大部分地区消费状况与西北地区相差不大，所以很多企业的产品多以中低价位打入市场。

2.1.3 木质门进出口情况

目前，我国木质门市场以国内市场为主，国际市场所占比重很小，但出口总量呈持续增长趋势。由于整个国际市场处于起步阶段，所以我国出口产品以单扇未涂饰的半成品门为主。2011 年，我国出口木质门近 30.8 万 t，虽然出口量同比下降 0.9%，但创汇额近 5.8 亿美元，同比增长 3.2%（图 2-3、图 2-4）；同期木质门进口量及金额都有大幅下降（图 2-4）。2011 年的主要出口国是美国和日本，出口额均超过 1 亿美元，中国香港、加拿大、罗马尼亚、英国、法国、安哥拉、尼日利亚等国家和地区的出口额均超过 1200 万美元，见表 2-1。

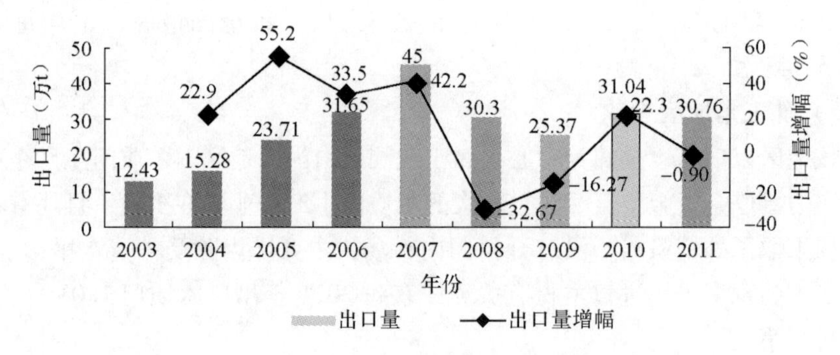

图 2-3 2003—2011 年我国木门出口量及增幅

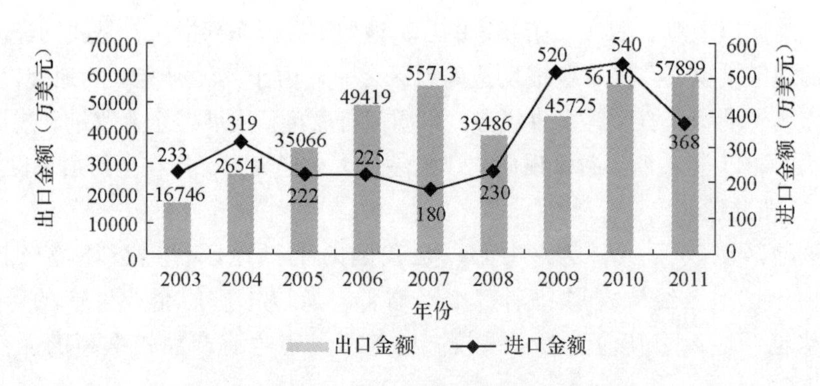

图 2-4 2003—2011 年我国木门进出口金额

表2-1 2011年我国木质门出口状况统计表

商品名称	国家或地区	数量（kg）	金额（美元）
441820 木质门及其框架和门槛	日本	34222607	123134372
	美国	61046463	112146917
	中国香港	38558026	47883252
	加拿大	15294522	25142590
	罗马尼亚	21753577	24557121
	英国	12520517	24172090
	法国	5808668	18301615
	安哥拉	7128074	16635371
	尼日利亚	9375353	12753836
	韩国	6830302	9927849
	比利时	3770387	9300287
	哈萨克斯坦	7171704	8898711
	新加坡	3606997	8489865
	爱尔兰	3723308	8222162
	中国澳门	3363382	7400545
	阿联酋	3712888	7171064
	澳大利亚	3739193	7088076
	沙特阿拉伯	3341623	6340501
	土耳其	4971900	6000602
	伊朗	4258603	5617519

2.1.4 品牌建设与行业管理

当前，国内区域品牌应运而生，而全国性的知名品牌以及国际品牌建设还是空白，行业内出现了群雄争霸的局面，不管是曾经做得好的老企业，还是新兴企业都竖起了自己的品牌大旗，大家只争朝夕，在不断加快发展步伐。总体来说，木质门在经历了近10年的发展后，产业日趋成熟，木质门产业已经有条件在区域品牌的基础上树立全国性的知名品牌和国际品牌，参与国内外市场的竞争，做大出口，做大影响。

随着木质门产业的快速发展，行业管理也渐入佳境。为贯彻国家林业产业政策，规范行业秩序，整合优势资源，形成行业凝聚力，共同抵御市场风险，近几年行业协会组织有关单位制定发布了《中国木质门行业自律公约》《中国木质门消费白皮书》等。除国家层面行业协会为推动木质门产业发展所做的努力外，黑龙江、吉林、辽宁、四川、重庆等地先后成立了地方木质门协会，指导当地木质门企业快速有序发展，整个行业出现了企业管理团队年轻化、生产经营定制化、销售服务个性化的特点，管理集约、选材环保、加工精良、产品时尚成了企业追求的共同目标。10 年来，木质门展览会伴随着木质门行业的发展逐渐成为专业化、品牌化的商贸平台，展会帮助企业拓展市场，发展渠道，提升品牌，传播创新思想，组织产业文化活动和专业论坛。

总体上看我国木质门行业处于旺盛的发展期，产品的标准化工作还刚刚起步，行业以中小企业为主，整体存在企业规模偏小、生产效率不够高、设计创新动力不足、产品同质化严重、质量不够稳定等亟待解决的问题。

2.2 木质门市场需求分析

房地产的快速发展带动了装修建材市场的快速发展，也使得近几年我国木质门需求总量一直呈快速增长趋势。保守估算，装修一套 100m^2 的三居室，一般需要 3 樘卧室门、1 樘厨房门，1 樘卫浴门，1 樘客厅门，1 樘阳台门，大约 7 樘门，木质门的消费占到整个装修造价的 10% ~25%。

今后五年，中国的 GDP 年均增长率仍将维持在 7% ~10% 之间，年新增长人口 1100 万 ~1200 万人，新增购买力 630 亿 ~650 亿元，高消费人群比例逐渐增加。中国处于城镇化水平提高最快的时期，房地产业是我国重要的支柱产业之一，今后的 20 年，中国的房地产建设仍将稳步发展。从需求角度看，中国已进入全面建设小康社会阶段，2011 年人均 GDP 为 4283 美元，中国的生产结构和消费结构将发生较大变化，人们的消费重点将由吃和穿逐渐向住和行转移，房地产、汽车等行业将快速发展。木材产品具有天然、绿色、环保、可再生及可循环的特点，完全顺应了这种消费趋势的变化。下面对木质门市场的需求作简要分析。

1）商品房

根据建设部的预测，2006—2020 年间，我国城镇新建住宅竣工面积将达 120 亿平方米，平均每年竣工 8 亿平方米，销售面积 9 亿多平方米。2011 年，全国房屋施工面积 50.8 亿平方米，比上年增长 25.3%，其中，住宅施工面积 38.84 亿平方米，增长 23.4%；房屋新开工面积 19.01 亿平方米，增长 16.2%，其中，住宅新开工面积 14.6 亿平方米，增长 12.9%；房屋竣工面积 8.92 亿平方米，增长 13.3%，其中，住宅竣工面积 7.17 亿平方米，增长 13.0%；全国商品房销售面积 10.99 亿平方米，比上年增长 4.9%，其中，住宅销售面积增长 3.9%，办公楼销售面积增长 6.2%，商业用房销售面积增长 12.6%。全国商品房待售面积 2.7 亿平方米，同比增长 26.1%。按每 100m^2 建筑面积需要7樘门，2010—2020年城镇新建商品房对木质门的年平均需求量将不低于5500万樘，按照每樘木质门1200元计算，约600亿元人民币，这将为木质门市场发展提供巨大需求。

表2-2 2011年商品房销售及增长分布

种类	销售面积（万平方米）	同比增长（%）	销售额（亿元）	同比增长（%）
全国总计	109946	4.9	59119	12.1
东部地区	51052	0.1	34628	3.8
中部地区	29312	11.3	11895	29.4
西部地区	29581	8.0	12596	23.9

据表2-2数据分析，我国商品房销售面积45%在经济发达的东部，且每平方米售价7000元左右，高出欠发达的中西部地区近3000元。但是东部的售房面积和单价基本与上年持平，上涨空间有限；相反中西部售房面积将会较快增长，单价也将同步上升，因此，中西部城市将成为木质门销售的新兴市场。

2）二次装修

所谓二次装修，是指已经装修并入住的房屋，经过几年的居住使用后，需要对房屋的局部或全部重新装修。随着市区新的住宅用地减少，成熟社区的家庭二次装修的需求将会越来越多，市场潜力巨大。而要进行二次装修的市民，有的是买了二手房的，有的是装修了几年后想转变装修风格，也有进行局部改造的。目前全国已有住房140亿平方米，每套按$100m^2$计算，按15~20年进行再次装修，对木质门的年平均需求量将不低于5000万樘。

3）保障房和农村住房

城市化进程将为木质门市场发展提供了巨大的潜力需求。中国城市化水平从1980年的19%跃升至2010年的47%，全球超50万人口的城市1/4在中国。而且，从中国的城镇化规模来看，不论是年净增量还是城镇人口总量，都已经长期处于世界第一的位置。中国城镇人口总量约为美国人口总数的两倍，比欧盟27国人口总规模还要高出1/4，中国正经历着城市化的重要转型。1980年，中国只有51个城市人口超过50万，自上个世纪90年代起，中国超过50万人口的城市数量显著增加。从1980年到2010年的30年间，共有185个中国城市跨过50万人口门槛。2011年末我国城镇人口达6.9亿，城镇化率达51.27%，仅达到美国20世纪20年代的城市化水平，要达到发达国家城市化目标，我国还有15~20年的快速发展期。要解决20%贫困居民的住房问题，建设4800万套保障房是实现城镇化的基本目标，过去10年我国已建成1200万套，十二五期间再建3600万套才能形成我国住房保障体系基本的物质基础。

新世纪的第一个10年城镇住房建设和城镇基础设施建设集中在少数特大和大型城市，第二个、第三个10年，城市建设的主战场将向二、三线城市以及以县城和中心镇为核心的小城镇转移。城市化过程中的新增人口住房将以保障房为主，需求大约在5000万樘左右。

另外，木质门的农村市场也有待开发。我国目前有农村居民6.6亿，约2亿户农户，平均每年约2000万户新建住房。全国有1.2万个小村镇和2000个县城，1.2万个村镇家庭总收入比一、二线城市家庭收入总和高出50%，潜在富裕人口1.35亿，与一、二线城市总人口1.37亿相当。2011年农村人均收入已接近7000元，预计未来10年，小村镇年收入超过3.5万元的家庭每年增加760万户，增幅7%；而大中城市每年增加660万户，年增长率5%。可以预见，随着新农村建设和建材下乡工程的不断深入，农村消费市场将为木质门企业带来巨大的发展空间。

4）国外市场

随着中国木质门在材料、设计、加工技术、工艺标准等方面的进步与发展，国产木质门出口量不断增加，中国木质门受到国外消费者的普遍欢迎。近五年来，受到国外房地产市场需求疲软的影响，2007年美国建材市场不景气，出现了一定程度的萎缩。2007年上半年，美国建材的销售量下降了5%，2008年美国房地产市场进一步萎缩，新开建的房屋量下降了8%，销售量下降7%。但是，从2011年下半年开始，美国市场就开始出现复苏迹象。美国商务部最新数据显示，美国2012年6月新屋开工年率环比增长6.89%至76万户，创下2008年10月以来的新高，其独居房屋的开工率环比增长4.66%至53.9万户。美国市场整体较大，消费能力强，人口流动性大，对木质门需求旺盛，随着美国经济的逐渐复苏，美国木质门市场的需求也将复苏。同样，欧洲、日韩、巴西、印度、澳大利亚、新西兰、阿根廷、埃及、约旦、沙特阿拉伯等市场对木质门的需求都有很大潜力。

由此可见，“十二五”期间木质门行业发展前景依旧看好，预计“十二五”末市场总体需求将达到2亿樘，其中商品房需5500万樘，占总量的27%，产品高中低档都有；保障房需5000万樘，比例为24%，以中低档的木质复合门为主；已有住房再次装修接近5000万樘，比例为24%，以定制木质门为主，产品高中低档都有；农村自建房约需4000万樘，比例为20%，以中低档产品为主；出口木质门超过1000万樘，主要是高中档产品，占总产量的5%（图2-5）。

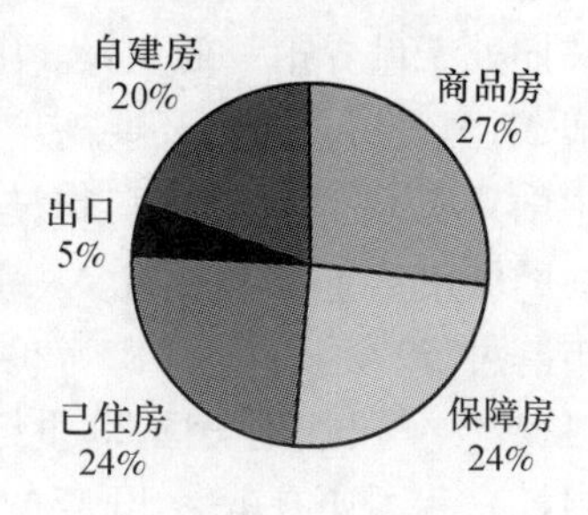

图2-5 木质门市场需求分布

2.3　木质门行业发展中存在的问题

1）市场集中度低，缺少领军企业

我国地域广阔、民族众多，区域经济发展不平衡，木质门市场的个性化需求较大，给产品的差异化、经营多样化提供了较多的市场机会。就市场占有率来讲，没有一家木质门企业超过3%的市场份额，市场集中度低，还没有在国内占绝对优势的品牌，缺少领军企业。同时，每个品牌的发展潜力和机会都非常大，越来越多的品牌企业开始角逐行业“领头羊”的位置。

2）中小企业多，生产管理落后

我国从事木质门生产的企业共10000多家，其中年产值在500万元以上的企业约有3000多家，近7000家企业年产值不到500万元，中小企业占大多数；这些中小企业生产设备、管理和技术开发水平相对落后，机械化水平低，以手工操作为主，不重视生产过程的环保控制，尤其是小型企业，整个生产过程的环保措施薄弱，管理粗放、落后。

3）门洞尺寸不标准，生产效率低

目前，由于我国建筑门洞尺寸没有形成标准化或者门洞尺寸误差过大，木质门需经过测量、设计、制作、安装调试和售后服务等多道工序，难以实现标准化和批量化生产，导致从订货到验收的周期较长，生产效率较低；也使得产品的销售区域受到一定程度影响，给产品的全国性批量销售带来许多困难，直接影响到木质门企业的发展壮大。

4）知名品牌少，营销水平急需加强

品质是企业生存的前提，品牌是企业生存的保障。企业在经历过产品战、概念战、价格战、广告战等低层次商战手段后，最终要进入高层次商战阶段——品牌战。任何木质门企业想要在品牌战略中取胜，就必须重视品牌发展。今后十年将会是木质门营销竞争激烈的十年，只有在营销上采取明智务实策略，不断创新，才能打动消费者，取得良好业绩，树立品牌形象。现在我国木质门企业的营销水平还处于初级阶段，急需加强营销创新，提高品牌形象和影响力。

5）同质化严重，科技创新投入不够

我国木质门生产企业，除少数规模企业的工艺、技术标准、产品质量、管理水平、创新能力较高外，多数木质门企业技术创新能力很弱，研发投入较少，知识产权保护意识缺乏，低档产品的比例大，同质化严重，市场竞争力不强。企业需要重视科技投入，加大与科研院所、高等院校、行业协会等部门的联系，大力加强研发和创新。

2.4 木质门行业发展趋势

中国木质门行业是一个新兴行业，也是一个充满生机的朝阳行业。在短短十几年的发展中，木质门行业从传统手工制作转变为工厂化生产，竞争手段从传统方式转移到现代营销新模式。随着经济发展，现代人在装修过程中对木质门的需求越来越高，健康环保意识不断加强，木质门行业将不断引进先进技术和设备，不断创新以适应国际化发展的需要。随着新投产企业的增加，原有企业的规模不断扩大，产值、产能不断提高，机械化、自动化逐渐成为行业的发展趋势。

1）木质门行业仍将快速发展

“十二五”是我国经济结构性调整的重要时期，随着城镇化步伐的加快、中央一系列重民生政策的落实和新的扶贫规划的起步实施，特别是保障性安居工程首批1000万套住房陆续竣工入住，为我国木质门提供了长期稳步增长的市场空间。可以预见，随着我国经济发展方式的转变，我国木质门企业将在新一轮发展中面临市场变化、成本升高、人员流失的严峻挑战，这也为优势企业提供了兼并重组、转型升级、做优做强的历史良机。因而，改变单纯重视加工制造环节的思维定势，加快结构调整、装备升级和营销网络建设，坚持以技术创新为支撑，注重环保、生产精品、演绎时尚，努力提高品牌创建能力，是当今木质门企业做优做强的不竭动力。木质门行业的快速发展得益于改革开放和人民生活水平的提高，同时与房地产的快速发展密不可分。尽管房地产行业的高速发展也带来了一定的泡沫，而且目前国家对房地产行业出台了许多限制性政策，但2011年中西部地区商品房销售面积增长仍在10%左右，销售额增长也超过了25%，显示出强劲的发展潜力。总的来说，房地产行业的波动对木质门行业的发展影响很大，从中国城镇化进度和需求考虑，我国木质门行业将快速发展。

发展木质门行业，在中国具有很大的优势。第一，劳动力优势。中国农村剩余劳动力已近2亿人，整体素质较高且价格低廉，日工资不到20美元，不到发达国家的1/10，木质门生产程序较多，个性化需求旺盛，不能做到完全自动化、机械化生产，这可以充分发挥中国的劳动力优势。第二，技术优势。我国已经是世界上林产工业大国，整体上具有技术优势，加上中国劳动者聪明、勤奋，能为世界提供优质价廉的木质门产品。第三，材料优势。中国在20世纪60年代就营造了大量的人工林，目前人工林面积居世界第一位，丰富的人工林资源为木质门生产提供了充足的原材料。

2）加强创新，规范服务，重视品牌建设

在市场竞争日趋激烈的情况下，木质门企业要想立于不败之地，只有走自主创新之路。创新不是单一的技术概念，是企业家应对市场变化、把握和引领市场而不断进行生产要素重新组合的综合行为。木质门企业要紧紧围绕市场进行产品创新、技术创新、市场创新、资源创新和机制创新，提高产品环保性能，加大技改投入和装备升级换代，努力降低生产成本，不断提高产品质量，加快新产品开发。未来几年，木质门行业的品牌差距将越来越大，市场格局将由杂乱无序的价格战转向较为明晰的品牌竞争。当市场发展到一定水平时，统领行业的必然是自动化程度高、规模化定制、标准化生产的大型企业。少数全国性的强势品牌将成为市场的领导者，跨行业发展的相关品牌会成为市场新的挑战者，一批区域性的优势品牌依然会是市场的追随者，而更多的新锐品牌将作为市场的新生代不断涌现。

3）转变传统营销模式，发展电子商务，提供定制化服务

电子商务帮助传统制造产业进行全方位的转变，执行的消费者定制化需求模式称为“B2C”，它强调以客户为中心的双向互动沟通。目前，我国家居建材类电子商务网站有百余家，大致分为垂直交易、平台式购物、网上商城和综合门户建材频道四种类型，其中垂直交易平台所占的市场份额最大，增长速度最快，2011年交易额高达400亿元。未来5年是我国电子商务的高速发展期，必将对传统经营、经销模式产生巨大冲击。木质门企业应以网络平台运营为核心，以与之相适应的品牌展示、营销渠道和服务模式打造“三位一体”的木质门行业电子商务，解决传统渠道与网销渠道可能产生的冲突，将经销商、分销商转变为服务商，将传统的企业针对个人开展的B2C电商模式结合行业现状，演变为交易线上进行、消费服务线下进行的O2O（Online To Offline）商务机会与互联网结合的模式。电子商务与木质门销售相关要素的逐步融合，势必派生出新的合作伙伴体系、产品展示与交易体系、配送和安装服务体系、个性化定制设计和施工服务体系，出现全新的木质门家居生产产业链。

4）加强企业认证，突破贸易壁垒，发展绿色产业链

我国是最大的木材进口国，也是最大的木材加工制品出口国。随着2008年5月美国《雷斯法案修正案》植物条款的生效，以及欧盟《森林执法、施政和贸易行动计划（FLEGT)》的实施，国际市场一系列有关木制品的贸易壁垒纷纷出台，对我国木制品出口造成了极大压力。我国木质门进入国际市场必须通过一系列的认证，例如体系类：质量管理ISO 9001，环境ISO 14001，职业安全OHSAS 18001等；产品类：日本JAS认证，欧盟CE标识，美国CARB认证等；社会责任：SA 8000；可持续发展：森林认证FSC，PEFC；安全类：UL认证等。

世界各国绿色产品的标准不同，但都强调产品要有利于人体健康和环境保护。绿色环保是永恒的发展主题，也是木质门行业必须坚持的产品理念，发展绿色产业链将成为木质门行业的主流经营模式。随着时间的推移，相关的企业认证事实上会成为木质门企业进入市场的准入证，以引导我国企业树立生态家居设计理念，降低能源、资源消耗，减少环境污染和碳排放，用生态学理念指导木质门产品生产系统的全过程，满足不断变化的市场需求。

5）进入资本市场，拓展融资渠道，提升企业管理经营平台

我国集体林权制度改革带来的商机，吸引了业内外众多投资商对林业的进一步关注。2011 年 386 家首次公开募股（IPO）企业，融资额超过 4000 亿元，其中建筑建材项目平均账面投资回报率为 5.96 倍。资本市场为企业发展提供了活力，已有木质门企业借助政策推力和多元资本渠道，通过并购整合、扩张规模、延长产业链，从单一产品生产，向林板一体化、产品多元化、“6＋1”产业链发展，不少上市企业的管理已从产品经营上升到资产经营和资本经营。

未来几年，通过资本市场杠杆引导兼并重组、建立规范的法人治理结构，提高产业集中度，培育一批拥有国际知名品牌和核心竞争力的大中型木质门企业，引导产业链上下游企业专业化分工协作共赢，进而有效整合全球资源，跨入世界木质门企业的先进行列，使我国从“世界木门工厂”转变为“木门产品研发中心”和“跨国公司总部”，培育技术、品牌、质量、服务的核心竞争力，形成“中国制造”木质门团队的国际竞争力。

未来几年将是家居行业的整合之年，企业重组、资源优化将给木质门行业发展带来新的契机。木质门产品将向智能化、人性化、个性化发展，呈现出消费年轻化、耗材环保化、产品差异化、使用人性化、做工精细化和产品专利化的特点，市场需求仍然以定制木质门为主。同时，企业将面临原材料价格不断攀升、劳动力成本快速上涨、人民币汇率变化和房地产调控需求下降的挑战。

第3章　木质门材料与性能

木质门材料的发展对木质门的质量和功能的进步起着决定性作用。本章主要介绍实木门、实木复合门、木质复合门中所使用的实木板材、人造板材、饰面材料等门材料的性能及适用范围。

3.1　木材

木材的天然纹理和色泽、美观、温馨、和谐、亲切等特征及木材的组织构造为木质门的多样化、个性化需求提供了可能；同时木材特有的保温、隔声、节能以及易切削和加工性使得木质门更适于大规模工厂化生产。目前，国内用于生产木质门常用树种有枫木、水曲柳、橡木、胡桃木、樱桃木、柚木、杉木和柏木等。

3.1.1　胡桃木

胡桃木（*Juglans* sp.）属较优质的木材，主要产自北美、南美和欧洲。国产的胡桃木，颜色较浅。黑胡桃非常昂贵，通常使用其薄木作为表面装饰，极少用实木。用于木质门生产的胡桃木多为进口材，其中使用较多的黑胡桃木特征如图3-1所示。木材材色变异大，灰褐色带不规则暗条纹，边材淡稻草色，心材灰褐色，暗花纹为烟棕色或红褐色。木材纹理一般较直，弦切面为大抛物线花纹（大山纹）。

图3-1　黑胡桃木

胡桃木是密度中等的硬木，气干密度约0.64g/cm³，抗劈力和韧性高，干燥缓慢，干燥质量好；干燥后的胡桃木具有良好的尺寸稳定性，但有时易发生蜂窝裂；弯曲性能好，加工性能好，加工表面光滑；易雕刻、旋切，易染色、磨光；胶粘性能好。主要用于高档家具、装饰单板、木质门、室内装修、高档细木工和工艺品等。

3.1.2 樱桃木

樱桃木（*Prunus serotina* Ehrh.）主要分布于美国，在欧洲和日本也有分布，分别称为欧洲樱桃木和日本樱桃木。这两种类型的樱桃木在构造及颜色上与美国樱桃木有所差异，密度也比其略重。樱桃木心材从深红色至淡红棕色，纹理通直，细纹里有狭长的棕色髓斑及微小的树胶囊，结构细。樱桃木气干密度为 0.62g/cm^3 左右，属于高档木材，适用于高档家具的生产。在木门生产中除用于实木门外，多用于木质门的表面装饰，使用的樱桃木特征如图 3-2 所示。

木材的弯曲性能好，硬度低，强度中等。木材易于加工，对刀具的磨损程度低，握螺钉力、胶着力、抛光性好。干燥时收缩量大，但是烘干后尺寸稳定。

3.1.3 枫木

枫木（*Acer* spp.）按照硬度分为软枫和硬枫，属温带木材。在我国主要产于长江流域以南直至台湾，国外产于美国东部。木材呈灰褐至灰红色，年轮不明显。枫木纹理交错，结构甚细而均匀，质轻而较硬，气干密度为 0.50 ~ 0.80g/cm^3，花纹图案优良，如图 3-3 所示。容易加工，切面欠光滑，干燥时易翘曲。油漆涂装性能好，胶合性强。主要用于室内家具或木质门的薄木贴面。

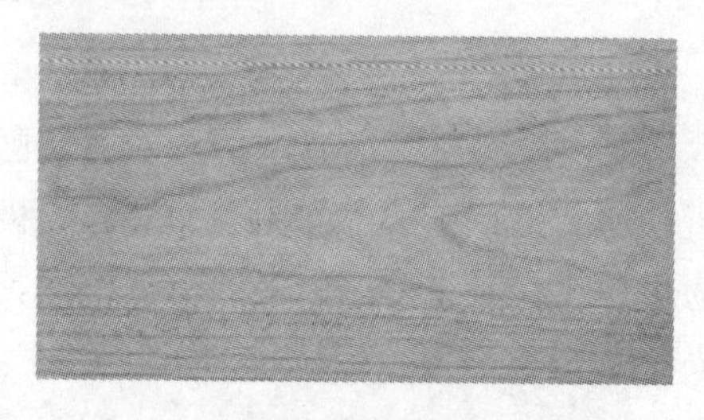

图 3-2 樱桃木

图 3-3 枫木

枫木中最著名的品种是产自北美的糖槭和黑槭，俗称“加拿大枫木”。硬度适中，木质致密，花纹美观，光泽良好，而且木纹中常现鸟眼状或虎背状花纹，是装潢用的高档木材。国产枫木材质偏软，结构疏松，花纹不明显，光泽差，与欧美产的枫木有差距。软枫的强度要比硬枫低 25% 左右，因此在使用及价格上硬枫要远优于软枫。

3.1.4 榉木

榉木（*Zelkova* spp.）根据分布地区分为欧洲榉木、日本榉木和美国榉木。欧洲榉木主要分布在欧洲中部和英国、亚洲西部，日本榉木分布在日本，而美国榉木则分布在美国和加拿大。

榉木心材是粉红色至棕色，一些原木中有淡红色的颗粒状物质或较暗的纹理。榉木纹理细致、通直、结构均匀，气干密度约为0.79g/cm^3，如图3-4所示。欧洲榉木在汽蒸处理后弯曲特性非常好，节子和不规则的纹理分布比较均匀；硬度中等，抗劈裂强度高，抗冲击载荷强度中等。美国榉木在力学性能方面与欧洲榉木相当，而日本榉木在力学特性方面相比前两者则相对较弱。在加工性能方面，欧洲榉木和美国榉木的加工性能随生长地和干燥情况变异较大，较硬的或干燥不当的榉木不易加工。但榉木易着胶、着色，表面油漆效果较佳。日本榉木在加工性能与欧洲榉木和美国榉木差异不大。榉木可用于做柜类家具、实木家具、木门窗、地板等（见图3-4）。

3.1.5　山毛榉

山毛榉（*Fagus longipetiolata* Seem.）分为美洲山毛榉（大叶山毛榉）和欧洲山毛榉，我国叫水青冈。山毛榉心材和边材区别不太明显，材色浅红褐，有时原木外缘的材色稍浅淡，多数有假心材。山毛榉纹理直或斜，中等耐腐，光泽强，花纹美（山水纹），易开裂和变形，如图3-5所示。山毛榉木材强度属中等，气干密度0.733g/cm^3，顺纹抗压强度平均值为48.9MPa。木材耐腐性弱或中等。木材切削较容易，径面有银白色花纹，油漆后光亮性良好，胶粘容易。握螺钉力强，但有时劈裂。

图3-4　榉木

图3-5　山毛榉

在建材市场上，许多商家把榉木和山毛榉混淆，用山毛榉来冒充榉木，对两者不加以区分。这其实是两个不同的树种，两者在材性、力学性能等多方面都有着显著的差异，其用途也有较大差异。一般认为榉木更为贵重，其性能也更好。

图3-6　水曲柳

3.1.6　水曲柳

水曲柳（*Fraxinus mandshurica*）边材呈黄白色，而心材为褐色略黄。如图3-6所示，生长轮明显但不均匀，木质结构粗，纹理直，花纹美丽，有光泽，硬度较大，气干密度约为0.60g/cm^3。水曲柳具有弹性、韧性好，耐磨、耐湿等特点。但干燥困难，易翘曲。加工性能好，切面光滑，油漆、胶粘性能好。

水曲柳加工性能良好，可通过钉、螺丝及胶水良好固定，可经染色及抛光而取得良好表面。适合干燥气候，不易老化，性能变化小。水曲柳具有极良好的强度性能，良好的抗震力和弯曲强度，是东北、华北地区的珍贵用材树种，可制各种家具、木门窗、乐器、体育器具、车船、机械和特种建筑材料。

3.1.7 橡木

橡木（*Quercus* spp.）大致分为白橡和红橡两类，如图3-7和图3-8所示，广泛分布在北半球广大区域，约有300多个品种。在我国吉林、辽宁、陕西、湖北等地有柞木，它与橡木同科，质地相近。

橡木边材、心材区分略明显，边材灰黄白色，心材色泽多变，从黄褐色微红至红褐色。纹理直，有时亦有斜纹，结构粗、花纹美丽。橡木木材具有较高的力学强度，耐磨损，气干密度为0.66~0.77g/cm^3。不易干燥，干燥时易开裂翘曲。木材锯解、切削不易，易于钻孔。橡木易刨切获得光滑的表面，但湿材易起毛。木材握螺钉力大，但不易钉入，涂漆、着色性能良好。主要用于木门窗、地板、高档装修、高档家具等。

图3-7　白橡

图3-8　红橡

3.1.8 欧洲桦

欧洲桦（*Betula pubescens*）主要分布在北欧、东欧和亚洲北部。欧洲桦木材结构细致，纹理通直，白色至淡棕色，表面有光泽，心、边材区别不明显。散孔材，管孔分布颇为均匀，管孔尺寸随生长地点的不同变异很大，如图3-9所示。

欧洲桦木材干燥较快，但易翘曲，气干密度约为0.67g/cm^3，人工干燥时，干燥速度要快以防止真菌变色或腐朽；不耐腐，但易防腐处理；无节子和不规则条纹时，木材弯曲性能好；木材胶粘性能好，易染色、磨光，握螺钉力好。

3.1.9　筒状非洲楝

筒状非洲楝（*Entandrophragma cylindricum* Sprague）俗称沙比利。散孔材，心、边材区别明显，心材中至暗红褐色或紫褐色，边材白色或白黄色。结构很细，纹理交错，有时皱状纹理，从而在径切面上显出窄而规则的鱼子酱图案。新鲜切面带有松柏香味，有光泽。生长轮不明显，管孔略少，中等大小，肉眼可见，如图3-10所示。

图3-9　欧洲桦

图3-10　筒状非洲楝

沙比利木材生材至绝干材体积干缩率大，材质中等，纹理细，强度中至高。气干密度为0.65～0.72g/cm^3，木材干燥很快，有明显翘曲现象，干燥性质变异大，需要小心堆放，木材使用中胀缩性中等；心材耐腐性中等，抗白蚁有变异，边材易受粉蛀甲虫侵害；心材难以防腐处理，边材防腐处理中等；手工和机械加工性能良，在交错纹理处有撕裂现象，可以通过减小切削角来克服，易锯切；油漆性好，胶粘性和握螺钉力良；旋切和刨切效果良好。主要用于高级装饰单板、木门、细木工板、胶合板、地板等。

3.1.10　阿林山榄

阿林山榄（*Aningeria* spp.）俗称安利格，广泛分布于非洲地区，散孔材。心、边材区别不明显，心材黄白色、浅褐色或浅红褐色，曝光后稍变暗。结构中至粗，纹理通常直，有时波状，有松柏香味，具光泽。生长轮略见，管孔略少、略小，如图3-11所示。

图3-11　阿林山榄

安利格木材干缩率大，生材至绝干材体积干缩率为11.8%，材质中至高，强度中至高。气干密度约为0.53g/cm^3，木材干燥性能好，无缺陷；木材易腐朽，不抗真菌和蚂蚁，易变色；防腐处理效果好；锯切和加工性能好，有些树种含硅石易使切削刀具变钝，旋切或刨切效果好；表面加工涂饰较难。主要用于单板和胶合板、家具构件等。

3.1.11 爱里古夷苏木

爱里古夷苏木（*Guibourtia ehie* J. Leonard）俗称黑檀，散孔材。心、边材区别明显，心材黄棕色至暗棕色带有灰黑色条纹，边材黄白色，宽约12cm。结构中等粗糙；纹理直至轻微交错，外表美观，如图3-12所示。

黑檀木材干缩率大，材质硬而重，强度中至高。气干密度约为0.83g/cm^3，性能良好；心材中等耐腐、抗白蚁；心材难以防腐处理，边材渗透性中等；锯切缓慢但由于密度高而使效果良好，用手工或机械加工容易，可刨光得到美观表面，在切削单板前需预热，与金属接触会产生锈斑而污染，由于交错纹理在径切面加工时需小心。主要用于高档家具、装饰单板、地板。

3.1.12 柚木

柚木（*Tectona grandis* L. f.）原产马来半岛，我国引种后成为长江流域以及南方热带地区的重要用材树种。心、边材区别明显，边材黄褐色微红；心材浅褐色或褐色略带黄绿色，纵面具黄褐条纹，如图3-13所示。木材有光泽；略具皮革气味，触之有油性感。

图3-12 爱里古夷苏木

图3-13 柚木

柚木木材纹理直，结构中，不均匀，重量中，干缩小，硬度、强度中，气干密度约为0.60g/cm^3。干燥较慢，但干燥质量好，尺寸稳定；抗腐，耐虫；加工较难，易钝刀具，有夹锯现象，锯切面起毛，但刨切削面光洁；油漆性和胶粘性能优良；握螺钉力强。适用于高档家具、木门窗表面装饰、乐器、高档室内装饰等。

3.1.13 铁刀木

铁刀木（*Cassia siamea* Lam.）又称黑心木、黑心树，分布于西南地区，如图3-14

图3-14 铁刀木

所示，心、边材区别明显，边材黄褐色，心材栗褐色或黑褐色常具有黑色条纹。木材光泽中等；无特殊气味或滋味。散孔材；生长轮不明显。

铁刀木木材纹理斜或交错，结构细至中，均匀，材质重硬，干缩中至大，强度中，气干密度约为0.71g/cm^3。木材难干燥易翘曲；心材耐腐及耐虫蛀性均强；边材易变色；切削困难，切面光洁；弦切面上有抛物线形花纹；油漆性和胶粘性能良好；握螺钉力强。适用于高档家具、雕刻、建筑用材、装饰等。

3.1.14　柞木

柞木（*Quercus mongolica* Fisch. et Turcz.）又称槲栎、蒙古栎、柞栎。遍布我国东北全区和俄罗斯远东沿海等地。柞木心、边材区别明显。边材浅黄褐色，心材黄褐或浅暗褐色。木材有光泽；无特殊气味和滋味。生长轮明显，环孔材；宽窄略均匀，如图3-15所示。

柞木木材纹理直，结构略粗，不均匀，材质硬，干缩中至大，气干密度为0.68～0.77g/cm^3，强度及冲击韧性高。干燥不难，干燥时间短，少翘裂；加工容易，切削面光洁；油漆性和胶粘性能良好；钉钉困难，握螺钉力强。广泛用于家具、地板及室内装饰、运动器械、胶合板、贴面薄木等。

3.1.15　花梨木

花梨木（*Pterocarpus* spp.）亦称花榈木。花梨木木材散孔材至半环孔材。心材浅红色至深砖红色，具有深色条纹；边材灰白色。生长轮略明显。管孔肉眼下明显，略大。轴向薄壁组织量多。木射线和波痕较明显，如图3-16所示。木屑的水浸出液具荧光反应。

图3-15　柞木

图3-16　花梨木

花梨木木材色泽光润、纹理秀美而著名，结构细，材质较为硬重，加工性质甚佳，锯刨后切面光洁，胀缩性小，抗冲击、抗腐蚀性很强，是贵重木门、家具和美术工艺用材。

3.1.16　铁杉

铁杉（*Tsuga* spp.）在四川南部有大面积培育。铁杉心、边材区别不明显，心材浅黄褐色微带红色，边材黄白色或浅黄褐色。木材光泽性弱，无特殊滋味；纹理直，结构中而均匀。生长轮明显，宽度窄且不均匀。

铁杉木材干缩性小至中，木质轻软，强度中，气干密度约为0.50g/cm³，冲击韧性中。木材干燥容易，少翘裂；耐水耐湿，耐腐性好；机械加工容易；胶粘容易，油漆后光亮性中；握螺钉力强。多用于建筑、家具、胶合板等。

3.1.17 杉木

杉木［*Cunninghamia lanceolata*（Lamb.）Hook.］是我国特有的速生商品材树种，生长快，材质好，在我国南方人工林中大量培育。杉木心、边材区别明显或不明显，边材浅黄褐色，通常宽2~3cm，心材黄褐色或黄红褐色；木材无光泽，有香气，无特殊滋味；生长轮明显，窄至甚宽，不均匀，轮间有深色晚材带，间有不连续生长轮出现，假生长轮普遍存在；早材带宽、色浅，晚材带窄、色深。

杉木材质优良，纹理匀直，结构中等，气干密度约为0.36g/cm³，强度适中（顺纹抗压强度35.8MPa，静曲强度66.1MPa）；其早晚材强度相差小，质地细密，不翘不裂，易于加工。同时，板材没有树脂分布，故油漆性能较好。因含有“杉脑”，杉木木材气味芳香，且能抗虫耐腐，是建筑、桥梁、船舶、电杆、门窗、楼板、屋柱、家具等的上选用材。

3.1.18 柏木

柏木（*Cupressus funebris* Endl.）主要分布在我国长江流域及以南地区。柏木的色泽鲜丽、木纹清晰，材质坚硬，气干密度为0.53~0.60g/cm³，如图3-17所示，遇水不腐烂，不发黑，具有防腐、保温、防霉、防臭、抗菌、不易变形、耐磨等特性，保养容易，表面具有丰富的木节，充满艺术气息。柏木材质硬重，强度高，力学性能优良，常用于做家具、木门和地板材料。

图3-17 柏木

3.2 人造板材

目前，用于木质门生产的人造板材主要有集成材、纤维板、刨花板、胶合板、细木工板、木塑复合材料、竹质人造板、蜂窝纸等，本节对这些材料的制造过程和性能进行简要介绍。

3.2.1　集成材

图3-18　集成材

集成材即胶合木（Glued laminated timber简称Glulam，图3-18），它是用板材或小方材按木纤维平行方向，在厚度、宽度和长度方向胶合而成的板材。

3.2.1.1　集成材的生产工艺

集成材生产工艺流程如图3-19所示。从集成材的生产工艺流程可见，集成材没有改变木材的结构和特点，真正意义上实现了小材大用、劣材优用；从物理性能来看，集成材材性稳定，与其他木质人造板材相比，集成材具有更灵活的幅面及断面结构尺寸；在抗拉、抗压强度和材料质量方面，集成材性能均优于木材，强重比大，强度约为天然木材的1～1.5倍。因此，集成材可以代替实体木材，应用于木材行业的各个领域。在木门的生产中，集成材的应用越来越多，利用集成材生产出的木质门被称作实木门。

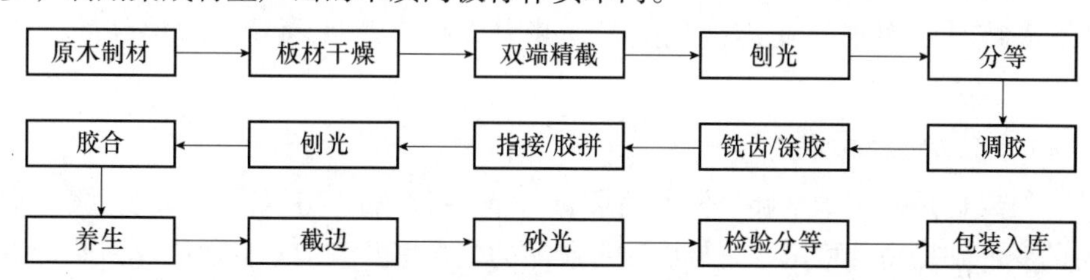

图3-19　集成材生产工艺流程图

3.2.1.2　集成材特点

1）小材大用，劣材优用

由于集成材是由短小料在长度、宽度和厚度方向上纵向接长或横向拼宽而成的，可以按要求制成任意横截面和任意长度的构件，真正意义上做到了小材大用。同时，集成材在胶合前，剔除了节子、虫眼、腐朽等木材瑕疵和生长缺陷，可完全实现“无缺陷”集成材。即使配板时存在木材缺陷，也可将其分散，使得劣材优用。

2）干燥质量好

因集成材的原料多为短小料，所以易于进行干燥，且干燥比较均匀，制成的大截面集成材，其各部分含水率也可以较为均匀，与大幅面板材相比，集成材的开裂变形程度较小。

3）易于进行预处理

在生产前可以对小料进行防腐、阻燃、防虫等各种形式的预处理，相对于大截面锯材，可以提高药剂处理的深度和效果，使集成材制品具有优良的防腐性、阻燃性和防虫性。

4）强度高

在集成材制作过程中，可控制坯料的纹理，减少斜纹理或节疤等对木构件强度的影响。层板的组合可以根据强弱配置的原则，外层用等级较高的树种，内层用等级较低的树种，优化配置生产的集成材产品强度性能可以达到或超过实木强度的1.5倍，这样既可以提高产品的强度，还能充分利用等级低的木材，从而提高木材的利用率。

5）产品造型自由度大

一般集成材由厚度为2～4cm的小材胶合而成，可制成能满足各种特殊形状要求的木构件。同时，集成材能制造出任意曲率的材料，也能预先计算拱度。在这方面，集成材的制造技术显示出了它独有的特性。

6）可连续化生产

集成材可以是不同树种的组合，也可以是外观分等和力学性能分等的组合，这两种组合方式使集成材的生产自由度增大。在欧洲、北美及日本等国家，集成材已实现工业连续化生产，并大大提高了各种异型木构件的生产速度。

3.2.1.3 集成材在木质门中的应用

集成材是在实木基础上发展起来的一种升级产品，可以很大程度上缓解木材的变形并提高其稳定性，从而改善制品的变形率及其他不良性能。因此，集成材以其优越的特性可以替代实木，作为现代实木门的优质材料。目前，实木复合门主要是以落叶松、杉木、柳桉等材种制成的集成材为基材，以樱桃木、胡桃木、柚木等珍贵材种单板为饰面材料组合加工而成。与实木门相比，实木复合门具有质量好、不易变形，加工成本较低的特点；同时由于以珍贵树种木材为饰面材料，其雅致的纹理和柔和的色彩又满足了人们视觉和功能上的需要。

作为木质门生产使用的集成材目前大多是非结构用材，相对于结构用集成材它的性能要求较低，因此生产成本也相对较低。根据标准《集成材　非结构用》（LY/T 1787—2008），非结构用集成材按其外观质量进行分等，可分为优等品、一等品和合格品三种类型，相关规定见表3-1。在理化性能方面，用做木质门材料的集成材含水率应大于或等于8%，小于等于各地区木材的平衡含水率。其断面的浸渍剥离率应在10%以下，且同一胶层剥离长度之和不得超过该胶层长度的1/3。集成材之间指接胶合的情况下，平均剥离率为10%以下。在甲醛释放量方面应达到 E_0 级（≤0.5mg/L）或 E_1 级（≤1.5mg/L）。

该标准未对集成材的剪切强度和木破率要求方面提供参考值，但根据日本农林标准，其相关的参考值见表3-2。

表3-1　外观分等的允许缺陷

缺陷种类		计算方法	优等品	一等品	合格品
节子	活节	最大单个长径（mm）	10	30	不限
	死节	最大单个长径（mm）	不允许	2	5
		每平方米板面个数		2	3
腐朽		不大于材面面积（%）	不允许	3	15
裂纹		最大单个长度（mm）	不允许	50	100
		最大单个宽度（mm）		0.3	2
虫眼		最大单个长径（mm）	不允许	2	5
		每平方米板面个数		修补完好允许3	修补完好允许5
髓心		占材面宽度　（%）	不允许		≤5
夹皮		最大单个长度（mm）	不允许	10	30
		最大单个宽度（mm）		2	5
		每平方米板面个数		3	5
树脂道		最大单个长度（mm）	不允许	10	30
		最大单个宽度（mm）		2	5
		每平方米板面个数		3	5
变色		化学变色和真菌变色占材面面积（%）	不允许	≤3	≤5
逆纹		不大于材面面积（%）	不允许	5	不限
边材		不大于木条宽度	不允许	1/3	不限
指接缝隙		最大宽度（mm）	不允许	0.2	0.3
		每平方米板面个数		3	5
边角残损		最大厚度（mm）	不允许	2	
		最大宽度（mm）		3	
		最大长度（mm）		50	
		每平方米板面个数		1	
修补			不允许	材色或纹理要和周围的木材协调，修补部分不允许有裂隙、脱落、凹陷	

注：1. 产品分正面材面和背面材面，优等品背面的外观质量不低于一等品要求，一等品背面的外观质量不低于合格品要求。

2. 贯通死节不许有；活节不许有开裂。

表 3-2　非结构集成材剪切强度及木破率要求

组号	木材种类	剪切强度（MPa）	木材破坏率（%）
1	桦木科、山毛榉、白栎、光叶榉、龙脑香科（包括相当强度的树种）	9.6	60
2	水曲柳、白蜡木（包括相当强度的树种）	8.4	
3	日本扁柏、罗汉柏、北美落叶松、赤松、黑松、美国扁柏、落叶松、花旗松（包括相当强度的树种）	7.2	65
4	日本铁杉、扁黄柏、红松、辐射松、异叶铁杉（包括相当强度的树种）	6.6	
5	日本冷杉、库页冷杉、鱼鳞云杉、云杉、小干松、西黄松、欧洲赤松、柳桉（包括相当强度的树种）	6.0	70
6	北美乔柏（包括相当强度的树种）	5.4	

集成材在实木门中主要用于门框和门扇两大部件。集成材实木门框通常是“两拼”结构，集成材为内芯，表面覆贴装饰单板或胶合板等，再通过方榫结构拼接而成整体门框。实木门门框的内芯木料规格较小，并利用集成材的优点，木材缺陷较少，含水率较均匀，有效地避免了门框在环境温湿度变化时易发生的开裂、翘曲、变形等现象；其次，由于芯材外面覆贴的是珍贵树种装饰单板，很好地保持了木材原有的纹理、色泽，使门框的整体外观效果更为美观。实木门扇主要由边梃、竖梃、上梃、中梃、下梃和门芯板几个部件组成。门扇中的梃类部件一般以集成材做内芯，两侧和上下封贴珍贵树种的装饰单板。门芯板的结构是以优质的集成材作为内部芯料，陈化砂光后在其上下两侧热压覆贴珍贵材种装饰薄板，齐边制成规格尺寸，最后铣出线型。从制造材料和加工工艺来看，集成材生产的实木门具有花纹自然、美观及良好的尺寸稳定性，所以在木质门的市场上，它占据着非常重要的地位，具有广阔的市场前景。

3.2.2　纤维板

纤维板是以植物纤维为原料，经过纤维分离、施胶、干燥、铺装成型、热压、裁边和检验等工序制成的板材，是人造板主导产品之一，如图 3-20 所示。其中，以中密度纤维板为例，按其加工处理方式和承重状态分为普通型、家具型和承重型中密度纤维板，

图 3-20　纤维板

按其使用环境中密度纤维板还可细分成多种类型，详见表3-3。

表3-3　中密度纤维板分类及类型符号

类型	适用条件	类型符号
普通型中密度纤维板	干燥	MDF-GP REG
	潮湿	MDF-GP MR
	高湿度	MDF-GP HMR
	室外	MDF-GP EXT
家具型中密度纤维板	干燥	MDF-FN REG
	潮湿	MDF-FN MR
	高湿度	MDF-FN HMR
	室外	MDF-FN EXT
承重型中密度纤维板	干燥	MDF-LB REG
	潮湿	MDF-LB MR
	高湿度	MDF-LB HMR
	室外	MDF-LB EXT

3.2.2.1　纤维板生产工艺

纤维板的生产目前以干法为主。以干法中密度纤维板为例介绍纤维板的生产工艺流程，如图3-21所示。

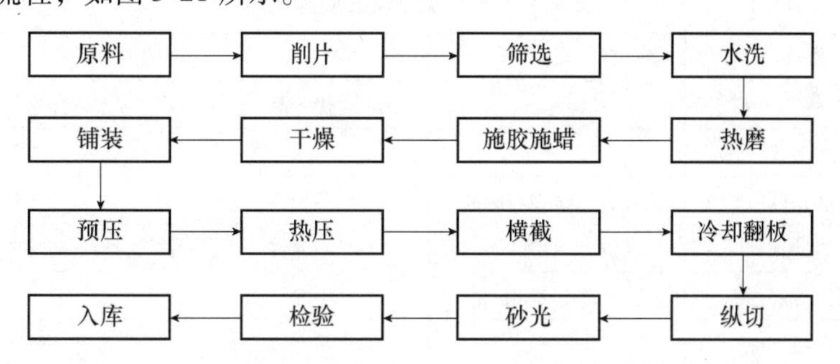

图3-21　中密度纤维板生产工艺流程图

3.2.2.2　纤维板特点

纤维板表面光滑平整、材质细密、性能稳定、边缘牢固、便于铣形，同时可以避免腐朽、虫蛀等问题，而且板材表面的装饰性极好，便于进行各种异形结构的加工，同时可以用于镂铣雕刻等工艺上。总体而言，中密度纤维板的性能特点主要有以下几点：

1）结构均匀，密度适中，尺寸稳定性好，变形较小；

2）静曲强度、内结合强度、弹性模量、板面和板边握螺钉力等物理力学性能较好；

3）表面平整光滑，便于进行二次加工，表面可贴覆旋切单板、刨切薄木、装饰纸等进行装饰，此外也可直接进行油漆和印刷装饰；

4）幅面比较大，板厚可在2.5～35mm范围内变化，可根据不同用途进行生产；

5）机械加工性能好，锯截、钻孔、开榫、铣槽、砂光等加工性能类似于实木，有的甚至优于实木；

6）可以进行雕刻及铣削成各种型面、形状的零部件，加工成的异形边可以不封边而直接进行油漆等涂饰处理。

3.2.2.3 纤维板在木质门中的应用

中密度纤维板优良的性能可以满足多种制造工艺的需要，因此被广泛用于家具及门类产品的制造和室内外装修业当中。由于中密度纤维板是均质多孔材料，其声学性能很好，在木质门中使用时具有很好的吸声降噪的特点。作为木门的制造材料，需采用《中密度纤维板》（GB/T 11718—2009）中的优等品板做门面板。板面光滑平整，整体无缺陷，无裂纹、油污斑点、压痕等。而作为骨架用的纤维板条，其质量要求可比面板低一些，满足GB/T 11718—2009中的合格品即可。木质门用纤维板必须符合表3-4～表3-7所规定的质量要求。

表3-4 砂光板的表面质量要求

名 称	质量要求	允许范围	
		优等品	合格品
分层、鼓泡或炭化	—	不允许	
局部松软	单个面积≤2000mm^2	不允许	3个
板边缺损	宽度≤10mm	不允许	允许
油污斑点或异物	单个面积≤40mm^2	不允许	1个
压痕	—	不允许	允许

注：同一张板不应有两项或以上的外观缺陷。

表3-5 尺寸偏差、密度及偏差和含水率要求

性能		单位	公称厚度范围（mm）	
			≤12	>12
厚度偏差	不砂光板	mm	-0.30～+1.50	-0.50～+1.70
	砂光板	mm	±0.20	±0.30
长度与宽度偏差		mm/m	±2.0	

续表

性能	单位	公称厚度范围（mm）	
		≤12	>12
垂直度	mm/m	<2.0	
密度	g/cm^3	0.65～0.80（允许偏差为±10%）	
板内密度偏差	%	±10.0	
含水率	%	3.0～13.0	

注：每张砂光板内各测量点的厚度不得超过其算术平均值的±0.15mm。

表3-6　干燥状态下使用的家具型中密度纤维板（MDF-FN REG）性能要求

性能	单位	公称厚度范围（mm）						
		≥1.5～3.5	>3.5～6	>6～9	>9～13	>13～22	>22～34	>34
静曲强度	MPa	30.0	28.0	27.0	26.0	24.0	23.0	21.0
弹性模量	MPa	2800	2600	2600	2500	2300	1800	1800
内结合强度	MPa	0.60	0.60	0.60	0.50	0.45	0.40	0.40
吸水厚度膨胀率	%	45.0	35.0	20.0	15.0	12.0	10.0	8.0
表面结合强度	MPa	0.60	0.60	0.60	0.60	0.90	0.90	0.90

表3-7　中密度纤维板甲醛释放限量

方法	气候箱法	小型容器法	气体分析法	干燥器法	穿孔法
单位	mg/m^3	mg/m^3	$mg/(m^2 \cdot h)$	mg/L	mg/100g
限量值	0.124	—	3.5	—	8.0

注：甲醛释放量应符合气候箱法、气体分析法或穿孔法中的任一项限量值由供需双方协商选择。
如果小容器法或干燥器法应用于生产控制检验，则应确定其与气候箱法之间的有效相关性，即相当于气候箱法对应的限量值。

木质复合门中门芯板的材料多采用纤维板等材料，利用其良好的机械加工性能及较小的变异性，实现良好的配合。此外，由于纤维板相对于实木和集成材的价格更为低廉，所以这也在一定程度上降低了木质门的成本，而性能却不比实木门差，这也使得木质复合门在市场上具有很强的竞争力。

3.2.3　刨花板

刨花板（图3-22）是由木材碎料（木材刨花、锯末或类似材料）或非木材植物碎料（亚麻屑、甘蔗渣、麦秸、稻

图3-22　刨花板

草或类似材料）与胶粘剂一起热压而成的板材。刨花板按照用途分为在干燥状态下使用的普通用板、在干燥状态下使用的家具及室内装修用板、在干燥状态下使用的结构用板、在潮湿状态下使用的结构用板、在干燥状态下使用的增强结构用板和在潮湿状态下使用的增强结构用板。此外，除了用木材刨花生产的刨花板外，还有利用非木材材料如棉秆、麻秆、蔗渣、稻草等所制成的刨花板，以及用无机胶粘材料制成的水泥木丝板、水泥刨花板等。按表面形状分，刨花板又可分为平压板和模压板，实际生产中多以平压板为主。

3.2.3.1　刨花板生产工艺

普通平压刨花板的主要生产工序包括：刨花制备和贮存、刨花干燥和分选、施胶、板坯铺装、预压、热压以及后续冷却、截边、砂光等工序。图3-23为其生产工艺流程。

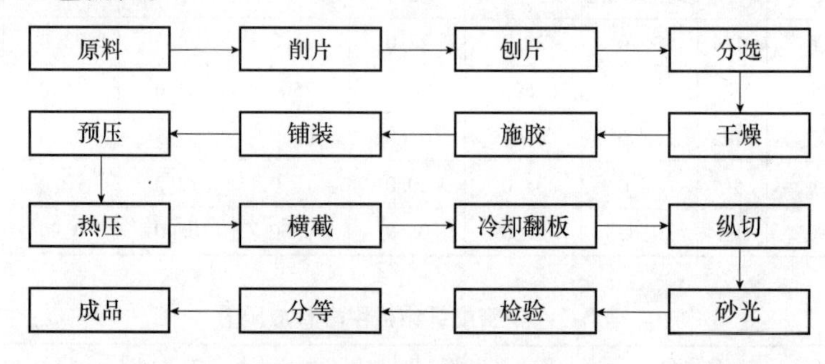

图3-23　刨花板生产工艺流程

3.2.3.2　刨花板特点

刨花板作为目前广泛应用的一种人造板材，它的主要优点包括：

①有良好的吸声和隔声性能；②各方向的性能基本相同，结构比较均匀；③加工性能好，可按照需要加工成较大幅面的板件，也可以根据用途选择厚度规格，而不需要在厚度上进行二次加工；④易于实现自动化、连续化生产；⑤表面平整，质地均匀，厚度误差小，可进行油漆和各种贴面处理。

在刨花板的性能检测方面，目前检测标准已经非常完备。在物理性质方面有密度、含水率、吸水厚度膨胀率等；在力学性质方面有弯曲强度、内结合强度、握螺钉力、弹性模量等。对特殊用途的刨花板还要按不同的用途，分别考虑它的电学、声学、热学和防腐、防火和阻燃等性能。

3.2.3.3　刨花板在木质门中的应用

1）普通刨花板

在现代木质门的生产中，许多生产厂家开始将普通刨花板应用到门扇制作中。作为门扇用的刨花板，它应满足《刨花板　第3部分：在干燥状态下使用的家具及室内装修用板需求》（GB/T 4897.3—2003）中的规定，如表 3-8、表 3-9和表 3-10。

表 3-8　板面外观质量

缺陷名称		允许值
压痕		不允许
漏砂		不允许
在任意 $400cm^2$ 板面上各种刨花尺寸的允许个数	$\geq 20mm^2$	不允许
	$\geq 5 \sim < 20mm^2$	3

表 3-9　刨花板在出厂时的共同指标

序号	项目		单位	指标
1	公称尺寸偏差	板内和板间厚度（砂光板）	mm	±0.3①
		板内和板间厚度（未砂光板）		−0.1 ~ +1.9
		长度和宽度		0 ~ 5
2	板边缘不直度偏差		mm/m	1.0
3	翘曲度②		%	≤1.0
4	含水率		%	4 ~ 13
5	密度		g/cm^3	0.4 ~ 0.9
6	板内平均密度偏差		%	±8.0
7	甲醛释放量（穿孔值）③	E_1	mg/100g	≤9.0
		E_2		>9.0 ~ 30

① 板内和板间厚度（砂光板）偏差要求更小者，由供需双方商定。

② 刨花板厚度≤10mm 的不测。

③ 甲醛释放量（穿孔值）为试样含水率在 6.5% 时测得的值。在测定时，如试件含水率（H）在 $3\% \leq H \leq 10\%$ 范围内，则乘以系数 F，$F = -0.133H + 1.86$；如试件含水率 > 10%，则乘以系数 F，$F = -0.636H + 3.12e^{(-0.346)}$。

表 3-10　理化性能指标

性能	单位	公称厚度范围（mm）							
		>3 ~ 4	>4 ~ 6	>6 ~ 13	>13 ~ 20	>20 ~ 25	>25 ~ 32	>32 ~ 40	>40
静曲强度	MPa	≥13	≥15	≥14	≥13	≥11.5	≥10	≥8.5	≥7
弯曲弹性模量	MPa	≥1800	≥1950	≥1800	≥1600	≥1500	≥1350	≥1200	≥1050
内结合强度	MPa	≥0.45		≥0.40	≥0.35	≥0.30	≥0.25	≥0.20	
表面结合强度	MPa	≥0.8							
2h 吸水厚度膨胀率	%	≤8.0							

2）挤压空心刨花板

图 3-24　空心刨花板

挤压法空心刨花板是将木质原料加工成刨花，经干燥、施胶后，加入安装有金属排管的挤压机中经加热连续冲挤出的空心板材。由于挤压法生产的空心刨花板（图 3-24）具有很多的优良特点，近年来被普遍用作门的芯板，并受到木质门厂家和装修公司的青睐。挤压法生产的空心刨花板具体特性如下：

（1）物理性能优良

空心刨花板的中心圆孔设计，使它同时满足了既坚实又轻巧的要求，因此，利用挤压空心刨花板制造门芯板可以减轻门板的重量。与实木门相比，在相同条件下，空心刨花板可减轻重量达 60%，这在木门生产、运输、安装及日常使用中，均显得非常优越。挤压空心刨花板保温隔热、隔声性能良好，40mm 厚的空心板相当于 300mm 厚砖墙的保温效果，平均隔声量为 28dB。由于大部分木质碎料垂直板材表面分布，使得空心刨花板有相当高的抗压强度，在受到 2MPa 压力时，不会产生变形。同时，由于空心刨花板为垂直挤压生产，在生产过程中被挤压出的刨花板厚度一致，精度较高，且板面无软化层，不需要经过砂光就可以直接使用，从而其产品具有稳定的厚度尺寸。

（2）制造成本低

在生产原料方面，由于挤压空心刨花板的密度低于平压刨花板，因此制造相同体积的板材，空心刨花板所用的原料要远少于普通刨花板。如果采用脲醛树脂为胶粘剂来生产刨花板，制造出合格平压刨花板的施胶量为 10% ~12%，而空心刨花板的施胶量只需 4% ~8%。可见，在原材料方面，空心刨花板也可大大降低板材的制造成本。

在设备方面，由于挤压法生产空心刨花板是由挤压机的挤压头来控制挤压机的进料量，由热压板来控制板材厚度，尽管挤压机的单机生产效率比较低，但相对平压刨花板而言，挤压法生产空心刨花板不需要专门的铺装机、预压机、板坯运输机，其拌胶后的刨花可直接由料仓送入挤压机。因此用于挤压法生产空心刨花板所需的设备少，其运行成本、设备维修费用也低。

（3）生产工艺简单

用挤压法生产空心刨花板，在原料施胶后不需铺装、预压就可直接送到挤压机进行挤压成型。可见，相对于平压法生产刨花板，挤压法生产空心刨花板可省掉板坯铺装、预压这两道工序，简化了生产工艺。

（4）原料来源广泛

挤压法生产空心刨花板不仅可以利用木材为原料进行生产，还可以利用农作物秸秆为原料，为解决我国木材原料供应紧张，为农作物秸秆人造板的进一步推广使用以及减少农作物秸秆造成的环境污染等问题提供了一个行之有效的途径。

（5）甲醛释放量低

利用挤压法生产的空心刨花板，用低于普通平压刨花板的胶粘剂施胶量就可生产出符合要求的板材，从而降低了板材的游离甲醛释放量。在行业标准《挤压法空心刨花板》（LY/T 1856—2009）中规定 E_1 级空心刨花板的甲醛释放量小于等于 8mg/100g。

我国对挤压法生产的空心刨花板需求量巨大，发展挤压空心刨花板前景看好。挤压法生产空心刨花板，密度低、隔热、隔声、抗压性能良好，成本低廉，游离甲醛释放量低，是门芯板和隔墙板优良材料，受到广大门类制造厂商和装修行业的青睐（图 3-25）。作为门扇用的空心刨花板，它应满足《挤压法空心刨花板》（LY/T 1856—2009）的规定，如表 3-11 和表 3-12。

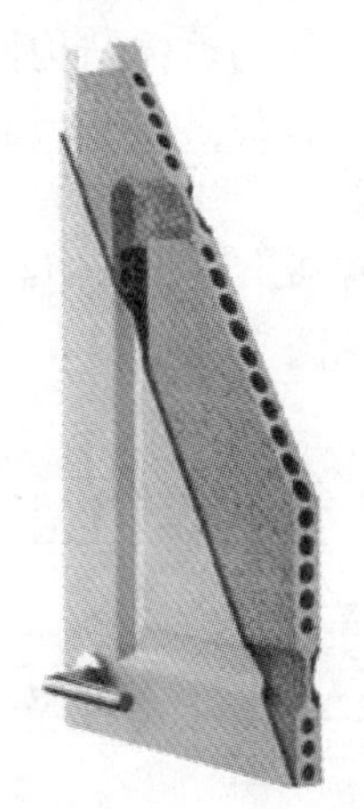

图 3-25　木质门中空心刨花板

表 3-11　外观质量

缺陷名称	指标
断痕、透裂	不允许
胶斑、石蜡斑、油污斑等污染点	单个面积 >40mm^2 不允许
金属夹杂物	不允许
边角缺损	在基本尺寸内不允许

表 3-12 理化性能

项目	单位	指标值
含水率	%	5 ~ 13
长度尺寸变化率	%	≤15
吸水厚度膨胀率	%	≤5
板密度	kg/m^3	<550
板密度偏差	%	±15
静曲强度	MPa	≥1.0
内结合强度	MPa	≥0.10
甲醛释放量	mg/100g	E_1 级：≤8 E_2 级：>8 ~ ≤30

3）模压刨花板

木质模压刨花板是刨花板工业中的又一分支，是在木质刨花中施以一定量的树脂胶粘剂，先在预压模具中预压成型，然后再与表面装饰材料一起放入热压精模中一次性压制成制品。模压刨花板产品美观，具有很好的物理力学性能和良好的整体结构性。从 20 世纪 80 年代中期，这种模压工艺已经开始用于生产各种桌面、台面等，近年来，该工艺也广泛用于生产幅面较大的木质模压门。

参照普通木质模压制品的生产工艺，并针对门的特性，木质刨花模压门的工艺流程见图 3-26。

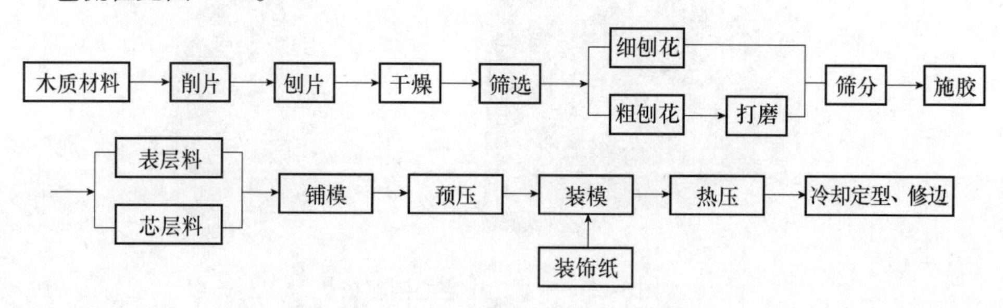

图 3-26 木质刨花模压门的工艺流程图

采用模压工艺生产一次性模压成型的木质刨花模压门可实现冷预压工艺路线，使得模压门成本低工效高，材料利用率高，在市场上具有很强的竞争力。同时，该工艺方法生产的木质刨花模压门外观平整、光洁，具有良好的物理力学性能以及防潮、隔声和阻燃性能，可广泛用于宾馆、大厦、办公楼以及民用住宅中。

3.2.4　胶合板

胶合板（图3-27）是指利用原木旋切制成的三层或三层以上单板，按照对称和相邻层单板纤维方向相互垂直的原则进行组坯，然后经涂胶、热压而成的一种人造板板材。与天然木材相比，胶合板具有木材利用率高、尺寸稳定性好、变形小、规格尺寸大、表面装饰丰富、机械加工性能好等优点，是一种结构和性能优良的、能高效利用木材的人造板材。目前，胶合板已广泛用于家具、室内装饰装修、模板、木质地板、木质门窗、集装箱底板、包装材料、木结构以及车船内部立面装饰等，是一种重要的装饰装修和工程材料。

图3-27　胶合板

3.2.4.1　胶合板生产工艺

胶合板的生产工艺因原料的制造方式不同略有区别，图3-28为普通胶合板生产工艺流程图。

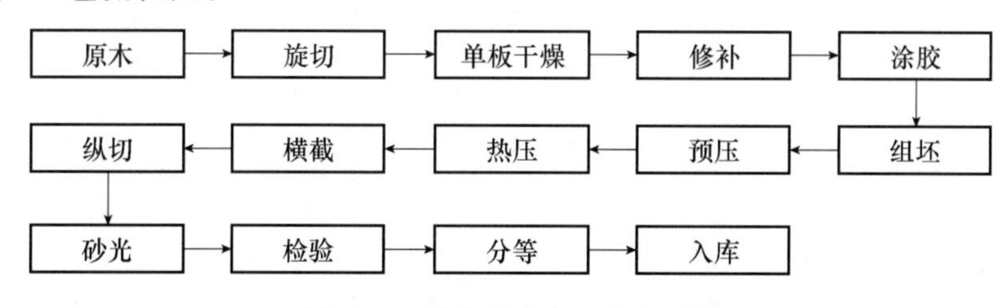

图3-28　胶合板生产工艺流程图

3.2.4.2　胶合板特点

胶合板一直是我国人造板工业中的主导产品，具有许多优良的性能，具体表现在：纹理交叉的相邻单板使得每个方向的强度都很均衡；胶合板均衡的结构特性，相邻单板受力方向垂直，相互抵消，因而可以减少收缩、膨胀和变形；胶合板的尺寸不受木材的宽度的影响，最常用的胶合板尺寸是2440mm×1220mm，最大可以到1830mm×7625mm；出材率高，可以用较便宜的木材作芯板，珍贵树木做表板，生产出高等级的板材；生产胶合板的废料主要是旋切后的木芯和旋圆以及木材缺陷产生的碎单板，生产过程中废料少。

3.2.4.3　胶合板在木质门中的应用

在木质门中胶合板的应用主要有装饰类胶合板和厚胶合板（图3-29）。其中装饰类胶合板主要用于木质门的表面装饰，使木质门表面花纹美观自然；厚胶合板可直接制造木质门。作为木质门用材料，它们应满足《胶合板》（GB/T 9846.1～9846.8—2004）中Ⅱ类胶合板和《装饰单板贴面人造板》（GB/T 15104—2006）中规定的质量要求。

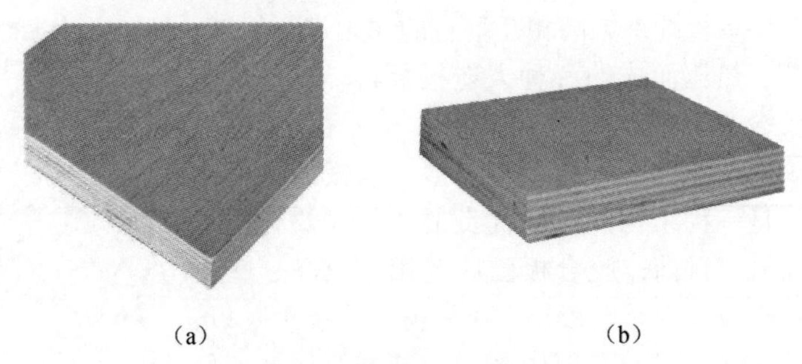

（a）　　（b）

图 3-29　木质门常用胶合板

（a）装饰单板贴面胶合板；（b）厚胶合板

表 3-13　胶合板公差要求

公差类型	公称厚度（t）	未砂光板		砂光板（单面）	
		每张板内的厚度允差	厚度的允差	每张板内的厚度允差	厚度的允差
厚度公差（mm）	2.7，3	0.5	+0.4 −0.2	0.3	±0.2
	$3<t<5$	0.7	+0.5 −0.3	0.5	±0.3
	$5\leqslant t\leqslant 12$	1.0	+(0.8+0.03t) −(0.4+0.03t)	0.6	+(0.2+0.03t) −(0.4+0.03t)
	$12<t\leqslant 25$	1.5			
长度和宽度公差（mm）	±2.5				
边缘直度公差（mm/m）	1				
垂直度公差（mm/m）	1				

表 3-14　Ⅱ类胶合板胶合强度指标值

树种名称或木材名称或国外商品材名称	强度指标（MPa）
椴木、杨木、拟赤杨、泡桐、橡胶木、柳桉、奥克榄、白梧桐、异翅香、海棠木	≥0.70
水曲柳、荷木、枫香、槭木、榆木、柞木、阿必东、克隆、山樟	≥0.80
桦木	≥1.00
马尾松、云南松、落叶松、云杉、辐射松	≥0.80

表 3-15　装饰单板贴面胶合板偏差要求

公差类型	基本厚度，t	允许偏差
厚度偏差（mm）	$t<4$	±0.20
	$4\leqslant t<7$	±0.30
	$7\leqslant t<20$	±0.40
	$t\geqslant 20$	±0.50
长度、宽度偏差（mm）	±2.5	

表 3-16　装饰单板贴面胶合板外观质量要求

检量项目			质量等级		
			优等	一等	合格
装饰性		视觉	材色和花纹美观		
		花纹一致性（仅限于有要求时）	花纹一致或基本一致		
材色不匀、变褪色		色差	不易分辨	不明显	明显
活节	阔叶树材	最大单个长径（mm）	10	20	不限
	针叶树材		5	10	20
死节、孔洞、夹皮、树脂道等	半活节、死节、孔洞、夹皮和树脂道、树胶道	每平方米板面上缺陷总个数	不允许	4	4
	半活节	最大单个长径（mm）	不允许	10，小于5不计，脱落需填补	20，小于5不计，脱落需填补
	死节、虫孔、孔洞	最大单个长径（mm）	不允许		5，小于3不计，脱落需填补
	夹皮	最大单个长度（mm）	不允许	10，小于5不计	30，小于10不计
	树脂道、树胶道	最大单个长度（mm）	不允许	15，小于5不计	30，小于10不计
腐朽			不允许		
裂缝、条状缺损（缺丝）		最大单个宽度（mm）	不允许	0.5	1
		最大单个长度（mm）		100	200
拼接离缝		最大单个宽度（mm）	不允许	0.3	0.5
		最大单个长度（mm）		200	300

续表

检量项目		质量等级		
		优等	一等	合格
叠层	最大单个宽度（mm）	不允许		0.5
鼓泡、分层		不允许		
凹陷、压痕、鼓泡	最大单个面积（mm^2）	不允许		100
	每平方米板面上的个数			1
补条、补片	材色、花纹与板面一致性	不允许	不易分辨	不明显
毛刺沟痕、刀痕、划痕		不允许	不明显	
透胶、板面污染		不允许		不明显
透砂	最大透砂宽度（mm）	不允许	3，仅允许在板边部位	8，仅允许在板边部位
边角缺损	基本幅面尺寸内	不允许		
其他缺损		不影响装饰效果		

注：装饰面的材色色差，服从贸易双方的确认，需要仲裁时应使用测色仪器检测，“不易分辨”为总色差小于1.5；“不明显”为色差1.5～3.0；“明显”为色差大于3.0。

表3-17　装饰单板贴面胶合板物理力学性能要求

检验项目	性能指标要求
含水率（%）	6.0～14.0
浸渍剥离试验	试件贴面胶层和胶合板或细木工板每个胶层上的每一边剥离长度均不超过25mm
表面胶合强度（MPa）	≥0.40
冷热循环试验	试件表面不允许有开裂、鼓泡、起皱、变色、枯燥，且尺寸稳定

装饰类胶合板是在普通胶合板表面胶贴一层装饰薄木，称为装饰单板贴面胶合板，市场上简称装饰板或饰面板。常见的饰面板分为天然木质单板饰面板和人造薄木饰面板。天然木质单板是用珍贵的天然木材，经刨切或旋切加工方法制成的单板，常用的树种有黑胡桃、山毛榉、水曲柳、柞木、枫木、核桃木等。与普通胶合板相比，装饰单板贴面胶合板具有更好的装饰性能。在木质门的生产中，许多生产厂家都用其进行表面装饰，这样既可以使表面美观，同时可以减少贵重木材的使用量。门芯板可采用价格略低的胶合板产品，从而有效地降低木质门的生产成本，提高产品的市场竞争力。

为了尽量减少木质门生产中实木的用量，降低木质门的造价，许多木质门生产企业考虑用人造板材来代替实木进行生产，而厚胶合板就能满足这一要求，其制造的木质门在市场上以稳定的质量深受用户的欢迎。厚胶合板可以用速生材进行生产，在平衡层进行交织应力处理，以确保门板不发生翘曲变形等缺陷。利用厚胶合板生产木质门时，便于加工各种凹凸线条，可以提高其加工精度和缩短生产线。厚胶合板通过砂光处理后可以直接进行油漆处理，也可饰面处理后漆饰。用厚胶合板制作木质门，既可以保证木质门的强度，充分展现实木感，又具有良好的隔声保温效果和厚重感，使得这类木质门自然地进入高档木质门一族，具有良好的市场前景。

3.2.5　细木工板

细木工板俗称大芯板（图3-30），是具有实木板芯的胶合板。中间的板芯是木条在长度和宽度方向上拼接或不拼接而成的板状材料。与刨花板、中密度纤维板相比，其木材的天然特性更顺应人类追求自然的要求，是室内装修和高档家具制作的理想材料。

图3-30　细木工板

3.2.5.1　细木工板的特点

细木工板可以说是一种特殊的胶合板，因此在生产工艺中也要同时遵循对称性原则，以避免板材的翘曲变形。作为一种厚板材，细木工板具有普通厚胶合板的外观和相近的强度，但细木工板比厚胶合板质地轻，耗胶少，投资省。它的芯条占总体积60%以上，与细木工板的质量有很大关系。

细木工板尺寸稳定，不易变形，有效地克服了木材的各向异性，具有较高的横向强度，同时，细木工板板面美观，幅面大，使用非常方便。此外，细木工板握螺钉力好，强度高，具有吸声、隔热等特点，加工简便，用途广泛。

3.2.5.2　细木工板生产工艺

在细木工板的生产过程中，最重要的部分是内部芯条的生产。一般情况下只有芯条的质量得到保证才能获得高质量的细木工板。芯条的生产过程首先是对干燥好的板材进行两面的刨削加工，然后再经过多片锯进行剖分，最后通过横截锯获得所要求的一定长度芯条。在芯条加工好之后，通过拼接机将芯条拼接成芯板，在芯板两面各覆盖两层优质单板，再经冷压机或热压机胶压后即可完成细木工板的生产。

3.2.5.3 细木工板的分类

目前，细木工板的用途主要集中在家具、门窗、隔断等方面。但其分类却多种多样，主要有以下几种。

1）按板芯结构细木工板可以分为实心和空心两种。实心细木工板是以实体板芯制成的细木工板；而空心细木工板则是以方格板芯制成的细木工板。

2）按板芯拼接状况细木工板可以分为胶拼及不胶拼板芯细木工板两种。胶拼板芯细木工板是用胶粘剂将芯条胶粘组合成板芯制成的细木工板；而不胶拼板芯细木工板则是指不用胶粘剂将芯条组合成板芯制成的细木工板。

3）按细木工板表面加工状况，细木工板可以分成三类：单面砂光细木工板、双面砂光细木工板和不砂光细木工板。

4）按使用环境细木工板可以分为适用于室内使用的细木工板及可用于室外的细木工板两种。

5）按层数细木工板有三层、五层及多层细木工板三种类型。其中，三层细木工板是指在板芯的两个表面各粘贴一层单板制成的细木工板；而五层细木工板是指在板芯的两个表面上各粘贴两层单板制成的细木工板；多层细木工板则是指在板芯的两个表面各粘贴两层以上单板制成的细木工板。

3.2.5.4 细木工板在木质门中的应用

细木工板是在胶合板的基础上发展起来的，因此细木工板在木质门中的应用与胶合板类似。近几年，许多企业也考虑采用细木工板作为门扇材料，这样制造出的木质门在材质上接近于实木门，但在变形等方面较实木门有很大改善。在木质门中使用的细木工板，其外观质量要求应满足国标《细木工板》（GB/T 5849—2006）中的规定，物理力学性能应符合表3-18、表3-19规定。

表3-18 含水率、横向静曲强度、浸渍剥离性能要求

检验项目		单位	指标值
含水率		%	6.0～14.0
横向静曲强度	平均值	MPa	≥15.0
	最小值	MPa	≥12.0
浸渍剥离性能		mm	试件每个胶层的每一边剥离长度均不超过25mm
表面胶合强度		MPa	≥0.60

表3-19　胶合强度要求

树种	指标值（MPa）
椴木、杨木、拟赤杨、泡桐、柳桉、奥克榄、白梧桐、异翅香、海棠木	≥0.70
水曲柳、荷木、枫香、槭木、榆木、柞木、阿必东、克隆、山樟	≥0.80
桦木	≥1.00
马尾松、云南松、落叶松、云杉、辐射松	≥0.80

3.2.6　蜂窝纸

蜂窝纸（图3-31）是牛皮纸经加工形成六角形结构，根据自然界蜂巢结构原理制作的，它是把瓦楞原纸用胶连接成无数个空心立体正六边形，形成一个整体的受力件，并在其两面粘合面纸而成的一种新型夹层结构的环保节能材料。除在包装材料的生产中应用外，在木质门的生产中，蜂窝纸可以作为门芯材料，既可以减少实体木材的用量，又可以达到隔声隔热的效果，同时在很大程度上降低了木质门的生产成本。

图3-31　蜂窝纸

3.2.6.1　蜂窝纸生产工艺

蜂窝纸生产中的关键技术是纸芯拉伸，直接决定了蜂窝纸的利用率和质量。目前对蜂窝纸芯的加工方法主要是双端双面差速牵引拉伸。其生产工艺流程如图3-32所示。

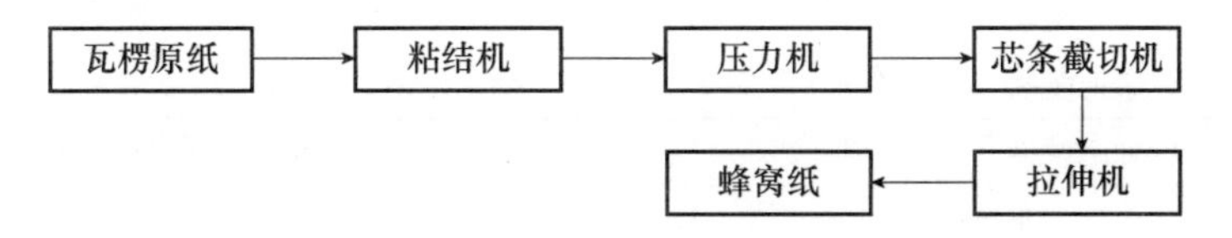

图3-32　蜂窝纸生产工艺流程图

3.2.6.2　蜂窝纸特点及用途

蜂窝状的结构与其他各种板材结构相比，具有质轻、用料少、成本低，这也是蜂窝纸成功应用的关键。蜂窝纸的结构近似各向同性，结构稳定性好，不易变形；具有优异的缓冲功能。蜂窝纸结构内部的空腔结构充满空气，因此作为填充材料具有很好的隔声保温功能。蜂窝纸全部由可循环再生的纸材制作，使用后可完全回收再利用。

蜂窝纸因具有弹性好、节约原料、成本低、质量小、可回收等特点，广泛用于蜂窝托盘、包装箱及包装内衬等，同时蜂窝纸通过与其他材料复合后，形成新的具有缓冲、隔震、保温、隔热和隔声等功能蜂窝复合材料，被广泛应用于建筑业、家具制造、包装和运输业，可替代木材、泥土砖和高发泡聚苯乙烯，具有较高的经济价值。在家具制造上，蜂窝纸多是以蜂窝复合板的形式被使用，如图3-33所示。蜂窝纸纸芯型号的选用和纸芯的规格见表3-20和表3-21。

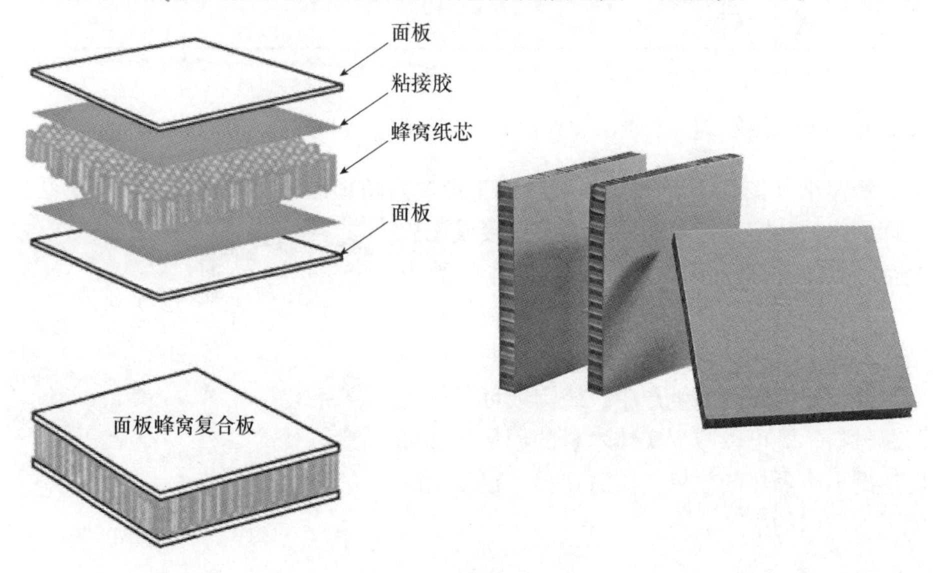

图3-33　蜂窝复合纸板

表3-20　纸芯型号的选用

应用类型	蜂窝纸纸芯型号
建筑用房门	B、C、D、E
家具板材、办公屏风	B、C、D
轻质隔墙、活动房屋	C、D（可选防水、防火型）
外幕墙	A、B、C（防水型）
包装板	A、B、C、D

表3-21　纸芯的规格

蜂窝纸纸芯型号	胶线宽度（mm）	标准胶线宽度（mm）	标准胶线间距（mm）
A	3.8~5.8	5.77	11.54
AB	5.6~7.0	6.93	13.86
B	6.7~8.7	8.66	17.32
BC	8.4~10.4	10.39	20.78

续表

蜂窝纸纸芯型号	胶线宽度（mm）	标准胶线宽度（mm）	标准胶线间距（mm）
C	9.0～12.2	12.12	24.24
CD	11～13.3	13.28	26.56
D	12.5～14.5	14.14	28.28
E	15.5～20.5	23.09	46.18
F	15.5～20.5	28.87	57.74
G	15.5～20.5	31.25	62.5

3.2.6.3　蜂窝纸在木质门中的应用

在木质门中，蜂窝纸的应用只是集中在门芯板上。作为门芯板，它具有隔声、强重比大的特点，同时可以降低木质门的生产成本。一般而言，制作平面门时，选择C型蜂窝纸芯；制作模压门时，则选择D型。用户可根据性能和成本要求，选择适当的蜂窝纸芯类型。

3.2.7　木塑复合材料

木塑复合材料（Wood-Plastics Composites，简称WPC，图3-34）是用木纤维或植物纤维与热塑性树脂混合，经挤出或压制成型为板材或其他制品，兼有木材和塑料的优点，可以部分替代木材和塑料。随着环境保护意识的增强，许多国家的建筑工业都在努力寻找木材的替代材料，而许多的木材加工厂为实现锯木粉、废木屑等的高效利用，也考虑用其加工成木塑复合材料，这在一定程度上推动了木塑复合材料的发展。

图3-34　木塑复合材料

3.2.7.1　木塑复合材料的性能

木纤维和植物纤维最初是作为低成本、提高塑料刚性的改性填充材料。木塑复合材料可充分利用资源，而且可回收利用，因而前景看好。其主要特点可归结如下：

1）经久耐用、使用寿命长，有类似木质外观，比塑料硬度高；

2）具有优良的物理性能，比木材尺寸稳定性好，不会产生裂缝，变形小，加入着色剂、覆膜或复合表层可制成色彩绚丽的各种制品；

3）具有热塑性塑料的加工性，容易成型，用一般塑料加工设备或稍加改造后便可进行成型加工，加工设备新投入资金少，便于推广应用；

4）有类似木材的二次加工性，可切割、粘接，用钉子或螺栓连接固定，可涂漆，产品规格形状可根据用户要求调整，灵活性大；

5）不怕虫蛀、耐老化、耐腐蚀、吸水性小，不会吸湿变形；

6）能重复使用和回收再利用，环境友好；

7）维修费用低。

3.2.7.2 木塑复合材料的应用

北美是目前世界木塑复合材料市场最大的地区，用量节节攀升。其中铺板（包括平台、路板、垫板）用量就占总用量的60%以上。因其不开裂、翘曲，维修容易，外观好，耐用等优点，除铺板外，还用于护墙板、天花板、装饰板、踏脚板、壁板、高速公路噪声隔板、建筑模板等；还可做装饰边框、栅栏和庭园扶手、包装用垫板和组合托盘；家具包括室外露天桌椅，船舶坐舱隔板、办公室隔板、贮存箱、花箱、活动架等；开发中的制品有披叠板、百叶窗等。

由于木塑复合材料是环境友好材料，尽管目前在欧洲用量不大，但因为欧洲以法规形式有效地限用PVC，所以木塑窗框替代PVC窗框是个巨大市场和机会。在欧洲，木塑复合材料除了广泛应用于建材之外，还突出应用于汽车工业。欧洲的汽车公司，包括大众、沃尔沃、奥迪、宝马等，在其生产的汽车里均采用了木塑复合材料。2005年，欧洲汽车工业消费的木塑复合材料达到7万t，2010年达到10万t。由于汽车报废新法规的颁布，汽车厂家普遍对木塑复合材料良好的回收性表示出浓厚的兴趣。在欧洲，汽车的年产量在1600万辆左右，如果全部采用木塑复合材料，其需求量将达到8～16万t/年。近两年来，国内木塑复合材料产能方面的增长速度很快，年增长率高达50%以上。总之，木塑复合材料是一种前景看好的环保型材料，加工技术将日趋成熟和多样化。

3.2.7.3 木塑复合材料在木质门中的应用

木塑复合材料门是国家大力开发和发展的新型复合材料门，是由木质材料和高分子材料辅以各种功能剂通过模塑化挤出成型的新型建材，具有充分发挥木材的易加工和塑料的再加工多样性、灵活性的特点。总结起来，木塑复合材料门具有以下特点：

1）绿色环保：木塑套装门（图3-35、图3-36）是在一定的温度、压力下一次成型，二次加工时采用热转印技术，免油漆，在生产和使用过程中是符合现代室内装饰环保标准的环境友好产品。

图3-35　木塑套装门

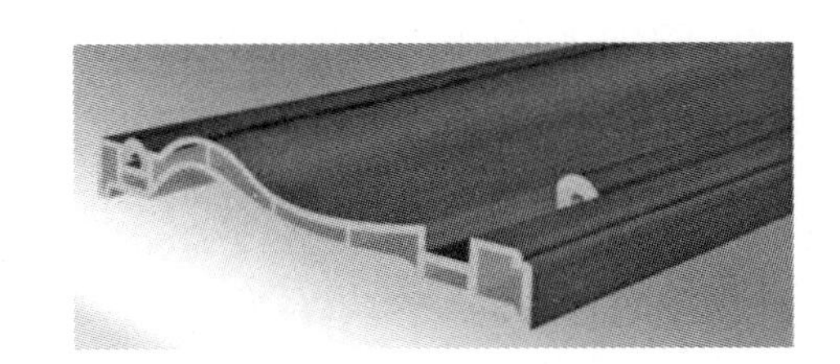

图3-36　木塑门框线

2）防潮、防腐、防霉变、防虫蛀：木塑制品具有木材和塑料的双重特性，故木塑套装门除适用于室内房门外，还适应温差大、潮湿、通风不良的场所，如潮湿的卫生间，需防腐、防霉、防蛀的储藏室等。

3）结构合理，强度高：木塑复合材料门可以采用特殊的空腔结构设计，加上合理的配方设计和生产工艺，可保证产品的强度。

4）安装快速：利用木塑复合材料生产的套装门可以采用快装结构，门框安装极为便捷，门框线与门框采用卡口连接，无需枪钉或粘胶固定。

5）产品系列化，配套性强：木塑材料具有实木的加工性能，可刨、可锯、可钻、可铣、可粘，也适用于传统木材加工工艺。门框的尺寸可根据不同的墙体宽度配备多种规格供选择。

6）保温，隔声性能好：木塑套装门使用的材料具有均匀、细密的泡孔，保证了其热导率比一般塑料材料低，降噪声性能好。

7）阻燃性能好：木塑套装门遇火不助燃，离火后自动熄灭，且燃烧时不会释放出对人体有害的气体，这一性能将大大提高家居住宅的防火安全性。

8）性价比优势显著：木塑套装门可以实现工业化制造，且质量稳定、成本经济，产品价格具有市场竞争优势。

综上所述，木塑复合材料门是一种同时具有木材和塑料特性双重特点的木质门，具有防水、防腐、隔声、阻燃、保温、防虫蛀、防霉变、不易变形的优点，容易加工且木质感强，可为消费者带来绿色健康居家环境，同时，大大降低了对森林资源的开采。

3.2.8　竹质板材

竹子具有生长快、产量高、生态功能强等特点，近年来，许多国家和地区大力发展竹类植物的栽培种植，不仅促进了生态环境改善，而且还为社会经济发展提供了原材料。因此，竹材这种绿色环保材料的经济、生态和社会效益将会日益突出。

3.2.8.1 竹质板材的应用

竹材有一般木材不及的优点：除生长迅速外，它的收缩量小，有高弹性和韧性，还有很好的顺纹抗压强度和抗拉强度，其抗拉强度约为木材的2.0～2.5倍，抗压强度约为木材的1.2～2.0倍。除了在传统的基础上提高产品质量外，竹子已经成为主要的人造板生产原料。竹材人造板品种繁多，从竹材结构单元在人造板中的分布状况来看，竹材人造板主要有竹胶合板、竹集成材、竹地板、竹层积材、竹复合板、竹碎料板和竹纤维板七大类。另外，竹质人造板材质细密，不易开裂变形，具有抗拉、抗压、抗弯等优点，各项性能指标均高于常用木材和木质人造板材，有着丰富的使用空间。

3.2.8.2 竹质板材在木质门中的应用

目前，虽没有文献详细论述竹质门的性能，但是，竹材经过多年的发展，竹质人造板（图3-37）已经有了成熟的生产工艺，且质量已有了保障，所以利用竹质板材生产门类产品是可行的。且由于竹材独有的优点，因此利用竹材生产的竹质门也具有如下特性：首先是竹质门具有不易变形，不开裂，质量稳定等特点，适用于浴室、厨房等潮湿环境；其次，竹质门纹理美观，可通过多种不同的加工工艺，显现出不同的纹理，可开发不同档次的竹质门。其中，重组竹木质门是目前竹材木质门中较为成熟和受消费者普遍接受的。

图3-37 竹质人造板

重组竹又称重竹，是先将竹材疏解成通长的、相互交联并保持纤维原有排列方式的疏松网状纤维束，再经干燥、施胶、组坯成型后热压而成的板材或其他形式的材料，其生产工艺流程如图3-38所示。

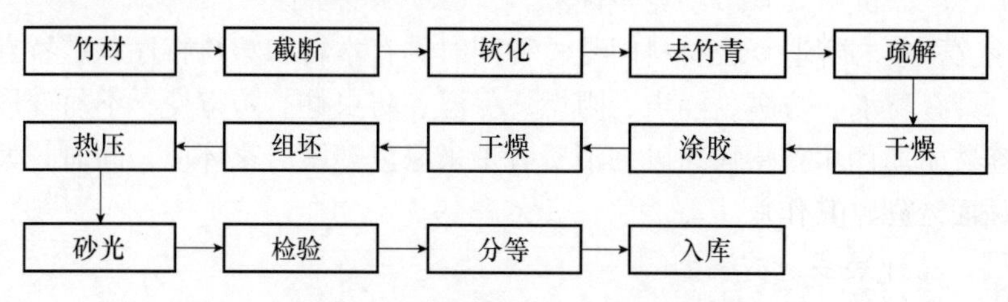

图3-38 重组竹生产工艺流程图

目前，重组竹在我国已经形成大规模的生产，畅销国内外市场。重组竹各项物理力学性能优良，其力学强度甚至超过相近密度的木材，且具有较好的锯、刨、钻等加工性能，其纹理、颜色、触感等方面与木材极为相似，可以在家庭装修中用作隔板、楼梯板和门板等。

重组竹木质门是传统普通竹质门密度的2倍以上，其性能堪比高档硬木；其次，普通竹质门竹材天然纹理比较单一，重组竹经炭化、重组后产生的纹理近似木材纹理，具有天然木质感的表面纹理特征；此外，重组竹使毛竹利用率更高，最高可达90%，竹材的生长期短、成熟快等特性都使其成为很好的木质门材料，将有望在木质门市场中占有一席之地。

3.2.9　其他人造板材

为了充分利用木材和解决木材供需矛盾，许多国家开发出了许多新型木质产品。它们与科技木相类似，都是良好的新型装饰装修材料，具有很好的市场发展前景。通过木材碎料与各种树脂混合加工成型，可以获得形状各异的材料，这些新型木制品的物理化学特性和技术指标与天然木材一样，可对其进行锯、刨、钉等加工，成本却相对于天然木材大大降低。此外，对低密度的人工林木材进行浸渍处理可以在一定程度上增强其性能，因此这种处理方法也得到了广泛应用。通过处理，这种木材既保留了天然木材的纹理，硬度和强度又高于原有木材。而为了使天然木材具有多种多样的色彩，木材染色技术也得到了发展。它可以采用特殊处理法将染色剂渗透到木材内部，使其锯开就可呈现彩虹般的色彩，因而在后期加工中不需要再进行上色、调色等处理。

在木质门的生产过程中，这些新型的人造板材都有很广阔的应用前景。随着实木资源的不断匮乏，各种新型木质人造板必将得到更快的发展，它们都可以作为现代木质门的材料，这不仅可以为新型木质门的开发提供新思路，同时可在一定程度上丰富木质门的品类，从而增强产品在市场的竞争力。

3.3　饰面材料

随着木质门生产中各种木质人造板材的发展应用，需要采用各种饰面材料进行贴面处理，其作用主要为表面保护和装饰。木质门表面采用的贴面材料琳琅满目，品种繁多，木质类的有天然薄木、人造薄木、单板等；纸质类的有装饰纸、热固性树脂浸渍纸、高压装饰层积板等；塑料类的有聚氯乙烯薄膜、聚乙烯薄膜等；此外还有各种纺织物、合成革、金属箔等。不同的饰面材料具有不同的装饰效果，本节主要介绍薄木、装饰纸和聚氯乙烯薄膜这三类常用的木质门饰面材料。

3.3.1 薄木

薄木，俗称“木皮”，是一种具有珍贵树种特色的木质片状薄型饰面材料。在全球号召节约木材、注重环保和保护森林的国际形势下，纯实木产品已越来越少，木质门行业也已由实木门逐渐转向实木复合门和木质复合门。薄木具有木材特有的性质及其独特的装饰效果，用其饰面的木质门，不但能仿实木门的古朴效果，还能避免实木门易变形和高价位等缺点，深受消费者的喜爱。因此薄木成为了现代木质门行业最主要的表面装饰材料。

3.3.1.1 薄木的分类

装饰薄木的种类较多，目前国内外还没有统一的分类方法。一般具有代表性的分类方法是按薄木的制造方法、形态、厚度、花纹及树种等进行。

1）按制造方法分类

锯制薄木：采用锯片或锯条将木方或木板锯解成的片状薄板。

刨切薄木：将原木剖成木方并进行蒸煮软化处理后再在刨切机上刨切成的片状薄木。

旋切薄木：将原木进行蒸煮软化处理后在精密旋切机上旋切成的连续带状薄木。

半圆旋切薄木：在精密旋切机上将木方偏心装夹旋切或在专用半圆旋切机上将木方旋切成的片状薄木，是介于刨切法与旋切法之间的一种旋制薄木。

2）按薄木形态分类

天然薄木：由天然木材的木方直接刨切制得的薄木。

人造薄木：由一般树种的旋切单板仿照天然木材或珍贵树种的色调染色后再按纤维方向胶合成木方后再进行刨切的薄木，即为“科技木”的薄木，简称“科技薄木”。

集成薄木：由珍贵树种或一般树种（经染色）的小方材或单板按薄木的纹理图案先拼成集成木方后再刨切成的整张拼花薄木。

3）按薄木厚度分类

厚薄木：厚度≥0.5mm，一般指厚度为0.5~3mm的薄木。

薄型薄木：0.2mm≤厚度<0.5mm。

微薄木：厚度<0.2mm，一般指厚度为0.05~0.2mm且背面粘合特种纸或无纺布的连续卷状薄木或成卷薄木。

3.3.1.2 天然薄木生产工艺

通常木质门贴面用天然薄木采用刨切的方法进行加工，其工序流程如

图 3-39所示：

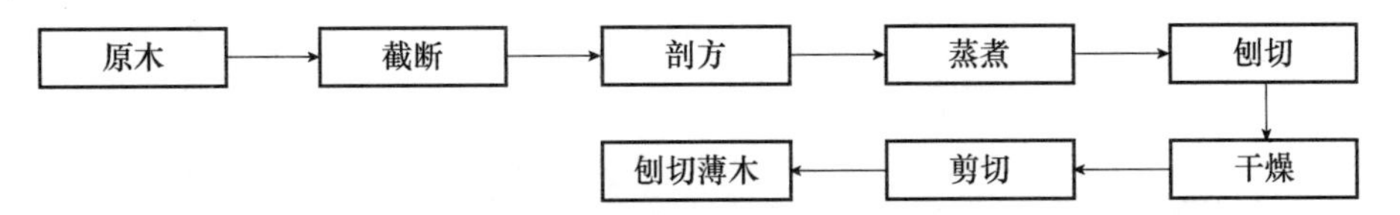

图 3-39　刨切薄木生产工艺流程

制备天然薄木的树种，一般要求木材结构均匀，纹理通直、细致，早晚材区别明显，木射线粗大或密集，能在径切面或弦切面形成美丽的木纹（图 3-40）；有时为了特殊花纹的要求而选用树瘤多的树种。并且树种材质不能太硬，要易于进行切削、胶合和涂饰加工；其中阔叶材导管直径不能太大，否则制成的薄木易破碎、胶合时易透胶等。

图 3-40　天然薄木

3.3.1.3　人造薄木生产工艺

人造薄木又称科技薄木，是用常见树种制成的普通单板为原料，经漂白、染色、施胶组坯后压制成木方，再经刨切或旋切而制成的薄木。在实木资源越来越紧张，原材料价格不断上涨，环保意识的深入和审美能力的不断提高的今天，以科技、环保、健康见长的科技薄木越来越受到木质门生产企业的青睐和消费者的垂青，市场前景非常广阔。科技薄木性能优良，完全保留了天然木材的自然属性，又去除了天然木材固有的虫眼、节疤、腐朽、色变等缺陷，便于加工使用、利用率高，节约成本；高科技赋予科技薄木强立体感和多样化纹理，色泽鲜艳、明亮、丰富，满足多样化及个性化需求，因而，科技薄木广泛应用于木质门贴面处理。

通过不同单板的排列组合，采用不同的加工方法，如旋切法或刨切法，可组合成各种花纹图案的薄木，如仿柚木、猫眼、树瘤等；根据纹理不同组合成各种几何图案，如仿方格图案、棒针绒线花纹等；根据染色的不同，可染成各种不同颜色，如仿红木、仿橡木等，颜色鲜艳夺目，如图 3-41 所示。

制备人造薄木的树种应具备以下条件：（1）木材纹理通直，材质均匀无腐朽且易于切削；（2）易于染色、胶合及表面涂饰；（3）价格便宜，原料充足。国外常选用的树种是柳桉，国内常选用杨木、桦木、椴木等。通常，人造薄木生产工艺过程如图 3-42 所示，刨切后的人造薄木，通过剪板机剪成一定的规格后，即可用于木质门的贴面装饰。

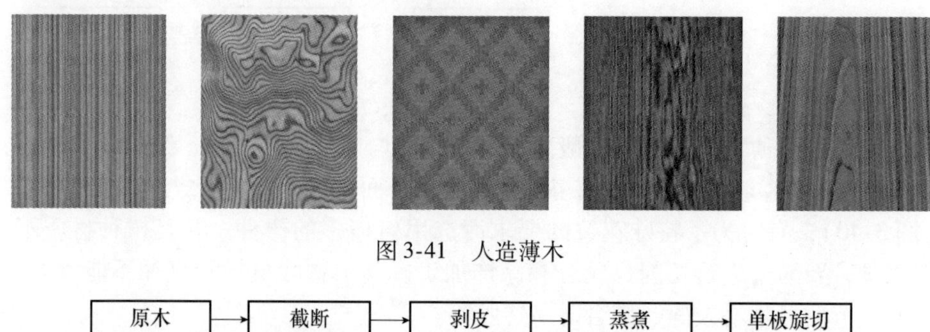

图 3-41 人造薄木

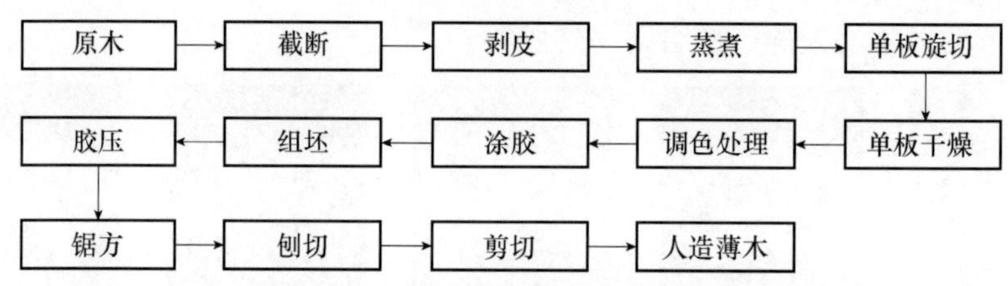

图 3-42 人造薄木生产工艺流程

3.3.2 装饰纸

随着人们对居住环境和工作环境的要求不断提高，装饰纸产量逐年提升，占装饰材料市场的份额越来越高，装饰纸贴面产品主要应用于家具、木质门、地板和装修等方面。

装饰纸（图 3-43）具有美丽、逼真的印刷木纹或图案，并且保色性良好；具有优良的胶合性能，对胶粘剂及涂料有一定的吸收性，以强化纸内纤维间的结合力，但吸收性不宜太大，以免造成透胶及涂料的过多损耗；应具有很好的遮盖能力；具有一定的抗拉强度；具有很好的涂饰性能。由于装饰纸具有以上的优良特性，因此装饰纸贴面木质门（图 3-44）不仅美观，且表面具有一定的耐磨、耐热、耐水、耐污染性能。

图 3-43 装饰纸

图3-44　装饰纸贴面木质门

3.3.2.1　装饰纸分类

1）按加工过程分为：原纸、印刷装饰纸、装饰胶膜纸。

2）按表面有无印刷分为：素色纸、印刷纸。

3）按饰面工艺不同分为：高压法用纸、低压法用纸。

4）按耐光色牢度分为：标准级、高保色级。

3.3.2.2　常用的装饰纸

1）原纸，具有一定吸收性和遮盖性的专用于浸渍氨基树脂的钛白纸。分素色纸和印刷用原纸两类。

2）印刷装饰纸，原纸经印刷花纹后称为印刷装饰纸。

3）装饰胶膜纸，素色原纸或印刷装饰纸经浸渍氨基树脂并干燥到一定程度，具有一定树脂含量和挥发物含量的胶纸，经热压可相互胶合或与人造板基材胶合。

3.3.2.3　装饰纸质量要求

木质门用饰面装饰纸应符合《人造板饰面专用装饰纸》（LY/T 1831—2009）的质量要求。

1）规格尺寸及允许偏差

原纸及印刷装饰纸为卷筒纸，卷筒宽度通常为1250mm、1320mm、1560mm、1860mmm、2070mm等，或按合同规定，偏斜度不得超过3mm，卷筒宽度尺寸偏差为±3mm，原纸每筒纸的接头不得超过1个，印刷装饰纸每筒纸的接头不得超过3个，接头部位应粘接牢固、洁净，不得有粘连现象。

装饰胶膜纸为整张纸，长、宽允许偏差均为 +20mm，对角线偏差不大于5mm。低压法用纸常用规格，长度（mm）：2460、2640、4900；宽度（mm）：1250、1560、1860、2090、2460、2820。高压法用纸常用规格，长度（mm）：1910、2215、2530；宽度（mm）：560、1260。

2）外观质量要求

原纸外观质量要求应符合表3-22要求。

表3-22 原纸外观质量要求

项 目	外观质量要求	
	素色纸	印刷用原纸
破 损	不允许	
污 染	不允许	
异 物	不允许	
死 褶	不允许	
尘埃点	20延长米内，随机两个 $10m^2$ 区域内，单个面积为 $0.15 \sim 0.3mm^2$，允许10个/$10m^2$；不允许集中	20延长米内，随机两个 $10m^2$ 区域内，单个面积 $2.5mm^2$ 以上不允许；$0.5 \sim 2.5mm^2$，允许1个/$10m^2$；$0.3 \sim 0.5mm^2$，允许5个/$10m^2$；$0.15 \sim 0.5mm^2$，允许10个/$10m^2$；不允许集中
色 差	与标准纸样同时浸渍并压贴后比较，明显的不允许	
毛 边	不允许	
皱 纹	不允许	
硬质块	不允许	
掉 毛	不允许	
掉 粉	轻微允许	
缺 边	不允许	
裂 口	不允许	
孔 洞	不允许	
卷芯变形	不允许	
端面平整度（mm）	±3	
收卷松紧边	不允许	

注：正常视力在视距为0.5m时能看清楚观察到缺陷为明显，否则为不明显。

印刷装饰纸外观质量要求应符合表3-23要求。

表3-23　印刷装饰纸外观质量要求

项　目	外观质量要求	项　目	外观质量要求
色　差	与标准纸样同时浸渍并压贴后比较，明显的不允许	漏　印	明显的不允许
白　点	明显的不允许	刀　线	明显的不允许
污　斑	明显的不允许	跳　刀	明显的不允许
有效印刷厚度偏差	±3mm	纸边缺口	不允许
套印精度误差	≤1mm，纹理清晰	端面平整度（mm）	±3
皱　褶	影响使用的不允许	卷芯变形	不允许
死　褶	不允许	收卷松紧边	不允许

注：正常视力在视距为0.5m时能看清楚观察到缺陷为明显，否则为不明显。

装饰胶膜纸外观质量要求应符合表3-24要求。

表3-24　装饰胶膜纸外观质量要求

项　目	外观质量要求	
	素色装饰胶膜纸	印刷装饰胶膜纸
色　差	压贴后与标准饰面板比较，明显的不允许	
污　斑	明显的不允许	
白　点	明显的不允许	
套印精度误差	—	≤1mm，纹理清晰
漏　印	—	明显的不允许
刀　线	—	明显的不允许
跳　刀	—	明显的不允许
皱　褶	影响使用的不允许	
边角缺损	在公称尺寸范围内不允许	
裂　纹	长度≤50mm且拼合后不影响装饰纸效果，允许1条	
胶　泡	轻微	
胶　粉	轻微	
漏　胶	不允许	
粘　连	不允许	

注：正常视力在视距为0.5m时能看清楚观察到缺陷为明显，否则为不明显。

3）理化性能

装饰纸理化性能应符合表3-25要求。

表 3-25 理化性能指标

<table>
<tr><th rowspan="2">检验项目</th><th rowspan="2">单位</th><th colspan="4">理化性能指标</th></tr>
<tr><th>印刷原纸</th><th>素色原纸</th><th>印刷装饰纸</th><th>装饰胶膜纸</th></tr>
<tr><td>定量偏差</td><td>%</td><td colspan="3">定量标示值±3</td><td>—</td></tr>
<tr><td>水分</td><td>%</td><td colspan="2">≤4.0</td><td>≤6.0</td><td>—</td></tr>
<tr><td>灰分</td><td>%</td><td colspan="3">15~45</td><td>—</td></tr>
<tr><td>pH 值</td><td></td><td colspan="3">6.5~7.5</td><td>—</td></tr>
<tr><td>纵向干抗张强度</td><td>N/15mm</td><td colspan="3">≥25.0</td><td>—</td></tr>
<tr><td>纵向湿抗张强度</td><td>N/15mm</td><td colspan="3">≥6.0</td><td>—</td></tr>
<tr><td>透气度（Gurley 法）</td><td>s/100mL</td><td colspan="2">≤25</td><td>≤35①</td><td>—</td></tr>
<tr><td>平滑度</td><td>s</td><td>≥100</td><td colspan="3">—</td></tr>
<tr><td>渗透性</td><td>s</td><td colspan="2">≤6</td><td>≤8②</td><td>—</td></tr>
<tr><td>耐热性</td><td>级</td><td colspan="4">1</td></tr>
<tr><td rowspan="2">耐光色牢度（蓝色羊毛标准）</td><td rowspan="2">级</td><td colspan="4">标准级≥6</td></tr>
<tr><td colspan="4">高保色级≥7</td></tr>
<tr><td>纵横向伸缩率</td><td>%</td><td colspan="3">纵向 0.3~1.0；横向 1.0~3.5</td><td>—</td></tr>
<tr><td rowspan="2">甲醛释放量</td><td rowspan="2">mg/L</td><td colspan="3" rowspan="2">—</td><td>A 级≤1.5</td></tr>
<tr><td>B 级≤3.0</td></tr>
<tr><td>浸胶量偏差</td><td>%</td><td colspan="3">—</td><td>标示值±10%</td></tr>
<tr><td>挥发物含量</td><td>%</td><td colspan="3">—</td><td>5~9</td></tr>
<tr><td>预固化度</td><td>%</td><td colspan="3">—</td><td>10~70</td></tr>
</table>

注：特殊要求由供需双方协商确定。

①黑色纸、珠光纸不受此限制。

②珠光纸、满涂不受此限制。

3.3.3 聚氯乙烯（PVC）

PVC 全名为 Poly vinyl chloride，主要成分为聚氯乙烯，色泽鲜艳、耐腐蚀、牢固耐用，在制造过程中填加增塑剂、抗老化剂等辅助材料来增强其耐热性、韧性、延展性等。这种薄膜的最上层是漆，中间的主要成分是聚氯乙烯，最下层背涂黏合剂。PVC 具有高抗光性、耐水性、耐腐蚀性、稳定性好及易清洁等优点，是木质门常用的饰面材料之一，如图 3-45 所示。

3.3.3.1 PVC 分类

1）根据是否含有柔软剂分类

软 PVC：一般用于地板、木质门、天花板以及皮革的表层，但由于软 PVC 中含有柔软剂，容易变脆，不易保存，所以其使用范围受到了局限。

硬 PVC：不含柔软剂，因此柔韧性好，易成型，不易脆，无毒无污染，保存时间长，因此具有很大的开发应用价值。

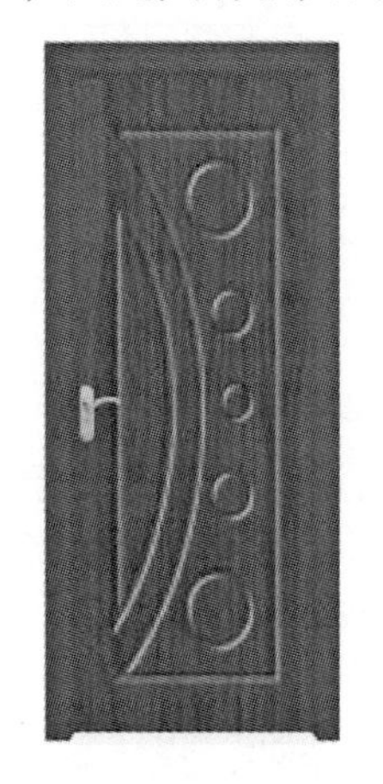

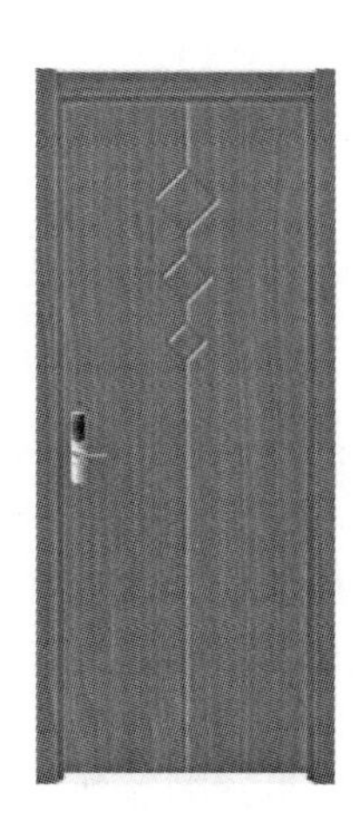

图3-45　PVC贴面木质门

2）根据应用范围分类

通用型PVC树脂：是由氯乙烯单体在引发剂的作用下聚合形成的，通用型聚氯乙烯制备方法简单、用途广泛。

高聚合度PVC树脂：是指在氯乙烯单体聚合体系中加入链增长剂聚合而成的树脂，一般在特殊领域应用较多。

交联PVC树脂：是在氯乙烯单体聚合体系中加入含有双烯和多烯的交联剂聚合而成的树脂，一般在特殊领域应用较多。

3）根据氯乙烯单体的聚合方法分类

悬浮法：其生产过程简单，便于控制及大规模生产，产品适宜性强，是PVC的主要生产方式。

本体法：不用水和分散剂，聚合后处理简单，产品纯度高，但是存在聚合过程搅拌和传热的难题，生产成本较高，属于淘汰类工艺。

乳液法：聚合时以水为分散介质，制得的颗粒较细、热稳定性和电绝缘性较差，主要用于制造人造革、浸渍手套、纱窗、水田靴、工具把手、壁纸、地板卷材、蓄电池隔板和玩具等。

3.3.3.2　PVC的生产工艺

PVC的生产工艺并不复杂，普通的生产线一般由滚压机、印刷机、背涂机和切割机组成，主要是通过滚压机的直动搅拌，滚轴旋转以及高温滚压生产出厚度为0.3～0.7mm的薄膜，生产的同时通过印刷机在膜的正面印上花色，通过背涂机在膜的背面附上一层背涂。背涂是PVC膜优质性能的一个重要保证。背涂材料为一种高能亲和剂，正是由于这层背涂，PVC薄膜才能紧紧地和中密度纤维板或其他板材融合在一起。由于整套生产过程都是在高温下（滚压机内温度达到220℃）进行的，使PVC膜具有高抗光性和耐火性，保证PVC膜的高质量。

第四章　五金件及其他辅料

除了前面介绍的实木板材、人造板材、饰面材料等基本材料外，五金件及其他辅料（包括胶粘剂、玻璃和密封条等辅料）也是木质门中的重要组成部分。实木板材、人造板材、饰面材料等基本材料可以给人温馨、舒适和回归自然的感觉，受到人们的喜爱；而五金件及其他辅料不仅起到连接、固定、装饰和密封作用，满足各种使用功能，有助于改善木质门的造型和结构，直接影响木质门的质量。随着技术的发展和新材料的应用，五金件、胶粘剂、玻璃和密封条等辅料也将会成为木质门产业中快速发展的产品。

4.1　五金件

4.1.1　概述

作为木质门的重要组成部分，五金件是连接或固定木质门部件，并能起到装饰作用的金属件。木质门的五金件按照功能可以分为活动件、紧固件、支撑件、锁合件和装饰件。常用的五金件有门锁、铰链、定位器、闭门器和拉手等。

五金件对木质门的功能和质量有重要影响。随着人们对生活空间质量的日益关注和市场对木质门的需求趋于个性化和多元化，五金件在木质门中所起到的作用越来越重要，它不仅起到连接、固定和装饰作用，还能改善木质门的造型和结构，直接影响到木质门的内在质量和外观质量；此外，木质门在设计时都要参照五金件的一些要求。

五金件是影响木质门物理性能和寿命的关键部件。木质门的物理性能有：抗风压性、气密性、水密性、保温性、隔热性和隔声性等。

五金件是影响木质门保温隔热性能的重要因素。木质门是靠五金件来完成开启和关闭，如果没有五金件，即使用最好的保温、隔热材料制作的木质门也达不到气密性、水密性和保温性等性能指标的要求。优质木质门一定是合理的木质门设计、优化的木质门工艺和优良的五金件配置等各项指标的综合体现。

五金件是影响木质门防盗性能的核心部件。木质门的防盗性能如何是消费者非常关心的问题。木质门的防盗性能主要取决于其五金配件，如锁具、铰链等；尤其在智能防盗门窗的构件中，五金件起着防盗的关键作用。

4.1.2　五金件

常用的五金件有门锁、铰链、定位器、滑道、拉手和闭门器等。

4.1.2.1　门锁

门锁主要用于门的固定，使得门能够关闭和锁住，不能被随便开启，保证安全。锁的种类很多，有叶片插芯门锁、弹子插芯门锁、球形门锁等，见表4-1。

表4-1　门锁的分类

分类方法	分类名称	说　明
按锁体安装位置分类	副锁（又名外装门锁） 品种有：单保险、双保险、三保险等，以及单舌、双舌、多舌等	锁体安装在门扇边梃表面，安装、拆卸都比较方便。外装单舌门锁又名弹子门锁，有单舌单保险、单舌双保险、单舌三保险三种。外装双舌门锁有双舌三保险、双舌双头三保险两种
	插锁（又名插心门锁） 品种有：叶片执手插锁、执手插锁、单字插锁、弹子执手插锁、弹子拉手插锁、弹子拉环插锁	锁体安装在门扇边梃内（将边梃按锁体尺寸凿洞后，把锁体镶入），锁体不外露，故坚固美观，不易损坏，但拆卸、安装均不如副锁方便。插锁有弹子插锁和叶片插锁两种。前者又有单方舌、单斜舌、单斜舌按钮、双舌、双舌揿压等多种，还有插心移门锁一种，后者有单开式、双开式两种
按开启原理分类	机械门锁	按门锁的安装位置分类：外装门锁、插芯门锁、球形门锁、特种门锁、专用门锁 按锁体结构分类：叶片结构锁、弹子结构锁 按执手形式分类：执手锁、拉手锁、拉环锁、球形锁 按锁点数量分类：单抽芯锁（单点锁）、双抽芯锁（双点锁）、多点锁 按用途分类：木质门锁、钢质门锁、塑钢门锁、铝合金门锁、玻璃门锁；框门门锁、室内门锁、入户门锁、卫生间门锁、管井门锁、紧急逃生门锁、推拉门锁、防火门锁、防盗门锁等
	电子门锁	按密码输入方式分类：指纹锁、密码锁、虹膜锁、卡片锁（磁卡锁、接触式IC卡锁、非接触式IC卡锁，也称：射频卡锁） 按被驱动部件分类：电子锁体离合器锁、电磁锁、电插锁、电动马达锁、电子锁芯锁

续表

分类方法	分类名称	说　　明
按锁的执手分类	球形门锁 品种有：一般球形门锁、高级球形门锁	执手为球形，造型美观。分为一般球形门锁和高级球形门锁。前者锁体为插锁形，后者锁体为球形
	执手门锁	执手为一般角形执手，造型相当美观
	拉环门锁	拉手为拉环，使用方便
	拉手门锁	执手为拉手式，有捺子拉手、通长拉手、单头拉手、双头拉手门锁等
按锁的功能分类	专用锁 品种有：浴室门锁、厕所门锁、恒温室门锁、更衣室门锁、防风门锁等	专用锁系供专门用途使用的锁。这种锁在功能方面基本上都有一些特殊要求。如厕所门锁要求在厕所内将锁锁上后，室外无法开启，锁孔处应显示“有人”字样；密闭锁要求具有严格的密闭性，不得透风透气等
	特种锁 品种有：组合锁、磁卡锁	特种锁不但具有特殊功能，而且还具有特种构造及特别启闭方式
按锁的锁舌分类	单舌锁 双舌锁	锁舌有活舌、静舌（又名呆舌）两种，活舌多为斜形或圆弧形，可自由伸缩供门启闭之用；静舌多为方形，非用钥匙或按钮不能伸缩。静舌多供锁门之用。锁体只有一个锁舌者叫单舌锁，有两个锁舌者叫双舌锁
按锁的锁边距分类	狭型锁体 中型锁体 宽型锁体	狭型锁体的锁边距约为30~45mm，适用于边梃较窄的门扇。中型锁体的锁边距约为45~65mm，适用于一般门扇。宽型锁体的锁边距较大，大于65mm，适用于边梃较宽的门扇
按锁的锁片分类	平口门锁 企口门锁（又分左式企口及右式企口两种）	锁片（又称锁挡片）是指固定在门框上与锁体面板相对应的部件，以提高锁的装饰效果和防盗性能 平口门锁适用于一般平开门；企口门锁适用于企口门

门锁主要是由锁体、锁片、锁芯和执手组成。

1）锁体

图 4-1 所示为锁体的主要零部件名称及主要尺寸。锁体安装时，必须考虑门的类型，如图 4-2 所示，企口门安装时，锁体面板偏心固定在锁体盒上；平口斜边门锁体安装时，锁体面板居中，倾斜固定在锁体盒上；平口门锁体安装时，锁体面板居中固定于锁体盒上。

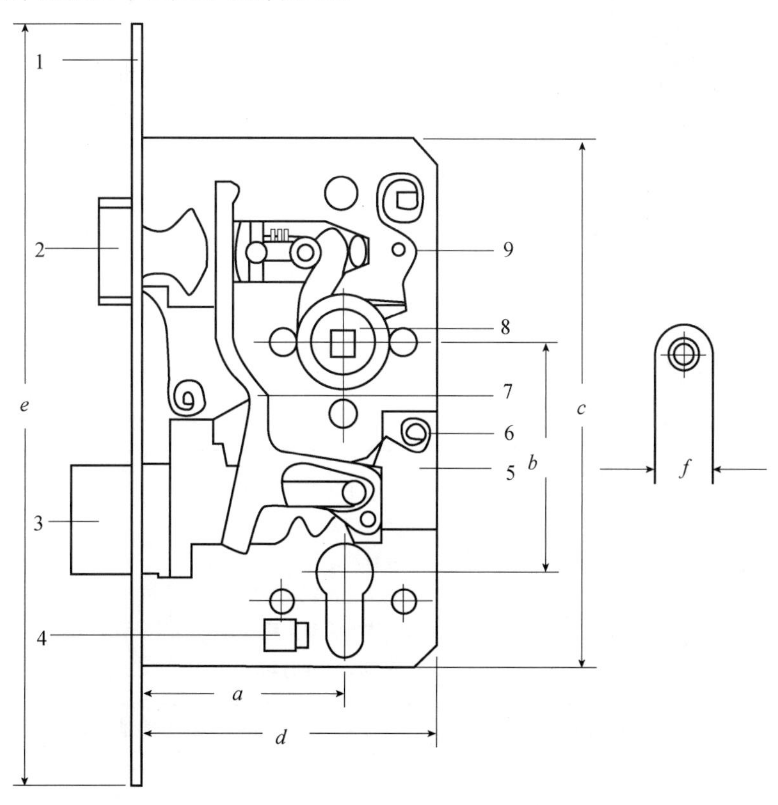

图 4-1　锁体的零部件名称及主要尺寸

1—锁体护片；2—斜舌；3—方舌（死栓）；4—锁芯穿钉螺丝槽；5—转臂；
6—转臂弹簧；7—钥匙转动拉杆；8—拨轮；9—复位圈簧；
a—锁边距；*b*—中心距；*c*—锁体高度；*d*—锁体宽度；*e*—护片长度；*f*—护片宽度

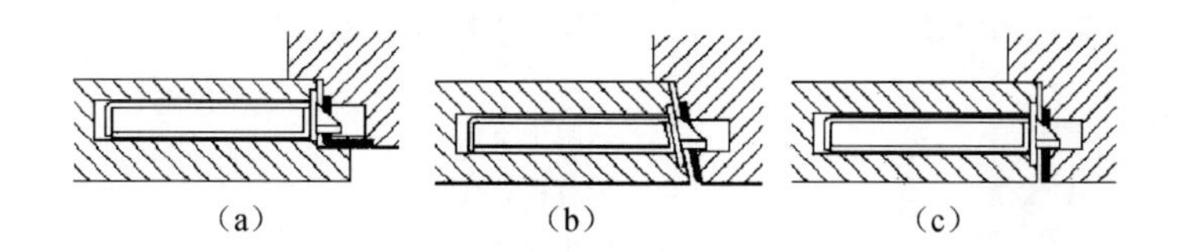

图 4-2　锁体的安装示意图

（a）企口门锁体安装示意图；（b）平口斜边门锁体安装示意图；（c）平口门锁体安装示意图

表4-2介绍了几种木质门常用锁体。

表4-2 几种木质门常用锁体

普通双抽芯锁体 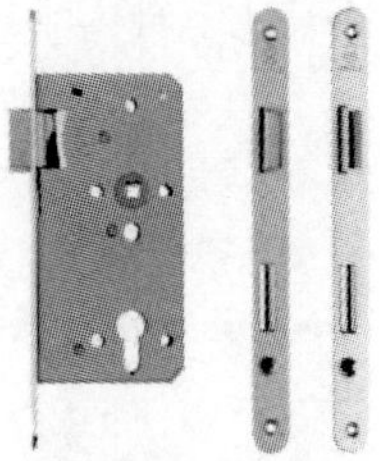	适用于木质门（企口门和平口门） 带有锁芯孔 锁体方舌钥匙开启方式 锁体方舌双行程 分为左式和右式	锁体：1个，拨轮方孔尺寸：8mm 锁片：1个，中心距：72mm 白色锁舌盒：1个 安装螺钉：1套 安装方式：螺钉安装
普通单斜舌锁体 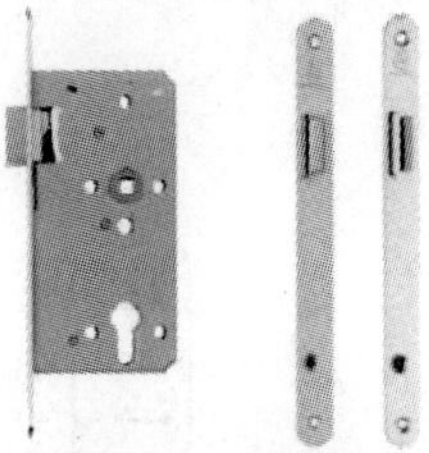	适用于木质门（企口门和平口门） 分为左式和右式	锁体：1个，拨轮方孔尺寸：8mm×8mm 锁片：1个 白色锁舌盒：1个 安装螺钉：1套 安装方式：螺钉安装
普通单方舌锁体 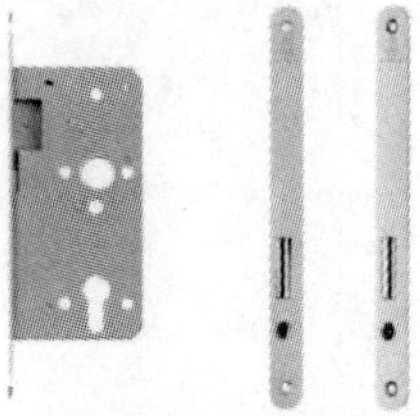	适用于木质门（企口门和平口门） 带有锁芯孔 锁体方舌钥匙开启方式 锁体方舌双行程 分为左式和右式	锁体：1个，拨轮方孔尺寸：8mm×8mm 锁片：1个，中心距：72mm 白色锁舌盒：1个 安装螺钉：1套 安装方式：螺钉安装
普通双抽芯卫生间锁体 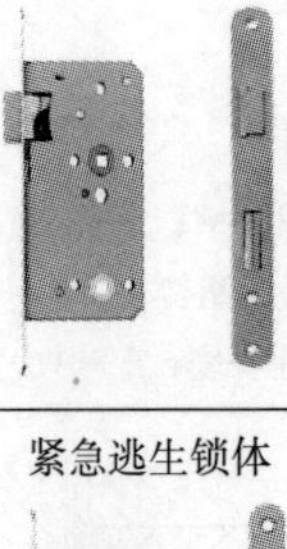	适用于木质门（企口门和平口门） 旋钮开启方式 锁体方舌单行程 分为左式和右式	锁体：1个，旋钮方孔尺寸：8mm×8mm 锁片：1个，中心距：72mm 白色锁舌盒：1个 安装螺钉：1套 安装方式：螺钉安装
紧急逃生锁体 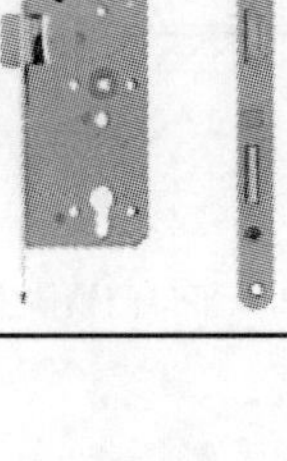	适用于木质门（企口门和平口门） 适用于单扇门 带有锁芯孔 可用钥匙开启 方舌双行程 紧急逃生功能	锁体：1个，拨轮方孔尺寸：8mm 锁片：1个，中心距：72mm 白色锁舌盒：1个 安装螺钉：1套 安装方式：螺钉安装

续表

推拉门用成套锁体	适用于木质推拉门 适用于门厚：35～45mm 钩式锁舌 旋钮开启	锁体：1个 锁体配套锁片：1个 联体式暗拉手：1个 配套安装螺钉：1套
美式双抽芯锁体	适用于木质门 带有美式锁芯孔 带有防盗舌 三片式静音斜舌 锁面板装饰片可拆卸，厚度2mm 紧急逃生功能	锁体：1个，拨轮方孔尺寸：8mm×8mm 锁片：1个，中心距：87.2mm 锁舌盒：1个 配套安装螺钉：1套
管井锁体	适用于木质门 通用钥匙开启	装饰片：1对 锁片：1个 通用钥匙：1把 锁体及安装螺钉：1套

2）锁片

根据门的型式，锁片可分为以下几种类型：L型直角锁片、带锁舌盒锁片、平锁片和带导向平锁片。如图4-3所示。企口门可选择直角锁片、带锁舌盒锁片和平锁片，平口门可选用平锁片或带导向的平锁片。

对于特殊的要求，需要加固安装，如公寓的外门及主要出入口大门，可选择防盗锁片。此种锁片一般较长，比普通锁片厚，有多个螺钉加固点。如有需要甚至可以墙面固定。

表4-3介绍了几种木质门常用锁片。

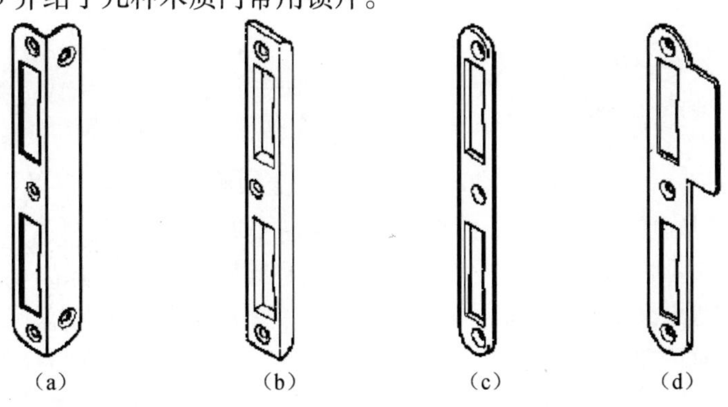

图4-3　锁片的类型

(a) L型直角锁片；(b) 带锁舌盒锁片；(c) 平锁片；(d) 带导向平锁片

表 4-3　几种木质门常用锁片

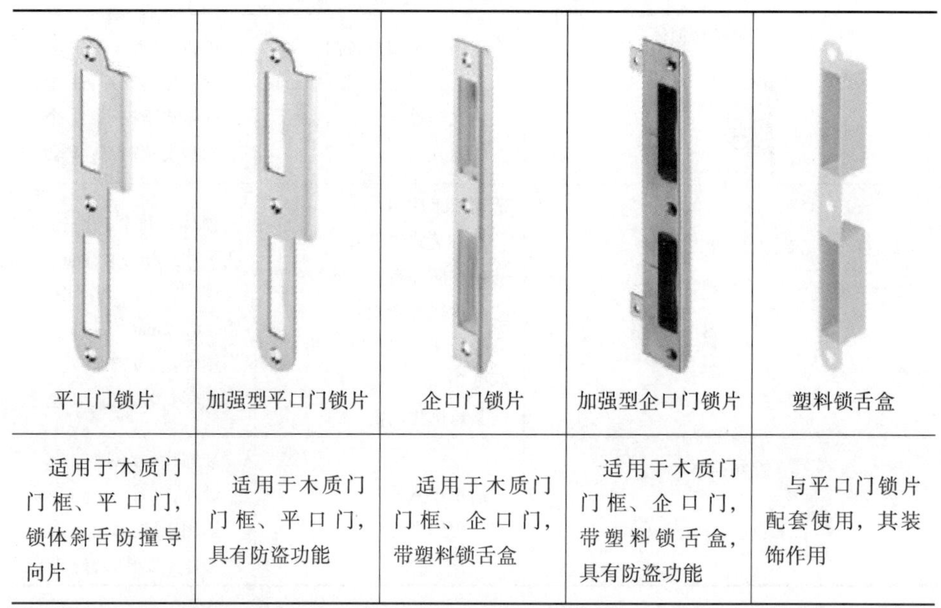

平口门锁片	加强型平口门锁片	企口门锁片	加强型企口门锁片	塑料锁舌盒
适用于木质门门框、平口门，锁体斜舌防撞导向片	适用于木质门门框、平口门，具有防盗功能	适用于木质门门框、企口门，带塑料锁舌盒	适用于木质门门框、企口门，带塑料锁舌盒，具有防盗功能	与平口门锁片配套使用，其装饰作用

3）锁芯

锁芯的种类主要分为欧式锁芯和美式锁芯。欧式锁芯应用较为普遍，主要分为双面锁芯、单面锁芯和手轮锁芯，如图 4-4 所示。美式锁芯主要用于高档的木质门锁，用量较少。

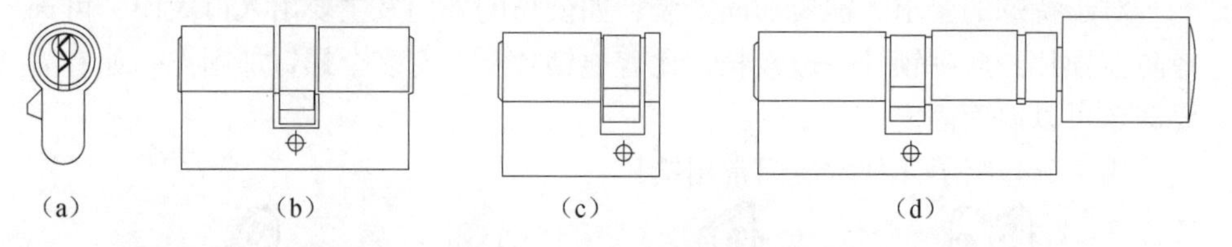

图 4-4　欧式锁芯的类型

(a) 锁芯正面；(b) 双面锁芯；(c) 单面锁芯；(d) 手轮锁芯

锁芯的长度一般在 40 ~ 130mm，锁芯长度的确定主要考虑以下因素：门厚、锁体在门扇体中的位置、门外装饰盖厚度、门内装饰盖厚度（图中所示的外侧长度 A 和内侧长度 B 从锁芯穿钉的中心开始计算）。确定长度时，一般要注意锁芯高出装饰盖 3mm 左右。锁芯的主要结构包括：芯体、牙花弹子、拨销、弹簧弹子和锁芯外壳，如图 4-5 所示。

目前，市场上欧式锁芯一般分为三个质量等级，其划分依据是：（1）最少弹子数量：一级和二级：5 个弹子；三级：6 个弹子。（2）互开率：一级和二级：1/30000；三级：1/100000。

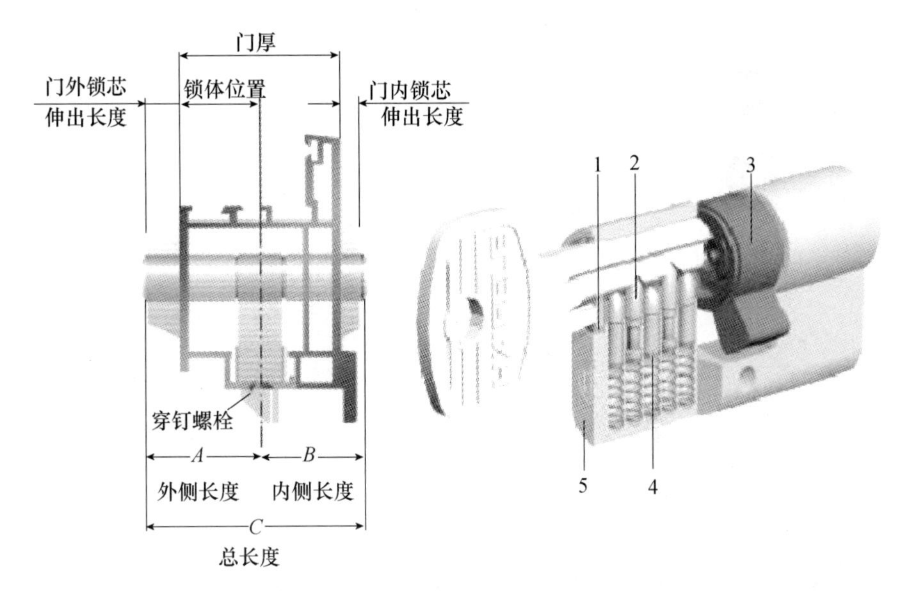

图 4-5　锁芯长度的确定及锁芯的组成

1—芯体；2—牙花弹子；3—拨销；4—弹簧弹子；5—锁芯外壳

用于锁具的材料主要有铜、不锈钢、锌合金、钢铁、铝或铝合金等。铜是使用最广泛的锁具材料之一，其机械性能好，耐腐蚀和加工性能优越，且色泽艳丽，特别是铜锻造的执手及其他锁具装饰件，表面平整、密度好、无气孔、砂眼。选购锁具时最好选择铜芯锁，但要注意有的锁芯是塑料的，只在芯头处包了一层铜皮的“铜芯”锁。全铜镀镍和铁镀镍锁外观几乎一样，但价格差别很大，一般全铜锁带静音，铁锁不带静音，细看全铜锁做工精细，铁琐做工较粗糙。互开率是锁和钥匙的互开比例，消费者在选购时要尽量去挑选钥匙牙花数多的锁，因为钥匙的牙花数越多，差异性越大，锁的互开率就越低。

4）执手

几乎所用的木质门门锁都配置有执手。执手除了直接完成开启、关闭和移动等功能外，还具有很强的装饰作用。执手按照材料可分为铜合金、不锈钢、锌合金、铝合金、工程塑料、尼龙等，如图 4-6 所示。

4.1.2.2　铰链

铰链，又称合页，主要用于门扇和门框的连接，实现门的开启和关闭。铰链的种类很多，按照安装方式可分为平板式铰链、插入式铰链、隐藏式铰链和特殊铰链。

1）平板式铰链

平板式铰链可分为普通平合页、拆装式平合页、子母合页、升降合页以及其他形状平合页。

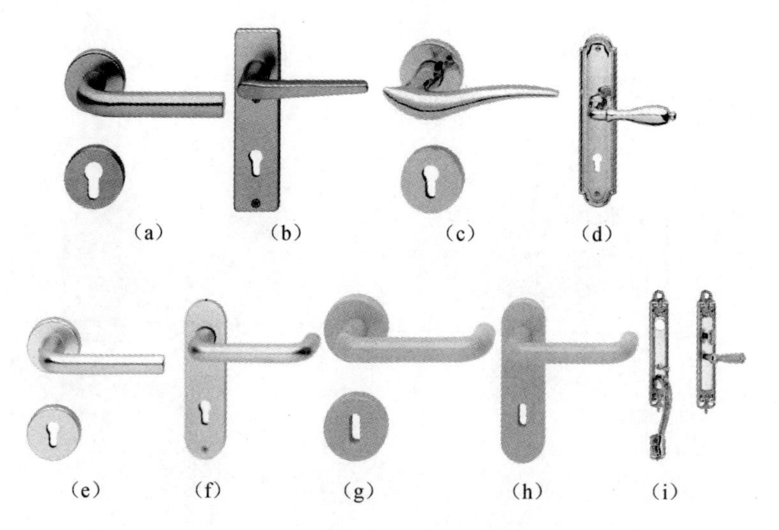

图4-6 执手

（a）不锈钢分体式执手；（b）不锈钢联体式执手；
（c）铜合金分体式执手；（d）铜合金联体式执手；（e）铝合金分体式执手；
（f）铝合金联体式执手；（g）尼龙分体式执手；（h）尼龙联体式执手；（i）美式门执手

（1）普通平合页

普通平合页规格见表4-4。

表4-4 普通平合页规格

基本尺寸（mm）			三合页最大承重（kg）	简图
L（高）	B（宽）	t（厚）		
102	76	2.50	50	
102	76	3.00	60	
102	102	3.00	70	
127	102	3.00	80	
127	114	3.00	80	

（2）拆装平合页

主要用于门的开合。两片页片可分开，适用于经常拆卸的木质门。其规格见表4-5。

表 4-5　拆装平合页规格

基本尺寸（mm）				三合页最大承重（kg）	简图
L（高）	*B*（宽）	*t*（厚）	*D*（轴径）		
100	86	3	13	70	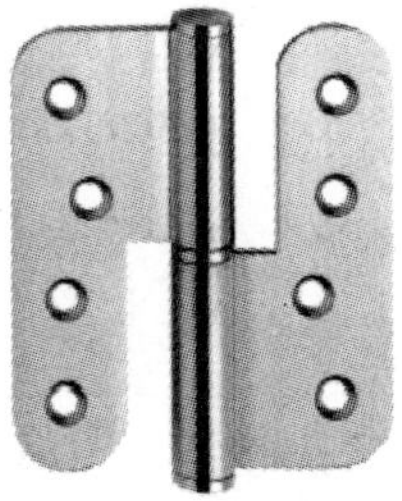
140	86	3	16	80	

（3）子母合页

优点是不需要在门框和门扇部位开槽，安装方便。其规格见表 4-6。

表 4-6　子母合页规格

基本尺寸（mm）				三合页最大承重（kg）	简图
L（高）	*B*（宽）	*t*（厚）	*D*（轴径）		
102	71	2.5	12	40	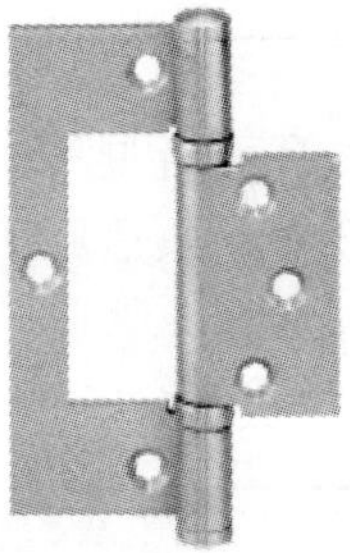
102	71	3	16	60	

（4）升降合页

开启时门扇可以上升，由于自重可完成自闭，主要用于厕格间木质门。其规格见表 4-7。

（5）其他形状合页

①H 型合页

H 型合页装置于需要经常脱卸而厚度较小的门扇上。H 型合页又分为左合页与右合页两种，分别用于左内开门和右内开门上。用于外开门上时则反之。其规格见表 4-8。

表 4-7　升降合页规格

基本尺寸（mm）				三合页最大承重（kg）	简图
L（高）	B（宽）	t（厚）	D（轴径）		
102	76	2.5	12	40	
102	76	3	14	60	

表 4-8　H 型合页规格

基本尺寸（mm）			三合页最大承重（kg）	简图
L（高）	B（宽）	t（厚）		
95	54	2.0	40	
102	72	2.5	60	

②T 型合页

T 型合页适用于工厂大门、库房门等较重的木质门扇的转动开合。其规格见表 4-9。

表 4-9　T 型合页规格

基本尺寸（mm）				简图
A	B	L	t	
17	65	100	1.0	
34	85	100	2.0	
41	92	147	2.5	

③旗型合页

旗型合页装置于防火门上。其规格见表4-10。

表4-10　旗型合页规格

基本尺寸（mm）				三合页最大承重（kg）	简图
L（高）	B（宽）	t（厚）	D（轴径）		
102	102	3	12	40	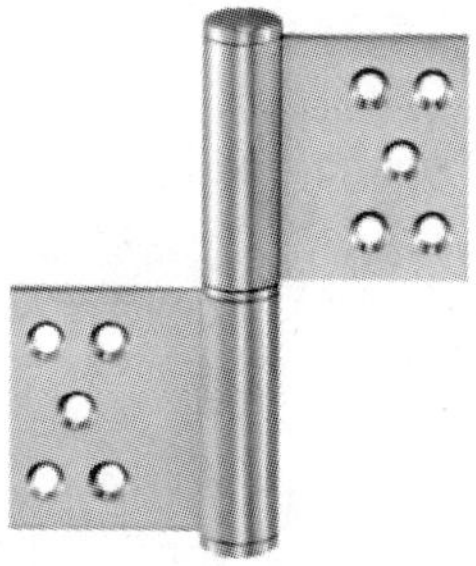
127	102	3	18.5	60	

④蝴蝶合页

蝴蝶合页见图4-7。蝴蝶合页一般用于厕所、医院病房等半截门上。页片尺寸（长×宽×厚）：70mm×72mm×1.2mm；配用木螺钉（直径×长度）：4mm×30mm，6个。

图4-7　蝴蝶合页

2）插入式铰链

插入式铰链是将铰链部件用类似与螺钉的方式插入或者旋入门框或者门扇进行安装的铰链。分为两叉、三叉、四叉及多叉插入式铰链。

（1）实木企口门三叉铰链

图4-8所示为实木企口门三叉铰链，用于实木企口门，由门扇安装部分和门框安装部分组成，图4-9所示的三叉铰链，两个铰链的最大承重为50kg，外径14mm。

（2）板式企口门三叉铰链

板式企口门三叉合铰链由门扇安装部分、门框安装部分以及压紧套组成。

图4-10（a）所示为三叉铰链的门扇部分，其与图4-10（b）所示的三叉铰链门框部分配合使用，适用于木质企口门，两个铰链的最大承重为40kg，轴承直径为15mm，图4-10（c）所示压紧套采用螺钉安装。其安装示意图如图4-10（d）所示。

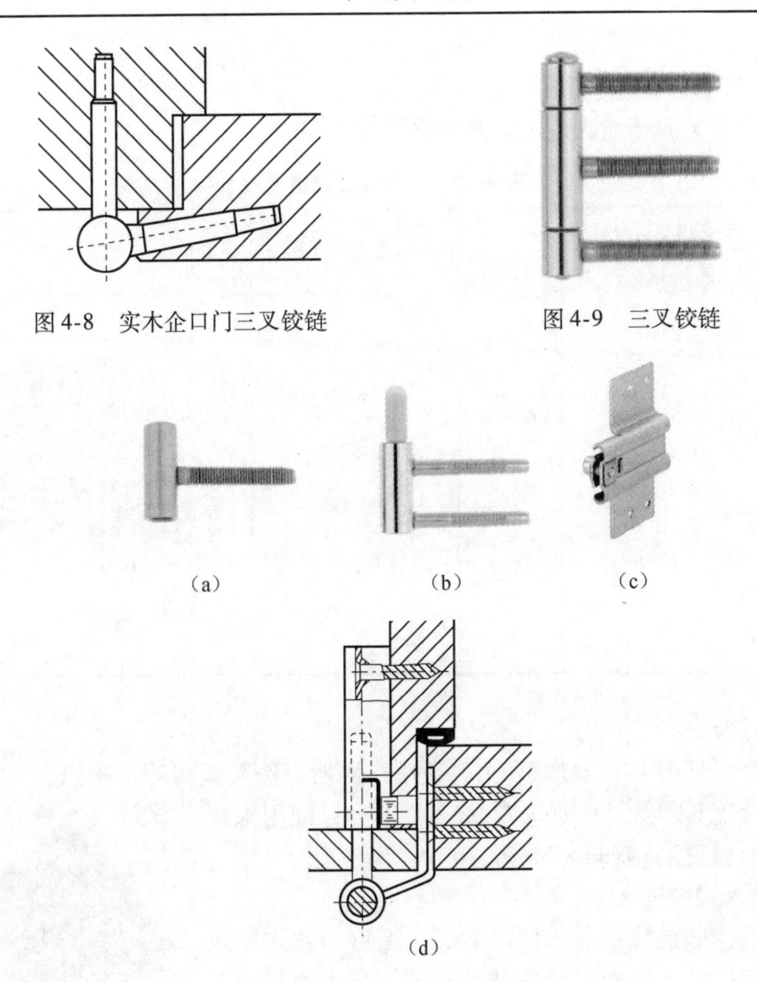

图4-8　实木企口门三叉铰链

图4-9　三叉铰链

(a)　(b)　(c)

(d)

图4-10　板式企口门三叉铰链

(a) 三叉铰链门扇部分；(b) 三叉铰链门框部分；(c) 三叉铰链压紧套；(d) 安装示意图

(3) 板式平口门三叉铰链

板式平口门三叉合铰链由门扇安装部分、门框安装部分以及压紧套组成。

图4-11 (a) 所示为三叉铰链的门扇部分，其与图4-11 (b) 所示的三叉铰链门框部分配合使用，适用于木质平口门，两个铰链的最大承重为50kg，轴承直径为15mm，图4-11 (c) 所示压紧套采用螺钉安装。其安装示意图如图4-11 (d) 所示。

3) 隐藏式铰链

在木质门的铰链中，有一种隐藏式铰链，隐藏式铰链与非隐藏式铰链相比，其在优雅程度和美学方面的优势还是很明显的，更大的开启宽度为无障碍入口提供了空间。如图4-12所示。

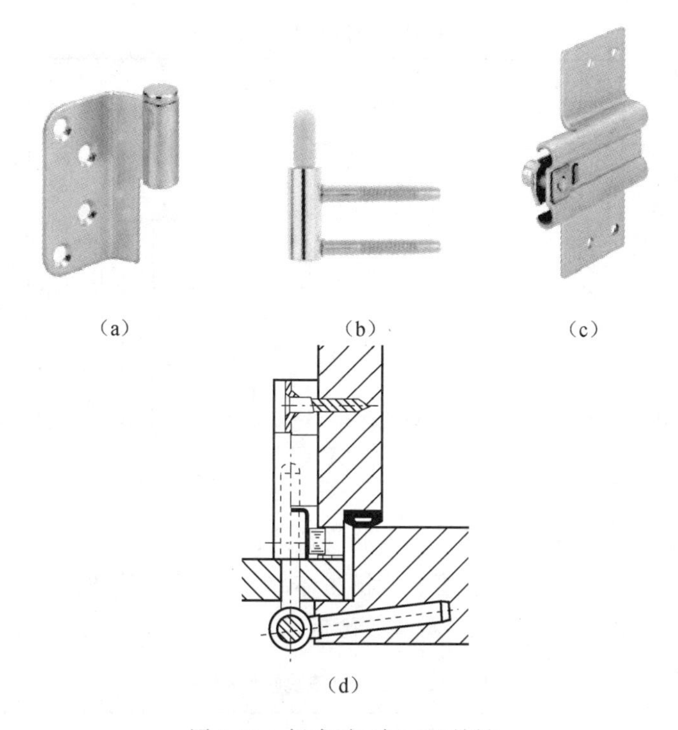

图 4-11　板式平口门三叉铰链

（a）三叉铰链门扇部分；（b）三叉铰链门框部分；（c）三叉铰链压紧套；（d）安装示意图

如图 4-12（a）所示为一种隐藏式铰链，这种铰链适用于木质平口门，最大开口角度 180°，主体部分采用锌合金，连接部分为钢质，表面镀镍或镀铜。表 4-11 所示为隐藏式铰链规格。

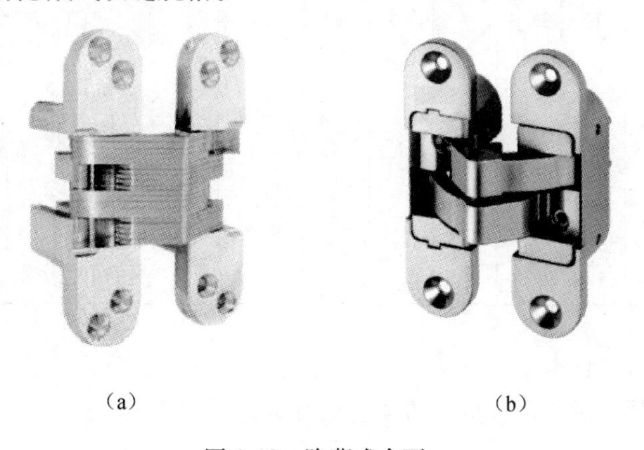

图 4-12　隐藏式合页

（a）隐藏式铰链；（b）三维可调隐藏式铰链

表 4-11 隐藏式铰链规格

门厚（mm）	基本尺寸（mm）				简图
	A	B	C	D	
19 ~25	13	60	32	18	
22 ~26	16	70	34	23	
28 ~34	19	95	52	27	
35 ~38	25	117	62	36	
41 ~45	29	117	66	40	
48 ~51	35	140	75	50	

图 4-12（b）所示为一种三维可调隐藏式铰链，适用于木质平口门，其上下左右位置可调，180°开启角度，铰链主体部分为高硬度玻璃纤维，连接部分为钢质。表 4-12 所示为三维隐藏式铰链规格。

表 4-12 三维隐藏式铰链规格

最小门厚（mm）	基本尺寸（mm）				三维可调范围（mm）			简图
	A	B	C	D	上下	左右	前后	
30	95	79	23.3	9	±1	±1	±1	
40	111.5	91.5	29	16	±1.5	±1	±1	

4）特殊合页

特殊合页包括弹簧合页、防盗合页和天地轴合页等。

（1）弹簧合页

弹簧合页装置于进出频繁的大门上，使门在开启后能自动关闭。安装弹簧合页的门扇可以内外双向开启。如图 4-13 所示。

（2）防盗合页

防盗合页是在合页页片上加装了防盗扣或防盗销的普通平板合页，从而提高合页的防盗性。如图 4-14 示。

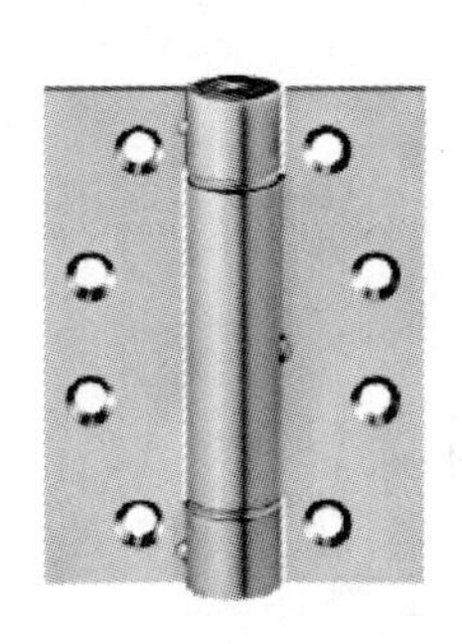

图 4-13　弹簧合页

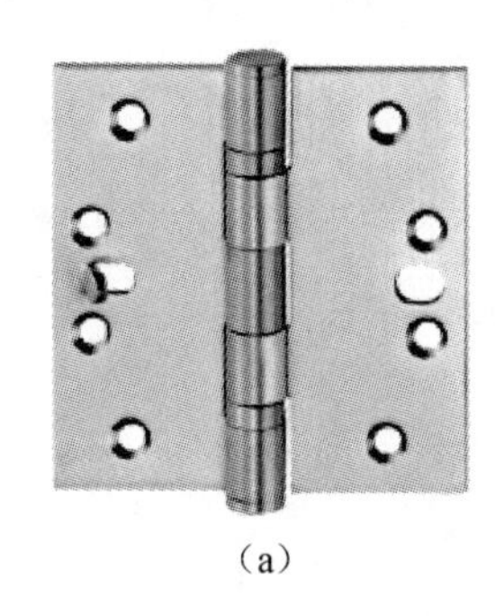

（a）

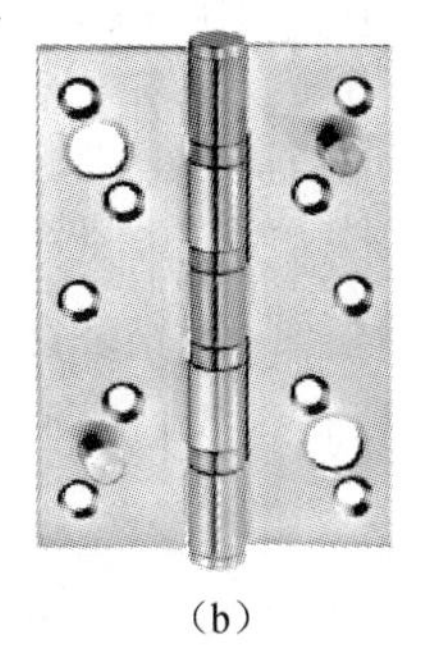

（b）

图 4-14　防盗合页

（a）加装防盗扣合页；（b）加装防盗销合页

3）天地轴合页

天地轴合页是指安装在门扇上、下梃和门框边框两端的合页。这种合页目前主要用于生态门。如图 4-15 示。

4.1.2.3　拉手

拉手按照材料可分为铜合金、不锈钢、锌合金、铝合金、木材、尼龙、陶瓷等，按照安装形式可分为外露式、嵌入式和吊挂式等；按照造型可以分为长条形、圆形、方形、菱形各种曲线形和其他组合形式。现在拉手的造型多种多样，如图 4-16 所示。拉手在选配时必须注意木质门的款式、功能和场所，一般来说，对称式的木质门上安装两个豪华漂亮的拉手，也可以与其自身较为抢眼的格调相适应。卫生间使用的木质门选购具有光泽并与家具色泽有反差的双头式拉手；书房或工作室的木质门可以模仿写字楼的做法，挑选简洁方正的拉手。

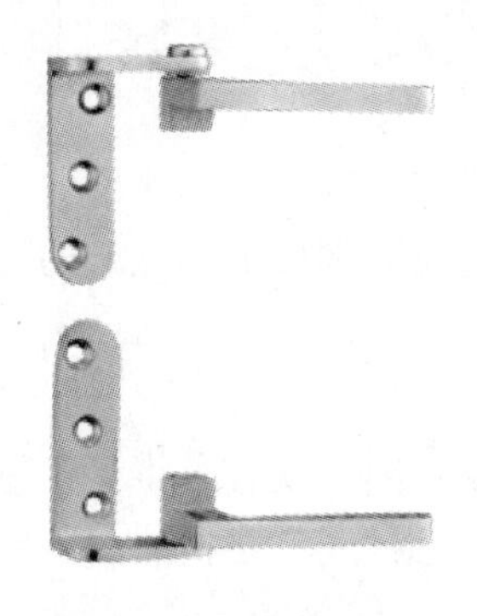

图 4-15　天地轴合页

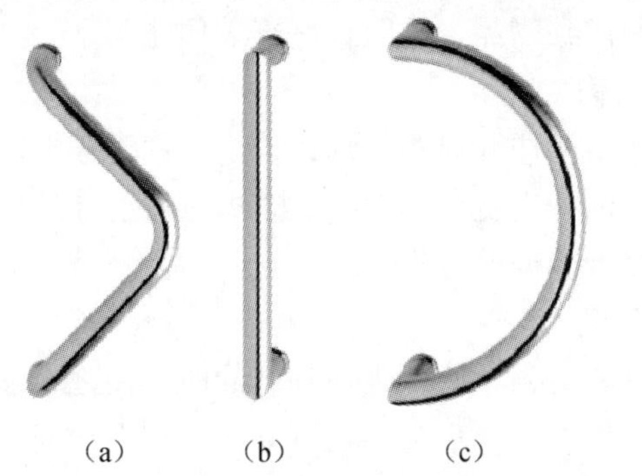

（a）　（b）　（c）　（d）

图 4-16　拉手

（a）菱形；（b）长条形；（c）弓形；（d）古典型

4.1.2.4 定位器及自动闭门器

1）定位器

木质门常用的定位器为各种门制、门钩及门吸等。

（1）门制

①脚踏门制

脚踏门制用来固定开启的门扇，见图4-17。可使门扇停留在任何位置，使用方便。门制安装在门扇背面下角上。

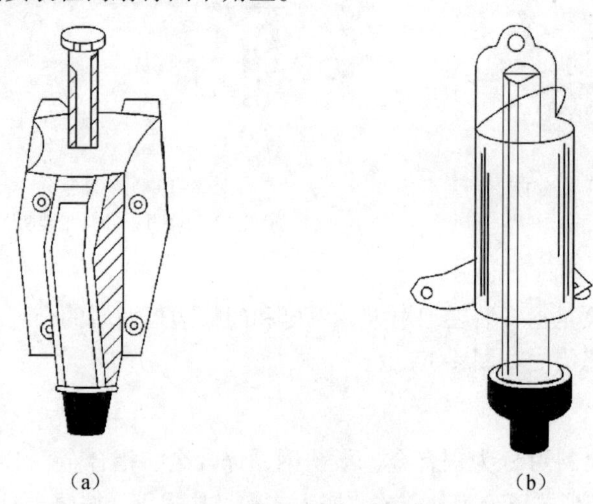

图4-17 脚踏门制

（a）薄钢板门制；（b）铸铜合金门制

②门止

门止也叫门碰或门挡（见图4-18），一般安装在厨房间门、卫生间门等。小空间的厨房间和卫生间的门后可能会有摆设或安装的其他物品，当门开启时，很容易碰到物品，这时最好安装门止。

（2）门钩

门钩用于钩住开启的门扇，橡皮头用于缓冲门扇与门钩底座间的碰撞。分横式和立式两种（见图4-19）。横式的底座装置在墙壁或踢脚板上，立式的底座装置在靠近墙壁的地板上。

（3）门吸

门吸是利用磁性原理吸住开启的门，使之不能自动关闭。安装时将吸盘座架安装在门扇下角，吸头座架可立式安装在地面上，也可横式安装在墙或踢脚板上。图4-20为两种磁性吸门器。

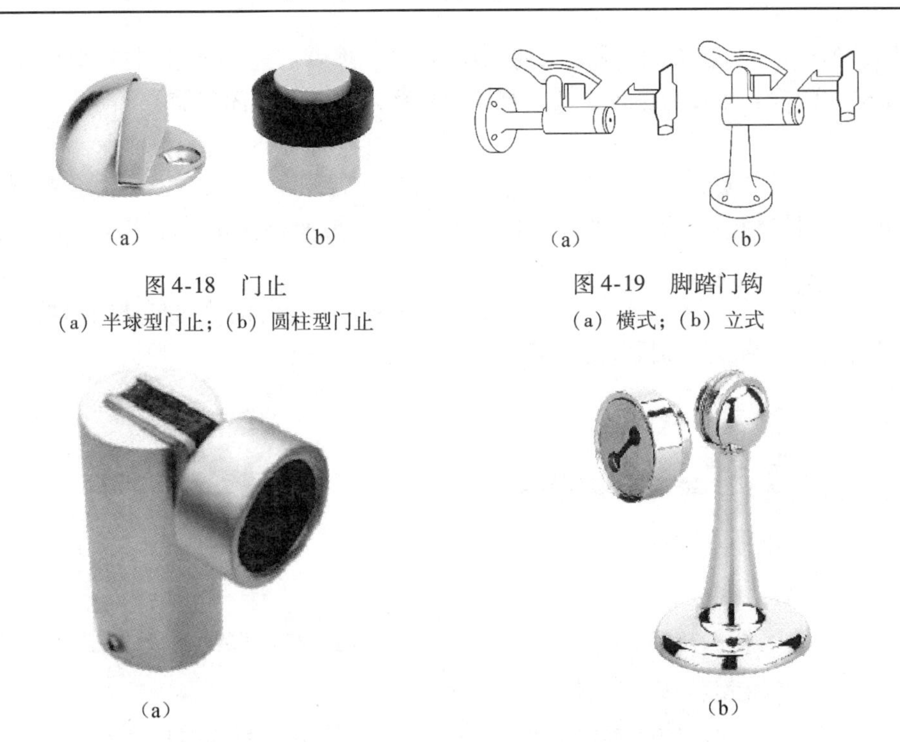

（a）　（b）

图 4-18　门止

（a）半球型门止；（b）圆柱型门止

（a）　（b）

图 4-19　脚踏门钩

（a）横式；（b）立式

（a）　（b）

图 4-20　门吸

（a）地装式门吸；（b）墙装式门吸

2）自动闭门器

闭门器是门头上一个类似弹簧的液压器，当门开启后能通过压缩后释放，将门自动关上，类似弹簧门的作用，可以保证门被开启后，准确、及时地关闭到初始位置。如图 4-27 所示。

闭门器的主要作用是实现对关门过程的控制，使关门过程的各种功能指标能够按照人的需要进行调节。同时还能够保护门框和门扇（平稳关闭）。闭门器已成为现代建筑智能化管理的一个不可忽视的重要部件。目前闭门器主要用在商业和公共建筑物中，但也有在家中使用的情况。它们有很多用途，其中最主要的用途是使门自行关闭，来限制火灾的蔓延和大厦内的通风。

闭门器的工作原理是：当开门时，门扇带动连杆动作，并使传动齿轮转动，驱动齿条柱塞向右方移动。在柱塞右移的过程中弹簧受到压缩，右腔中的液压油也受压。柱塞左侧的单向阀球体在油压的作用下开启，右腔内的液压油经单向阀流到左腔中。当开门过程完成后，由于弹簧在开启过程中受到压缩，所积蓄的弹性势能被释放，将柱塞往左侧推，带动传动齿轮和闭门器连杆转动，使门关闭。

闭门器的种类可分为：明装式闭门器、暗藏式闭门器和门底闭门器（也称地弹簧）。明装式闭门器主要包括门弹弓、摇臂式闭门器和滑杆式闭门器。暗藏式闭门器主要包括顶装式暗藏闭门器和侧装式暗藏闭门器。

（1）门弹弓

门弹弓是安装在门扇中部的自动闭门器，如图 4-21 所示。它适宜装置在单向开启的轻便门扇上，作为短时期内或临时性的自动闭门器之用。

（2）明装摇臂式闭门器

图 4-22 所示为明装式摇臂闭门器，是安装在门扇顶部的自动闭门器，其闭门速度可调，闭锁段速度也可调。

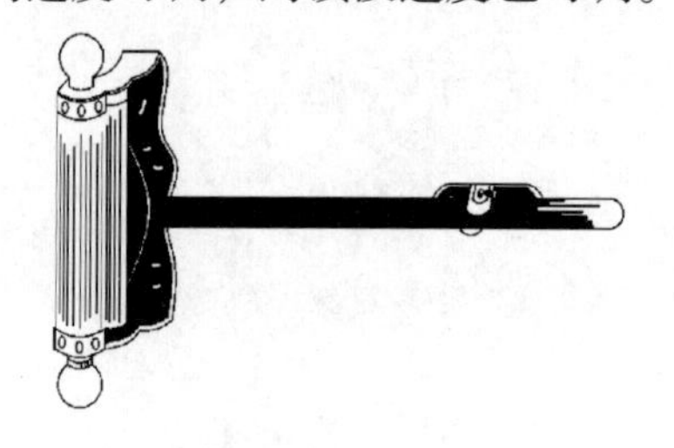

图 4-21　门弹弓

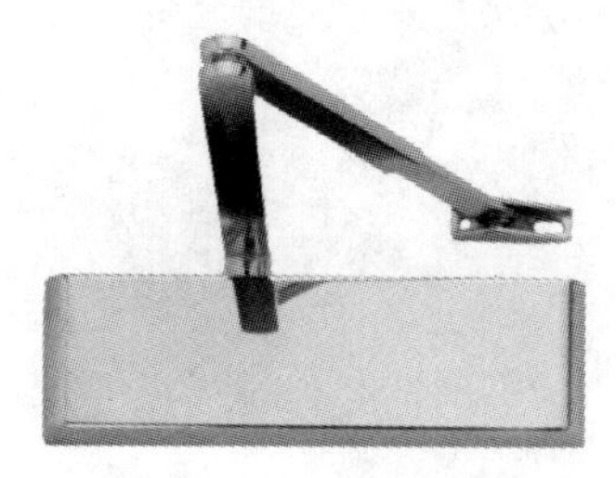

图 4-22　明装式摇臂闭门器

（3）明装滑杆式闭门器

图 4-23 所示为明装滑杆式闭门器，可选择标准安装或门顶框式安装两种方式，其闭门速度和闭锁速度三段可调，自带停门功能。

（4）顶装暗藏式闭门器

图 4-24 所示为顶装式暗藏闭门器，是安装在门扇顶部的自动闭门器，其闭合力和闭门速度可调。

图 4-23　明装滑杆式闭门器

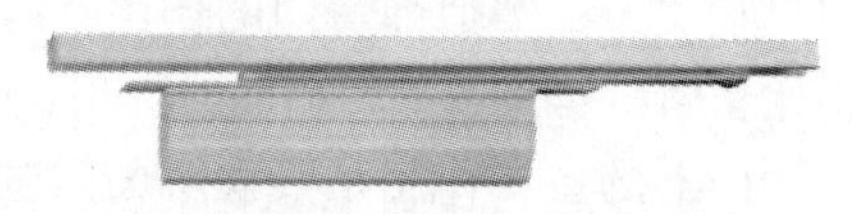

图 4-24　顶装暗藏式闭门器

（5）侧装暗藏式闭门器

图 4-25 所示为侧装暗藏式闭门器，侧装暗藏式闭门器是安装在门扇侧边的自动闭门器，其闭合力和闭门速度可调。

（6）地弹簧

地弹簧安装在开启门的底部，如图 4-26 所示。当门扇向内或者向外开启角度不到 90°时，能起自动闭门作用；当门扇需要开而不关时，则可将门扇开启成 90°，即可使门保持不关闭。

采用地弹簧的门扇具有运行平稳、静寂无声的优点，多用于影剧院、商店、宾馆等公用建筑的弹簧木质门上。

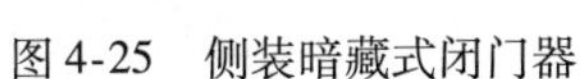

图 4-25　侧装暗藏式闭门器　　　　图 4-26　地弹簧

图 4-27 为明装与暗藏式闭门器的几种安装方式。

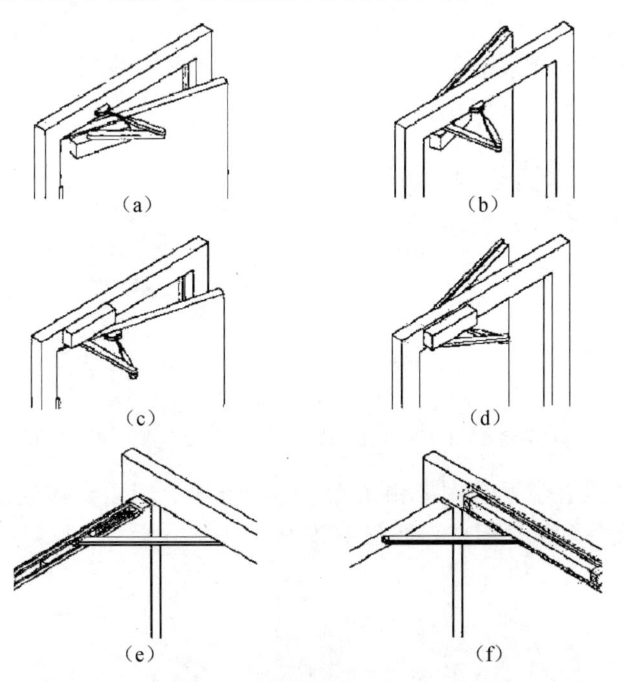

图 4-27　闭门器安装方式

(a) 标准安装（门扇安装）与合页同侧；(b) 标准安装（门扇安装）与合页反侧；
(c) 头顶安装（门框安装）与合页同侧；(d) 头顶安装（门框安装）与合页反侧；
(e) 隐藏式闭门器标准安装（门扇安装）；(f) 隐藏式闭门器标准安装（门框安装）

选用何种闭门器必须根据门扇的规格和门所在的环境特点来决定，否则就会达不到预期的使用效果。因为闭门器通常都是安装在门扇的上方，合页承担门体的全部重量，所以闭门器的选择主要与门扇的宽度有关。从门扇重量上划分，80kg 以下为轻型门，120kg 左右为中型门，160kg 以上为重型门。从门宽来划分，通常门扇宽 1m 以内的门属于轻型门，1 ~ 1.2m 的门属于中型门，

1.2～1.4m 的门属于重型门，门宽大于 1.4m 的门属于特殊门。根据门扇的类型选择相应的闭门器。另一方面，门扇受风压影响很大，如果在门内外的风压差很大（如通道门和有空调的房间门），相同门宽的门扇就必须选择高一等级的闭门器。对于外门来说，因为门扇直接受外界风压的影响，该地区外界风压的方向和大小变化又很大，门宽和门重大小都应该选择重型闭门器。对于向外开启的门，必须使用带开启阻尼功能的闭门器，以防止风压造成门的过度开启所带来的严重后果。

4.1.2.5 推拉门五金

推拉门五金又称移门五金、趟门五金或移门滑轨。分为平移推拉门五金和折叠推拉门五金。

平移推拉门五金系统主要由滚轮装置（包括吊挂螺栓、螺母及支承件）、定位装置、门底导向块和滑轨组成。如图 4-28 所示。

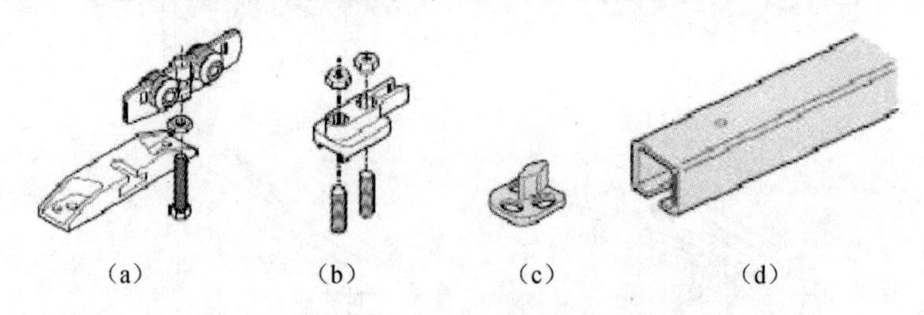

图 4-28 平移推拉门五金

（a）滚轮装置；（b）定位装置；（c）门底导向块；（d）滑轨

折叠推拉门五金系统主要由吊轮、边门五金、门扇支撑连接片、定位装置、底轨导向片和滑轨组成。如图 4-29 所示。

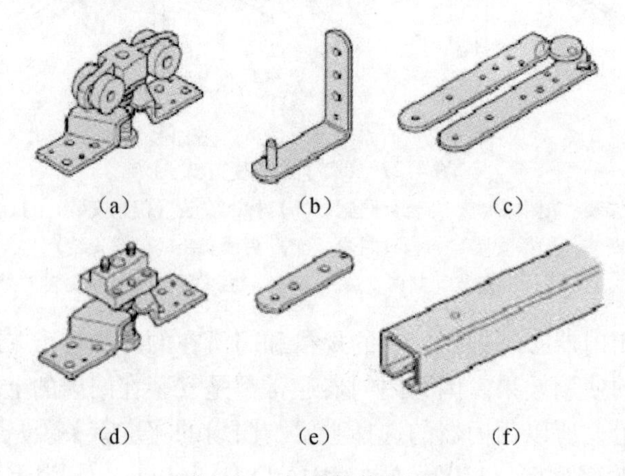

图 4-29 折叠推拉门五金

（a）吊轮；（b）边门五金；（c）门扇支撑连接片（d）定位装置；（e）底轨导向片；（f）滑轨

4.1.2.6　其他五金

1）插销

插销，是一种防止门打开的简单部件，一般是金属的，分两部分，一部分带有可活动的杆，一部分是一个“鼻儿”。通常带杆的部分固定在门上，鼻儿固定在门框上，并且位置要对应。插销的结构比锁简单很多，但效果相当，只是锁在门外，插销在门里。使用时，将杆插入鼻儿中即可。

插销的种类很多，常用的有钢插销、蝴蝶型插销和暗插销。

（1）钢插销

钢插销分为普通型和封闭型，见图 4-30。

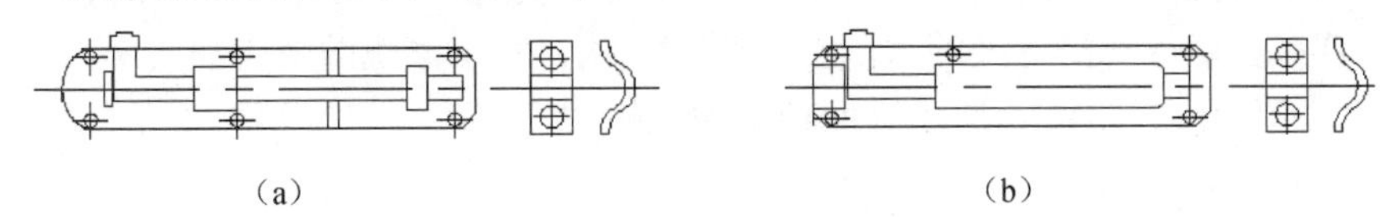

图 4-30　钢插销

（a）普通型；（b）封闭型

2）蝴蝶型插销

蝴蝶型插销见图 4-31，其主要用途是闩门。

3）暗插销及防尘筒

暗插销嵌装在门的侧面，能保持门外表整齐，插销不突出外露，暗插销主要应用于双扇门固定扇的固定。防尘筒安装于地面与暗插销配合使用。目前市场上出现了一种自动暗插销，门关闭后暗插销自动锁紧，当门开启后暗插销自动解锁。如图 4-32 所示。

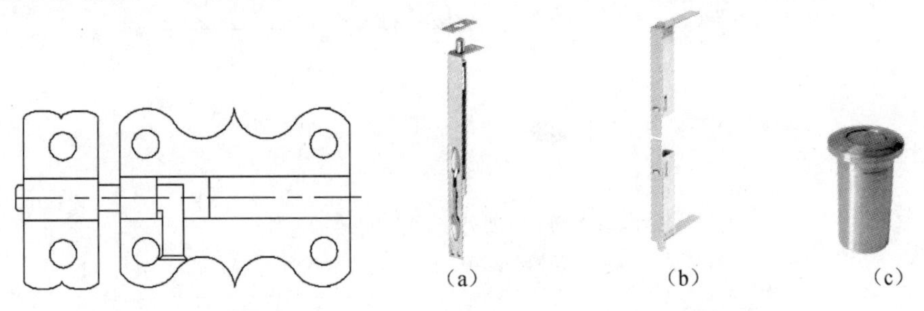

图 4-31　蝴蝶型插销

图 4-32　暗插销及防尘筒

（a）普通暗插销；（b）自动暗插销；（c）防尘筒

2）门扣

门扣也叫防盗扣，分为明装式和暗藏式两种，如图 4-33 所示。适用于入户门，具有一定的防盗功能。一般安装在靠近门锁的地方，多用于酒店、宾馆。

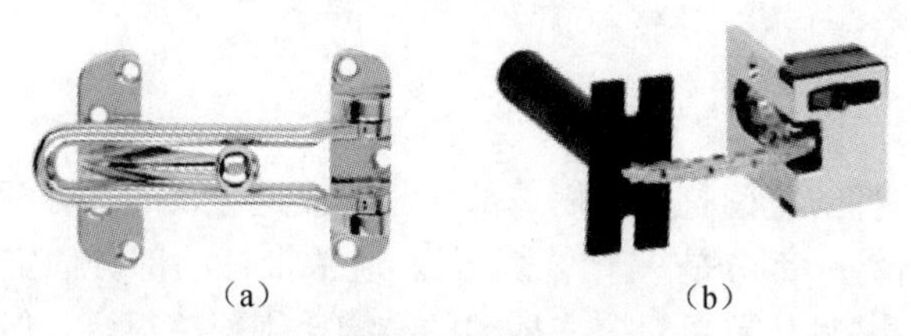

（a）　　　　　　　　（b）

图 4-33　门扣

（a）明装式；（b）暗藏式

3）门镜

门镜俗名叫做猫眼，其作用是从室内通过门镜向外看，能看清门外视场角约为 120 度范围内的所有景象，而从门外通过门镜却无法看到室内的任何东西。若在公房或私寓等处的大门上，装上此镜，对于家庭的防盗和安全，能发挥一定的作用。图 4-34 所示为两种不同规格的门镜。

图 4-34　门镜

4）顺位器

顺位器是在防火门上配套使用的一种产品，主要作用是用于双开门上，防止发生火灾时两个门扇在关闭时夹在一起，装上顺器后门扇在关闭时就能一前一后顺序关闭。图 4-35 所示为顺位器外形图及安装示意图。

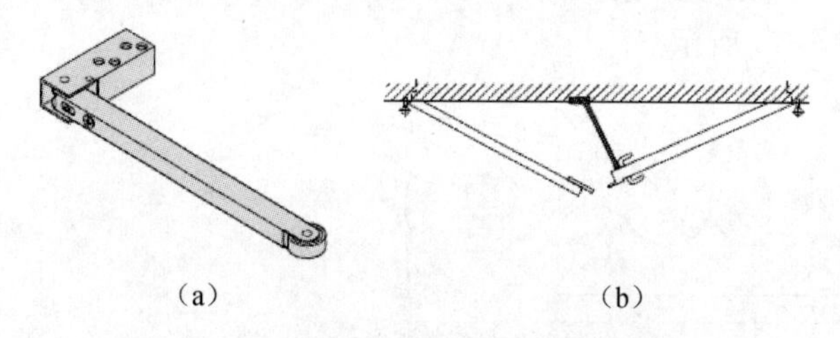

（a）　　　　　　　　（b）

图 4-35　顺位器外形图及安装示意图

（a）顺位器外形图；（b）安装示意图

4.2　其他辅料

4.2.1　胶粘剂

胶粘剂是一类单组分或多组分，具有优良粘接性能，在一定条件下能使被胶接材料通过表面粘附作用紧密地胶合在一起的物质。

4.2.1.1　胶粘剂的分类

按照在木质门制造过程中的用途可分为实木拼板用胶粘剂、门扇及门框贴面胶、门扇封边胶、门框及线条包覆胶、部件组装胶以及安装胶等。

4.2.1.2　木质门常用胶粘剂

木质门制造过程中，胶粘剂主要用于实木拼板、门扇（套）贴面、封边以及组装等场合。笔者简要将在不同场合使用的胶粘剂进行了如下介绍：

1）实木拼板用胶粘剂：

水基型聚醋酸乙烯酯（Polyvinyl Acetate，PVAc），俗称：白乳胶或乳白胶；

水基型聚异氰酸酯乳液胶（Emulsion Polymer Isocyanate，EPI 聚异氰酸酯乳液）。

2）门扇及门框板贴面用胶粘剂：

水基型聚醋酸乙烯酯（PVAc），俗称：白乳胶或乳白胶；

水基型脲醛树脂（Urea Formaldehyde，UF）；

水基改性三聚氰胺树脂（Melamine Urea Formaldehyde，MUF）；

无水双组份聚氨酯（2C PU）树脂。

以上为木单板、防火板等厚膜或厚板的覆贴用胶粘剂。

溶剂型聚氨酯（PU）树脂；

溶剂型缩聚树脂；

水基型乙烯-乙酸乙烯共聚物（Ethylene-Vinyl-Acetate Copolymer，EVA）树脂；

热熔型活性聚氨酯（PUR）树脂。

以上为 PVC、PP 等低耐温性薄膜的覆贴用胶粘剂。

3）门扇封边用胶粘剂：

热熔型乙烯-乙酸乙烯共聚物（Ethylene-Vinyl-Acetate Copolymer，EVA）树脂；

热熔型聚烯烃（Polyolefine，PO）树脂；

热熔型活性聚氨酯（PUR）树脂。

4）门框及线条包覆用胶粘剂：

热熔型乙烯-乙酸乙烯共聚物（Ethylene-Vinyl-Acetate Copolymer，EVA）树脂；

热熔型聚烯烃（Polyolefine，PO）树脂；

热熔型活性聚氨酯（PUR）树脂；

溶剂型聚氨酯（PU）树脂；

溶剂型缩聚树脂。

5）部件组装用胶粘剂：

水基型聚醋酸乙烯酯（PVAc），俗称：白乳胶或乳白胶；

热熔型活性聚氨酯（PUR）树脂；

无水液体活性聚氨酯（1C PU）树脂；

氰基丙烯酸盐（Cyanoacrylate）胶粘剂。

6）安装用胶粘剂：

单组份活性聚氨酯泡沫胶（1C PU Foam）；

双组份活性聚氨酯泡沫胶（2C PU Foam）。

4.2.2 玻璃

玻璃，这一具有神秘与梦幻色彩的特殊材质，它在公共艺术领域运用历时已久，它包含着材料、技术、科学、艺术多方面因素，所呈现内涵是精神和物质两个方面，它曾无数次地唤起天才们的灵感。玻璃，以前只是教堂的专属品，而现在，它却代表了一种新的设计理念与创作情趣。玻璃是一种与人关系密切的材料，对它的使用渗透了整个人类生活，比较熟悉的形式有门窗玻璃、餐具等。随着科学技术的提高，现代门窗制作中玻璃再也不是古老的玻璃窗画，而是从外观到品质、从艺术到多功能、从平面到立体，呈现出各种各样的形式。在木质门中，可起到装饰、采光等作用。图4-36所示为几种玻璃木门。

图4-36　玻璃木门

4.2.2.1 玻璃的分类

玻璃按主要成分可分为氧化物玻璃和非氧化物玻璃。氧化物玻璃又分为硅酸盐玻璃、硼酸盐玻璃、磷酸盐玻璃等。硅酸盐玻璃指基本成分为 SiO_2 的玻璃，其品种多，用途广。非氧化物玻璃品种和数量很少，主要有硫系玻璃和卤化物玻璃。

按功能和加工工艺可分为平板玻璃和特种玻璃。平板玻璃主要分为引上法平板玻璃、平拉法平板玻璃和浮法玻璃。特种玻璃品种较多，主要有钢化玻璃、磨砂玻璃、夹层玻璃、中空玻璃、防弹玻璃、热弯玻璃、玻璃砖、玻璃纸等。

4.2.2.2　木质门常用的玻璃

木质门常用的玻璃为平板玻璃，具有表面晶莹光洁、透光、隔声、保温、耐磨、耐气候变化、材质稳定等优点。平板玻璃的功能不仅能满足采光要求，而是具有能调节光线、保温隔热、安全（防弹、防盗、防火、防辐射、防电磁波干扰）、艺术装饰等特性。

平板玻璃一般有以下几种规格：1）3～4mm 玻璃。这种规格的玻璃主要用于画框表面；2）5～6mm 玻璃。主要用于外墙窗户、小面积门扇等的透光造型中；3）7～9mm 玻璃。主要用于室内较大面积木质门的造型之中；4）9～10mm 玻璃。可用于室内大面积隔断、栏杆等装修项目；5）11～12mm 玻璃。可用于地弹簧玻璃门和一些活动和人流较大的隔断之中；6）15mm 以上玻璃。主要用于较大面积的地弹簧玻璃门外墙整块玻璃墙面。其中：3～4mm 玻璃和 7～9mm 玻璃是木质门中常用的几种玻璃规格。

平板玻璃用于木质门时可分为净片玻璃、装饰玻璃、安全玻璃、节能装饰性玻璃。其主要特性如下：

（1）净片玻璃的特性：①良好的透视、透光性能，对太阳光中近红外热射线的透过率较高，但对可见光折射至室内墙顶地面和家具、织物而反射产生的远红外长波热射线却有效阻挡，故可产生明显的“暖房效应”；②隔声、有一定的保温性能；③抗拉强度远小于抗压强度，是典型的脆性材料；④较高的化学稳定性，通常情况下，对酸碱盐及化学试剂盒气体都有较强的抵抗能力，但长期遭受侵蚀性介质的作用也能导致变质和破坏，如玻璃的风化和发霉都会导致外观破坏和透光性能降低；⑤热稳定性较差，急冷急热易发生炸裂。

（2）装饰玻璃的特性：①彩色平板玻璃，可以拼成各类图案，并具有耐腐蚀抗冲刷、易清洗等特点。②釉面玻璃，具有良好的化学稳定性和装饰性。③压花玻璃、喷花玻璃、乳花玻璃、刻花玻璃、冰花玻璃，根据各自制作花纹的工艺不同，有各种色彩、观感、光泽效果，富有装饰性。

（3）安全玻璃的特性：①钢化玻璃，机械强度高、弹性好、热稳定性好等。②夹丝玻璃，受冲击或温度骤变后碎片不会飞散；可短时防止火焰蔓延；有一定的防盗、防抢作用。③夹层玻璃，透明度好、抗冲击性能高，耐久、耐热、耐湿、耐寒性高。

（4）节能装饰性玻璃的特性：①着色玻璃，可有效吸收太阳辐射热，达到蔽热节能效果；吸收较多可见光，使透过的光线柔和；较强吸收紫外线，防止紫外线对室内影响；色泽艳丽耐久，增加建筑物外形美观。②镀膜玻璃，保温隔热效果较好，易对外面环境产生光污染。③中空玻璃，光学性能、保温隔热性能好，防结露，具有良好的隔声性能。

4.2.3 密封条及挡尘条

密封条及挡尘条在木质门上起着很关键的作用，最明显的作用是减振，在门挡线上装密封条可以减轻关门时碰撞声，对门扇的边缘起保护作用，并可以延长门的寿命，减小噪声；其次是密封，隔绝室内外空气，有保温、节能的作用，而且防止蚊虫等钻到室内。

4.2.3.1 密封条

密封条按照材料可分为改性PVC密封条、硫化三元乙丙橡胶（EPDM）密封条、热塑性三元乙丙橡胶（EPDM/PP）密封条以及硅橡胶密封条。按照固定方法可分为自粘式密封条、嵌入式密封条和钉固式密封条等。

所用密封条的类型和规格要与所选门情况相适应，才能得到良好的效果。不同密封条的适用范围各有不同，有些刷状或片状密封条，是用钉子钉在门接缝处；对于门的底部，以用刷状或橡胶密封条为好；一些自粘性能好的泡沫塑料密封条，其厚度应与门的缝隙宽度相匹配；至于嵌入槽内的刷状或塑胶密封条则要与门槽口配合。

密封条通常用于门框的留槽内，密封条要求具有很好的弹性，在产品使用一定年限后，仍可复位到原形状的80%左右，根据不同门型和使用位置，常规的有以下几种密封条，如图4-37所示。密封条在使用前，一般都要做油漆相容性的测试。

图4-37 常用的几种密封条

4.2.3.2 挡尘条

入户门使用的门底自动挡尘条具备隔声、防尘、防虫的功能，在门扇关闭时的挡尘条自动落下，实现密封挡尘的作用。如下图4-38。

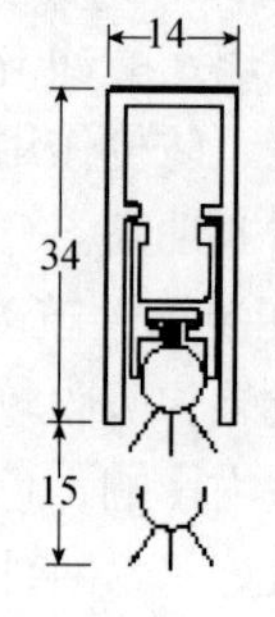

图4-38 门底挡尘条

第5章　木质门造型与设计

5.1　造型设计概述

5.1.1　造型设计

造型，即创造形体。“造型设计”是指利用形状、图案或者其结合，以及利用色彩与形状、图案的结合所做出的富有美感并能应用的形体新设计。

5.1.2　木质门的造型设计

门是建筑物立面的重要组成部分，是建筑物的主要围护构件，也是建筑物室内连接各房间的主要构件，在建筑和人们生活当中起着十分重要的作用。

门对于大型建筑而言，占有的比例相对很小，具有画龙点睛的效果，给人以点的印象，而对于普通住宅而言，在整个立面中更接近于面的感觉，占有的比例较大。由于门的所处位置及其特殊功能，与其他产品相比，门的造型设计更趋于平面化，在平面分隔、色彩搭配和装饰等方面能够充分展示其形式美感。

木质门是以实木锯材、人造板材等木质材料为主要材料制成的门，它满足了人们追求返璞归真、回归自然、美观大方、高档豪华、安全可靠的心理需求，并且木材具有隔热保暖、调湿保温、吸声隔声、花纹美丽、色泽优雅、强重比高、易于加工等独特的优点。因此，在木质门的造型与设计过程中，应在满足功能要求的前提下，应用美的造型法则，使其功能与形式和谐一致，并且在材料的表面处理方面，特别是在天然材料的利用上要充分发挥材料的质地美。

5.2　造型要素

木质门的造型是由形态要素、色彩要素、肌理要素、装饰要素等决定的。

“形态要素”不仅赋予其功能，同时也赋予其形式美；木质门造型的“色彩要素”、“肌理要素”决定了木质门的外观性质，赋予了木质门典型的艺术美；木质门造型的“装饰要素”在赋予其艺术美的同时，更多的是赋予了其特殊的文化意义。

不同形态、不同色彩、不同质感等一系列视觉感受会呈现出迥异的造型表现力。这就要求设计师有必要了解和掌握造型设计基础。造型基础是从事研究、教育，包括所有设计艺术学科和专业所共有的基础性重要学科，其中点、线、面、体是造型要素中构成形态的基本元素，就像是金字塔的最低层，是设计艺术学中基础的基础。下面将从四个方面加以简述。

5.2.1 形态要素

有关形的大小、方圆、曲直、厚薄、宽窄、高低、轻重等要素的总的状态，常称为“形态”。形态构成原理告诉人们：基本形态要素包括点、线、面、体等几种；每一种复杂的造型都可以分解成这几种基本的形态要素，换而言之，各种基本的形态要素的组合构成了不同的形态。作为造型要素，这里可暂且将木质门的材料、肌理和色彩等剥离开，落实到对基本形态要素的分析和它之间的组合构成方式的问题上，从这些要素在木质门形体上的具体体现与应用情况入手，指导木质门的造型与设计。

5.2.1.1 点

“点”是最小的粒子。“点”是造型设计语言的出发点。“点”也是形态构成中最基本的——或是最小的构成单位。

1）点的概念

在几何学的概念里，“点”是最简洁的形态。“点”实现的开端和终结，是两线的相交处。在形态学中，“点”是一个相对概念，对于整体背景而言，比较小的形体可称为“点”，因而可以说这些“点”是有大小、形状和体积的。从造型学角度上讲，“点”是具有空间位置的视觉单位。

因此，在几何学的概念里，点是只有位置没有大小和方向的，但在造型设计中，点必须具有一定的大小、方向或面积、体积、色彩、肌理、质感等，否则就失去了存在的意义。那么，多大的形状可以称之为点呢？这是不能用量的概念或不能由其单独的形态来规定的，它必须依附于具体形象并用相对的概念来确定，即要和周围的场合、比例关系等相对意义上来评价它的不同特征。“点”的视觉语言可以表现出诗的意境，以最简洁的语言述说最大容量的内涵。所以，“点”是视觉造型设计语言的出发点，如图 5-1 所示是一连串排列的圆点，但左端是点，右端是面，从小到大，从点到面。

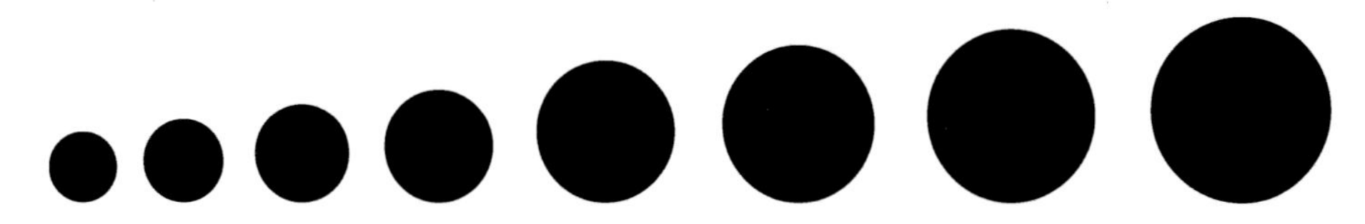

图 5-1　“点”的概念

2）点的特点

相对性。“点”本质上是最简洁的形。凡相对于整体或背景而言，其面积或体积较小的形状均可称为“点”。同样一个“点”，相对于大的背景可称作为“点”，而相对于小的背景则失去了“点”的特征而成了面或体，如图 5-2 所示，图形（a）中黑圈具有点的特征；图形（b）中由于背景局限在一个小正方形中，同样大的点具有了面的感觉；图形（c）中的圆圈由于面积较大，也就不称其为点了。

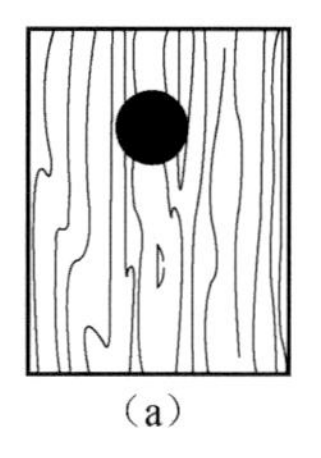

（a）

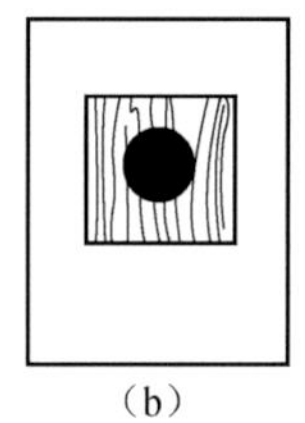

（b）

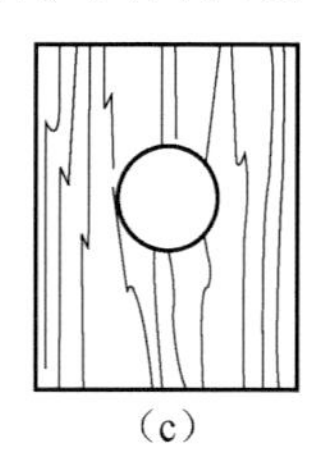

（c）

图 5-2　“点”的相对性

趋圆性。不同形状的“点”，由于面积的缩小就越容易圆化，如图 5-3 所示。

图 5-3　“点”的趋圆性

视觉定位性。“点”在视觉上具有收缩感，特别是几何中的圆点可以把视觉向点的中心集中，从而形成视觉的焦点与画面的中心，如图 5-4 所示，（a）图和（b）图中央的点大小完全相同，但（a）图中央之形有点的感觉，而（b）图中央之形却有面的感觉。

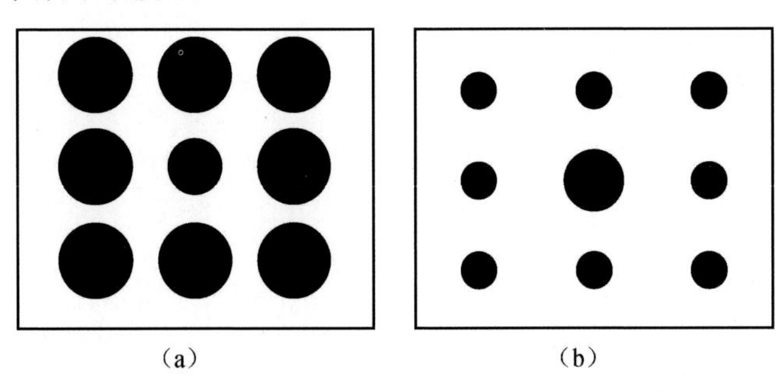

（a）　（b）

图 5-4 “点”的视觉定位性

虚线性和虚面性。“点”的移动和组合可在视觉上产生强烈的动感，并形成虚线和虚面的特殊效果。虚线和虚面会给人结构上的空灵感，富于变化（图 5-5）。

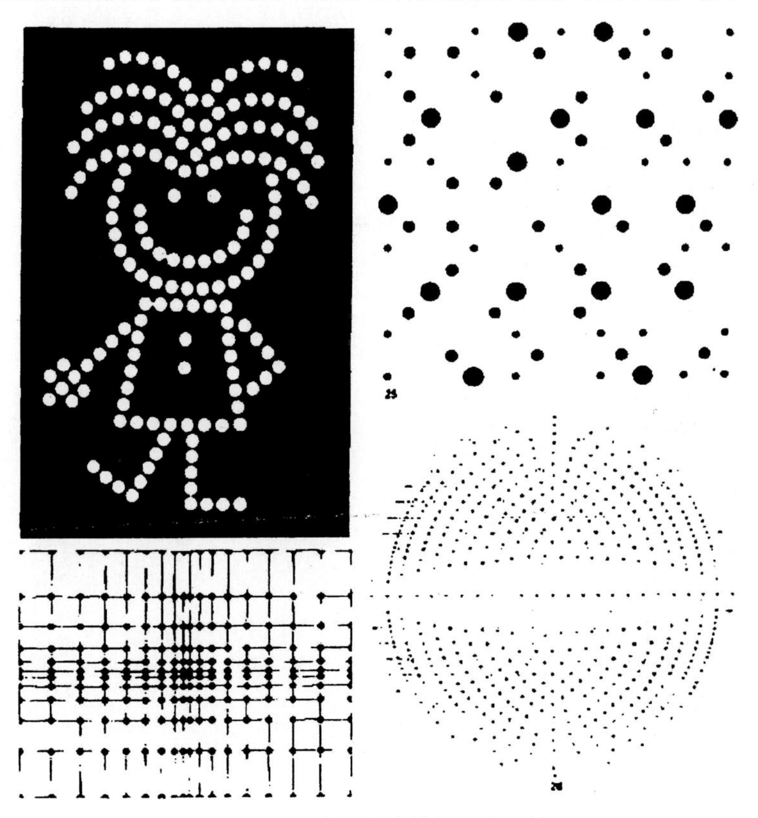

图 5-5 “点”的虚线性和虚面性

3）木质门“点”的应用

在木质门的造型中，各种不同形状的拉手、锁型、装饰嵌板以及不同的材料如玻璃、金属、局部装饰图案等，相对于大幅面的门扇，都是较小的面或体，呈现出“点”的形态特征。它们的存在起到了视觉的定位作用，都可以理解为“点”。这些“点”具有向心性，具有打破它所存在的背景或“基体”的单调感的效果，即打破了门扇呆板的长方体的功能性造型，让人们的目光停留在某一个位置，构成人们的视觉中心，从而标定出“重点”。各种不同形状的“点”不仅具有不同的图案特征，而且有不同的情感特征。大幅面的木质门扇会因为这些“点”的存在而更加生动，具有较强的装饰效果。

点的排列组合形式有很多。在组合形态上，可以是独立、分散、积聚的组合形式；在排列秩序上，可以是等距离排列也可以是变距排列。在进行木质门的造型与设计中，借助“点”这一形态元素的各种表现形式，适当地将这些与门板不同的形、色、材质、大小、纹理的装饰附件，进行有序地排列和组合，形成一定的节奏和韵律感，能够有效地丰富木质门的立面造型。

“点”最明显的作用是标明位置，可以使人的视线形成集中注视。在木质门的门扇表面通过镶嵌一定形状和色彩的嵌板、玻璃或金属等不同质地的装饰构件来丰富门扇的造型。给墙面空间创造出活泼和轻松的氛围，使中规中矩的矩形的门扇成为亮点，给人新鲜与美感的视觉享受。在图5-6中，图（a）所示的圆形装饰附件，从点本身的形状而言，这些曲线点饱满充实，由于位置、大小以及排列的不同，使整扇门富于运动感；而直线点如图（e）所示，方形嵌板所呈现出的“点”则表现出坚稳、严谨，具有静止的感觉；从点的排列形式来看，等间隔排列会产生规则、整齐的效果，具有静止的安祥感，如图（g）所示，变距排列（或有规则地变化）则产生动感，显示个性，形成富于变化的画面，如图（d）、图（f）所示。

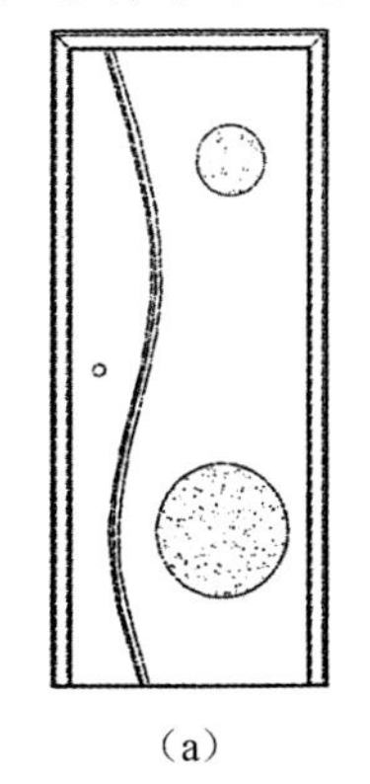
（a）

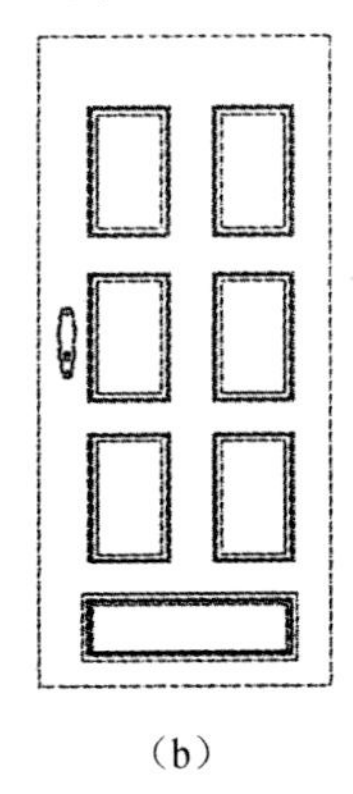
（b）

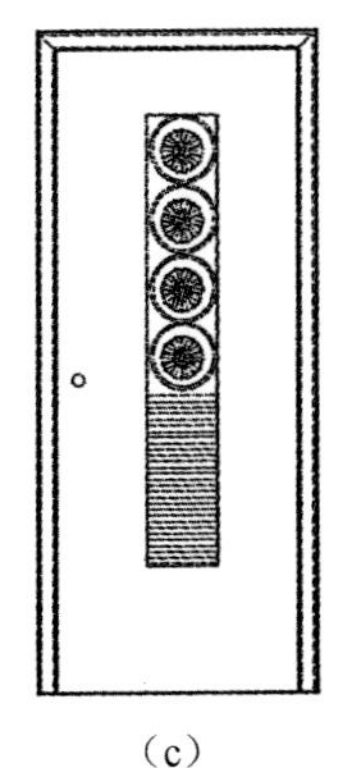
（c）

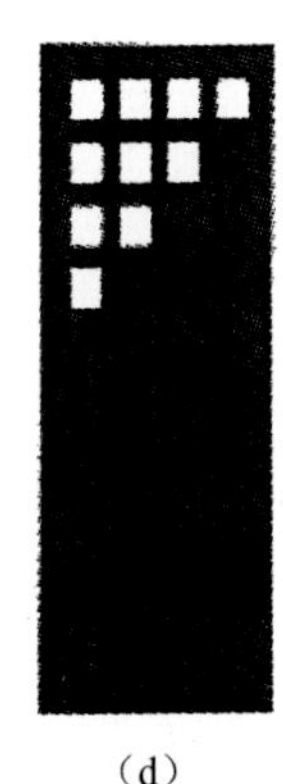
（d）

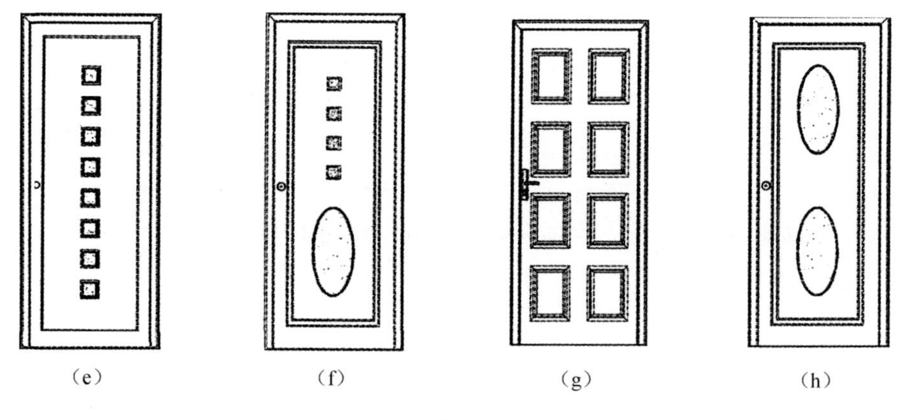

图5-6 “点”的应用

5.2.1.2 线

1)“线”的概念

在几何学的概念里，“线”是“点”运动的轨迹，又是“面”运动的开始，只有位置和长度，没有宽度和厚度；线又是面的界限或者是面与面的交界。线以长度和方向为主要特征，如果缩短长度或增加宽度，就会失去线的特征，而成为点或面。在形态学中，线在平面上有宽度，在空间中有粗细和体积，它还包含色彩和肌理等造型元素。与点的概念相对应，线也是一个相对的概念，即指某一具有同样性质的形态相对于它所存在的背景或相对于整体而言，在面积、体积的量上相对较小，在感觉上与几何学中所标定的线的性质相似(图5-7)。

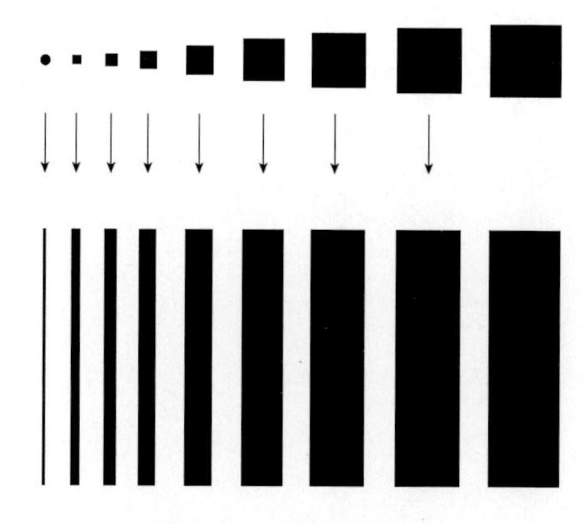

图5-7 “线”的概念

2)“线”的分类

“线”的本身具有形态，大致可以分为直线和曲线两类，两者共同构成和决定一切形象的基本要素。点的移动方向一定时就成为直线；点的移动方向不断变化时就成为曲线；介于两者之间的是折线，它是经一定距离后改变点的运动方向而形成的间隔变化的线（每一部分都是直线）。按照线的位置形态来分，“线”又可分为平面曲线和空间曲线两种。按照“线”的成型和性质原因，可以将“线”分为几何线（弧线、抛物线、双曲线、螺旋线和高次函数曲线等）和自由线（C形、S形和涡形等），前者的形状以及空间位置具有一定的规律性，而后者则没有。

3）木质门中“线”的应用

木质门中的线可以表现为多种方式。如图5-8所示，木质门的整体轮廓以及门框线的造型可以由直线、斜线、曲线及混合构成［图5-8（m）］；木质门门扇的装饰部件可以以线的状态呈现［图5-8（c）］；木质门材料上的天然木质纹理［图5-8（d）］，或经过人工拼接而构成的图案，在外观上也是“线”的表达［图5-8（e）］；木质门的一些功能件，如拉手也常常是以“线”的形式出现［图5-8（a）、（b）］。

将各种不同性质的“线”运用到木质门的造型设计中会表达出不同的情感特征。直线简单、明了、有力，给人以单纯、简朴、直率、严格、强劲、具男性之美感，能确定一定格式和位置，塑造特定的性格和气质［图5-8（h）］；细直线敏锐，粗直线厚重强壮；水平线平静开阔［图5-8（k）］，给人以沉着宁静、宽广之感；垂直线刚直挺拔，庄严高耸［图5-8（j）］，给人以严肃端正及支持、超越之感。

曲线优雅、柔和、丰满而富于变化，具有缓慢的运动感和波浪起伏的节奏感［图5-8（i）］，给人以轻松、愉悦、活泼的感觉，具女性之美感，也象征着自然界美丽的春风、流水、彩云等；几何曲线单纯、理智、明快，规律性强［图5-8（l）］，给人以饱满、柔软、弹性、理智、明快之感；自由曲线动感、奔放、浪漫，婉转曲折，给人以优美、轻快、流畅，自由、丰富、华丽之感［图5-8（f）、（g）］。

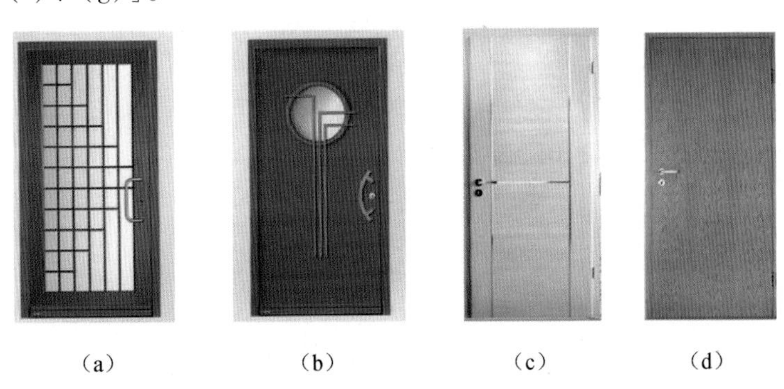

（a）　（b）　（c）　（d）

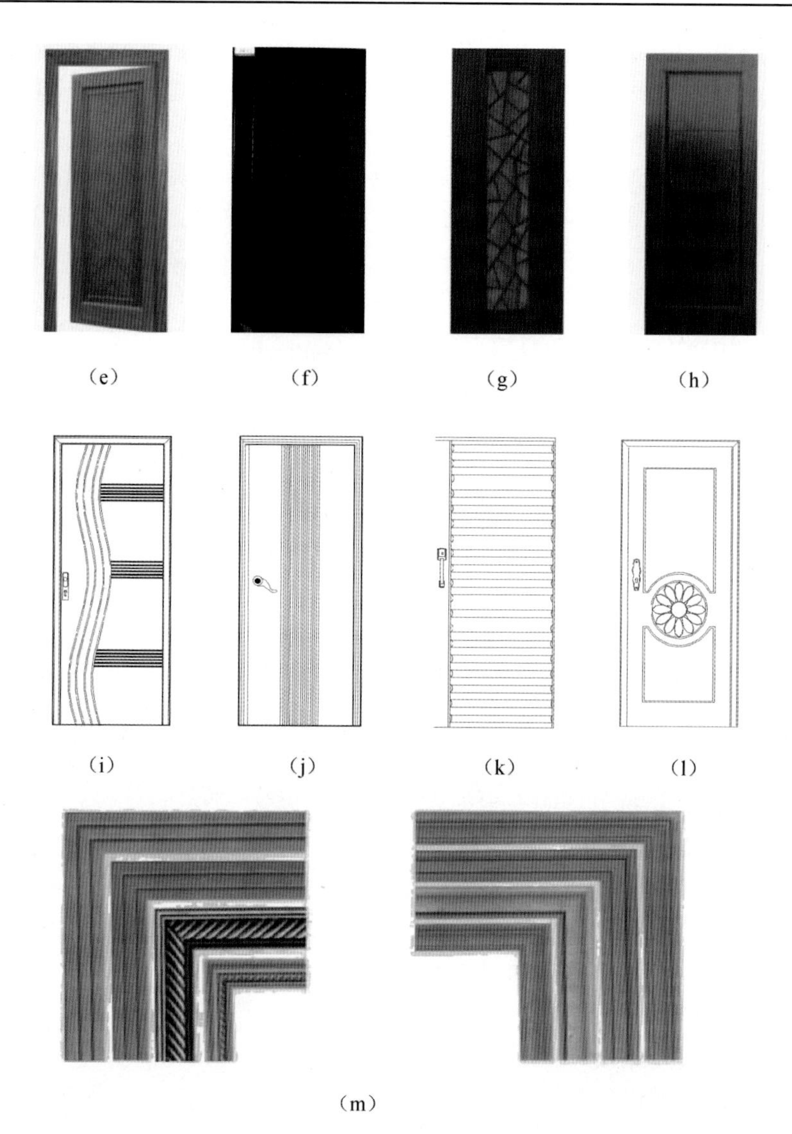

（e） （f） （g） （h）

（i） （j） （k） （l）

（m）

图5-8 “线”的应用

5.2.1.3 面

扩大的点形成面，密集的点形成面，移动的线形成面，线的加宽、交叉、封闭等也同样形成面。面具有二维空间（长度和宽度）的特点（图5-9）。

1）“面”的概念

几何学中，面是指线移动后的轨迹，直线平行移动形成矩形面，直线回转运动形成圆形面，直线倾斜移动形成菱形，直线的不同支点摆动则形成扇形与双扇形等平面图形。几何学中的面没有厚度也没有边缘。在形态学中，面有大小也有形状。就木质门而言，相对于墙面来说，木质门的门扇表面就是一个具体的面。

图 5-9　“面”的概念

2）“面”的分类

“面”可分为平面与曲面。平面有垂直面、水平面与斜面；曲面有几何曲面与自由曲面。其中平面在空间常表现为不同的形，主要有几何形和非几何形两大类。

几何形是以数学的方式构成的，包括直线形（有正方形、长方形、三角形、梯形、菱形等多边形），曲线形（有圆形、椭圆形等）和曲直线组合形。非几何形则是无数学规律的图形，包括有机形和不规则形。有机形是以自由曲线为主构成，它不如几何图形那么严谨，但也并不违反自然法则，它常取形于自然界的某些有机体造型；不规则形是指人有意创造或无意中产生的平面图形。

3）木质门中“面”的应用

受功能和工艺的限制，现代居住环境下门洞通常为矩形或拱形，门扇通常为矩形。也有异型门扇，例如楼梯间下方储藏室的门以及阁楼的门等，其外形轮廓则依照空间而设计。门扇上起装饰作用的“面”的表现形式是多样的，是以几何形或非几何形出现。木质门中“面”的造型设计主要指面的各种形式、面的分割及面的组合。如图 5-10 所示，尽管木质门在外形上就是一个整体的平面，但它却是由一些更小的甚至不同形状的、不同材质的平面构成，各种不同性质的“面”具有不同的情感特征。几何学构成的外形，形状规则整齐，具有简洁、明快、秩序、条理之美感。在木质门表面的造型设计中加入矩形的元素，在任何方向都能呈现安定的秩序感［图 5-10（a)］，它象征着坚固、强壮、稳定、静止、正直与庄严，却又使人感到单调。为了克服这一缺陷，可以通过与之配合的其他的面或线的变化来丰富造型，打破单调感［图 5-10（b)］。三角形丰富了角与形的变化［图 5-10（c)］，在木质门表面利用木纹纹理拼接组成的斜线对其进行分隔，这样的构图使得整扇门扇显得活泼。

曲面的运用能够有效地缓和木质门硬朗的外形轮廓，使其造型显得温和，给人强烈的动感和浓厚的亲切感［图5-10（d）］。除了形状外，木质门中面的形状还具有材质、肌理、颜色的特性，在视觉、触觉上产生不同的感觉以及声学和触觉上的特性［图5-10（e）、（f）、（g）、（h）］。

（a） （b） （c） （d）

（e） （f） （g） （h）

图5-10 “面”的应用

面是木质门造型设计中的重要构成因素，有了面，木质门才具有实用的功能并构成形体。在木质门的造型设计中，可以灵活恰当地运用各种不同形状的面、不同方向面的组合，在满足功能性的前提下，使木质门的造型呈现丰富多彩的样式与风格。

5.2.1.4 体

在造型设计中，“体”可理解为点、线、面围合成的三度空间所形成各种形状的几何体。

1）“体”的概念

按几何学定义，“体”是面移动的轨迹，在造型设计中，“体”是由点、线、面围合起来所构成的三维空间（具有高度、深度及宽度或长度）。所有的体都是面的移动和旋转或包围而占有一定的空间所形成的，如图5-11所示。

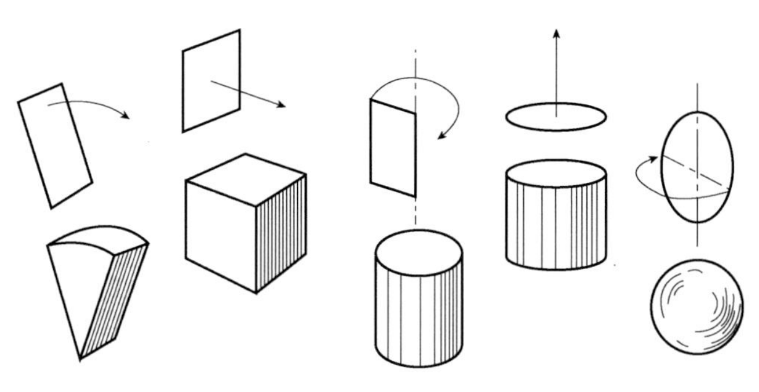

图5-11　“体”的概念

2）“体”的类型

“体”有几何形体和非几何形体两大类。几何体有正方体、长方体、圆柱体、圆锥体、三棱锥体、多棱锥体和球等形态。非几何体一般指一切不规则的形体。通常可以把木质门视为一个长方体，在其表面进行“体”的构成设计，能够为门扇及门框增加特殊的立体效果及给人不一样的视觉感受。

“体”的构成，可以通过线材的空间围合构成的虚体和由面组合成或块立体组合成的实体。虚体和实体给人心理上的感受是不同的，虚体使人感到轻快、透明感，而实体则给人一种重量感，围合性强。体的虚、实处理给造型设计作品带来强烈的性格对比。

3）木质门中“体”的应用

在木质门的造型中虚体与实体更多地表现为功能性，如图5-12所示。卧室是私密性的空间，所以卧室门的设计多为不透明的实体木质门，造型可以通过嵌板等的变化来形成，根据比例、稳定与均衡、重复、变化、统一与协调等构图原理，按照形式美法则来实现造型，如图5-12（a）、（d）所示。由各种玻璃、百叶结构所构成的虚体不但使门扇构图更加丰富，更重要的是起到通风换气、辅助采光透亮、延伸室内外空间的作用。位于书房和起居室的木质门，可以设计成有玻璃嵌板的样式，玻璃嵌板的形状能形成新奇的个性的造型，比如方形、圆形、菱形、三角形、组合形等，还有不规则的几何形或者任意形，可以根据室内风格，提取其中的设计因子，从而丰富木质门的设计。如图5-12（c）、（e）、（h）所示，玻璃材质的存在增加了室内外空间的通透性，可以扩大视觉上的空间感；在构成“体”的诸多要素中，可以说，“体”具有与“面”相似的情感特征，但与面不同的是，“体”具有体量感，如图5-12（a）所示，凸起的实体部分有规则的排列，使木质门看上去具有“动势”，并且在构造虚实空间的同时，利用物理学中“力”的量解方式取得空间虚实相生、互相渗透的效果，使整扇木质门具有厚重的体量感，赋予使用者精神上的愉悦和木质门造型上的美感。

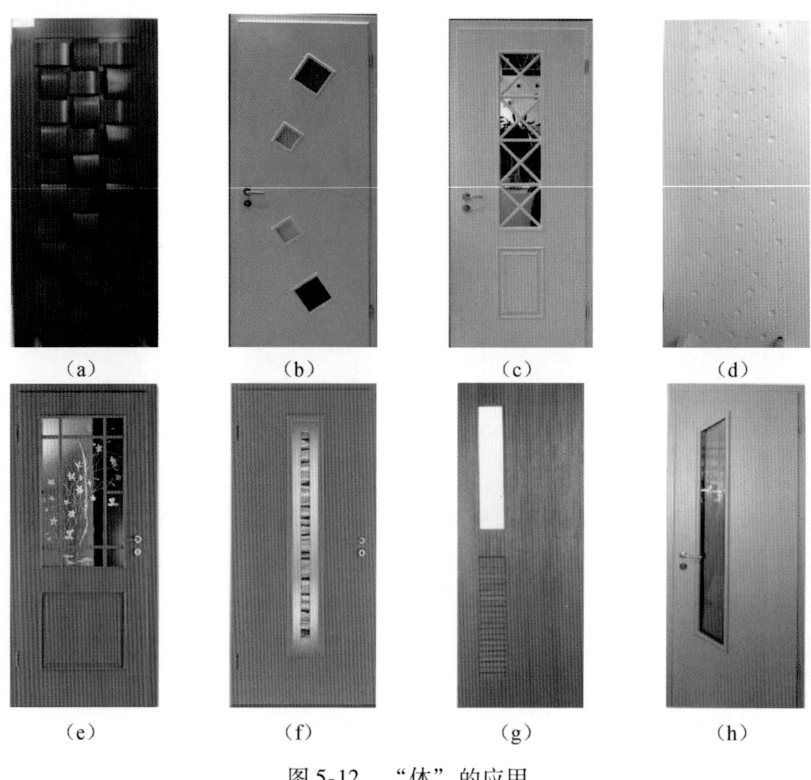

(a)　(b)　(c)　(d)

(e)　(f)　(g)　(h)

图 5-12　“体”的应用

5.2.2　色彩要素

色彩比形态更能在第一瞬间捕捉人的视线，吸引人的注意力，色彩是最先影响人的视觉感受。色彩是一切造型艺术中不可缺少的基本构成要素之一。在造型设计中，常运用色彩以取得赏心悦目的艺术表现力。

虽然木质门综合了形、色和材料的美，但给人的第一感觉都是色彩的配合。由于木质门颜色不同，有些奢华，有些朴素，或明或暗，或冷或暖，从而表现出各种不同的感情效果。因此，木质门色彩处理得好坏，常会对其造型产生很大影响。

当然，木质门的色彩设计离不开室内环境的整体氛围，不能单件孤立地考虑，必然是成套木质门与室内环境色彩的配置设计。木质门的色彩与室内环境空间的色彩应统一，在统一的基础上进行变化。如果木质门的色彩处理得当，可以协调或弥补室内空间效果的某些不足，使之锦上添花，更加完美。

5.2.2.1　色彩的基本知识

色彩是物体受光照射后通过人的视网膜在人脑中反应的结果。人们平常能够看到的色彩，就是由于光照射到物体上而被物体表面吸收或反射的结果，不同物体因物理特征不同而反射的色光各异，从而呈现各自不同的色彩。

1）色彩的分类

大千世界，万紫千红，到目前为止，人们能辨别的颜色数以百万计，但从自然界来分析，色彩可分成两大类，一种是从光谱中反映出红、橙、黄、绿、青、蓝、紫所组成的有色系统（有彩色）；另一类是光谱中不存在的黑、灰、白的五色系统（无彩色）。

（1）基本色：是指光谱上的红、橙、黄、绿、青、蓝、紫七种不同波长的色光。

（2）三原色：也称第一次色，是指红、蓝、黄，如图5-13所示，这三种色是任何其他色调不出来的，其本身不能再分解，但相互混合调配可产生无数种色彩。原色的色素单纯，色泽鲜艳。

图5-13　三原色

（3）三间色：也称第二次色，是指橙、绿、紫，由三原色中任何两原色等量调和而成，如红+黄=橙，黄+蓝=绿，红+蓝=紫，如图5-14所示。如果不等量调和，又可产生各种不同的间色；如果三原色三者等量调和即为黑色。间色色素增加，鲜艳度减低。

（4）复色：也称第三次色，是由原色与间色（由其他两原色构成）、间色与间色调配而成，如红与绿、黄与紫、蓝与橙、红与黄与绿、蓝与紫与白等，如图 5-14 所示。其中，又将某一原色与其他两原色构成的间色互称为补色，如红与绿、黄与紫、蓝与橙。由于调和量不同，可以得到无穷的复色。复色色素复杂，色泽浑浊，发暗发灰。

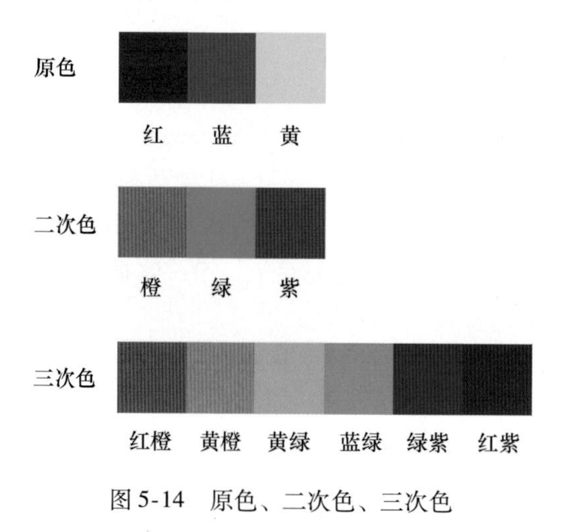

图 5-14 原色、二次色、三次色

（5）素色：是指黑与白，它是色带之外的色，黑与白调和能产生各种灰色，也能与灰色、间色、复色调和为深浅不一的同类色。

（6）光泽色：是指金与银，是具有光泽效果的特殊色，一般不能与其他色彩相调和，但具有光泽夺目的特征。

2）色彩的三要素

人们为了研究的方便和确切地显示某一色彩的特征，按色彩的性质和特点，必须通过色彩的三个要素来全面界定。

（1）色相：又称色别、色性，是指各种色彩的相貌和名称。如红、橙、黄、绿、青、蓝、紫以及各种间色、复色、黑、白、灰等都是不同的色相。色相主要是用来区分各种不同的色彩。对光谱的色顺序按环状排列即为色环，一般有 7 色环、8 色环、10 色环、12 色环、24 色环等。图 5-15 为 12 色环中有彩色的主要色相。

（2）明度：也称亮度、色度，即色彩的明暗或深浅程度。明度取决于两个因素：一是指色彩（色相）本身的明度。二是指色彩加黑或白之后产生的深浅变化。

（3）纯度：也称彩度、饱和度，是指色的鲜明或强弱程度，即某一颜色中所含彩色成分的多少，或色彩中色素的饱和程度的差别。

3）色彩的色调

色调就是色彩的主调或基本调，也就是应该有色彩的整体感，它是指颜色的冷暖或明暗效果。这对表达气氛和构成意图具有重要的意义。色调的构成与色彩的三要素有着密切的关系。

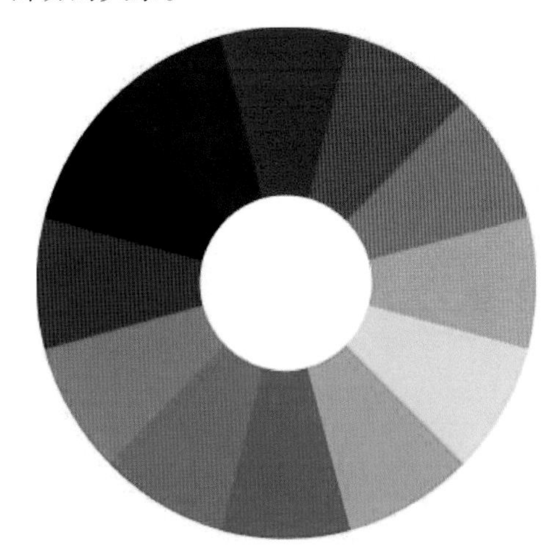

图 5-15　12 色环

（1）按色相分：有红色调、黄色调、绿色调、蓝色调等。

（2）按明度分：有明调（亮调）、灰调和暗调，具体有对比鲜明的色调（如不同色相的对比）、柔和的色调（以类似色、邻近色为主）、明快的色调（以明度高的色彩为主）、浓郁的色调（以明度低的颜色为主）。

（3）按纯度分：有冷调、暖调、中性调，具体有鲜艳的色调、淡雅的色调。

一般情况下，各种色调不是倾向冷就是倾向暖，所以冷暖色调是研究色调的中心问题。不同的色调可以给人以不同的艺术感受。

4）色彩的感受

由于人的生理和心理的原因，大自然色彩会赋予人们不同的感觉，以表现各种不同的色彩感情。人对色彩的感受主要包括两个方面：

（1）色彩的情绪性感受：人对色彩的情绪性感受，即色彩的心理效应，主要反映在兴奋与沉静，活泼与忧郁，华丽与朴素等方面。

（2）色彩的功能性感受：色彩的功能性感受，即色彩的生理效应，主要表现在冷暖感、轻重感、软硬感、大小感、远近感、疲劳感等方面。

5）色彩的联想

人类长期生活在多彩的世界里，根据自己的生活经验对不同色彩就产生了一定的联想和象征意义。表 5-1 所示为色彩的联想与象征。

表 5-1　色彩的联想与象征

色相	抽象联想	具体联想	象征意义
红	喜悦、热情、艳丽、兴奋、紧张、活泼	太阳、火焰、红旗、鲜血	革命、活力、危险、欢庆
橙	温情、华美、阳光、嫉妒、虚伪、热烈	橘子、橙子、蛋黄、秋叶	富丽、辉煌、成熟、精神
黄	希望、快活、愉快、发展、明朗、幸福	黄金、玉米、香蕉、柠檬	稳定、吉祥、庄严、色情
绿	年青、希望、生长、新鲜、遥远、安全	森林、田野、草原、绿叶	青春、健全、和平、安定
蓝	沉静、冷清、凉爽、理想、优雅、消极	天空、海洋、湖泊、血管	永恒、悠久、诚实、希望
紫	优美、娇艳、幽雅、古朴、哀伤、惦念	彩霞、花朵、葡萄、紫藤	高贵、雍容、尊严、神秘
黑	静寂、悲哀、绝望、沉默、恐怖、不安	夜、炭、墨、黑板、地道	严肃、死亡、坚固、罪恶
灰	温和、忧郁、阴郁、暗淡、空虚、中立	阴天、灰尘、混凝土、铅	平凡、谦让、朴素、荒废
白	洁白、明快、清洁、纯洁、纯真、空旷	雪地、白云、瀑布、白纸	正直、清白、神圣、不吉

色彩都具表情，容易令人产生联想。由于色彩联想的社会化、大众化，并形成习惯，在感情上不同色彩就产生了心理上的个性象征。色彩感并非天生就固定，而是受生长环境、工作环境或日常生活所影响。借着当事者对色彩的关心，所培养出来的色彩感也不同，各民族和各国都有其独特的色调传统爱好。

6）色彩的光照影响

色彩是光线照射到物体上经不同程度的反射或吸收所形成的，由于照射光线的性质不同，被照射到的物体的颜色也有很大的差异，物体呈现的色彩随着光源的不同（自然光与人工光）和光源的强弱以及环境的变化而有所不同。

一般来说，太阳发出的白光照射到物体上，被反射的光色就是物体的颜色。如红色物体吸收了橙、黄、绿、蓝、紫色，反射出红色，因而呈现红色。

5.2.2.2　色彩构成

色彩构成是色彩设计领域常用的一种科学方法。它通过逻辑的方式认识与研究色彩在物理、生理、心理及美学方面的理论。将理性的色彩理论贯通到感性的色彩实践中，可培养设计者创造性思维能力、灵活运用色彩和自由表现色彩的能力，从而对色彩的认识由个体感性喜好上升到科学、美学意义的艺术境界。

1）色彩的对比

日常生活中所见到的颜色几乎没有单一的情况，总是要与周围的颜色联系在一起，两种色彩相互影响，显示出色彩的差别。色彩的对比就是指两种以上的色彩之间能比较或显示出明确差别的现象，通俗地说，就是指相同的色彩由于背景或相邻的色彩不同，会产生不同的感觉。当相邻或接近的两种色彩被同时看到时所产生的对比，称为同时对比；当两种色彩按时差依次被看到时所产生的对比，称为先后对比。先后对比会在短时间内消失，通常所说的色彩对比是指同时对比。

色彩对比由差别中产生，差别越大则对比越强。因为画面中的色彩对比涉及的因素较多，如果牵涉到色块的形状、大小，在构图中的分布和色块所表达的形象等，那么对比效果比较间接；而色相、明度、纯度、色性、面积以及视觉感受中的同时对比等，对比效果就比较直接。同时对比是同时看两种不同色时，每个色对其他色彩的影响，同时与色相、明度和纯度等发生关系，因此，色彩的对比方法又可分为色相对比、明度对比、纯度对比、冷暖（色性）对比、面积对比等。

2）色彩的调和

两种以上色彩的配合称为配色。当配色给人以愉快、协调、和谐的感觉时，这种配色称为色彩调和；相反，如果配色使人感觉不愉快、不协调时，则为色彩不调和。

色彩调和的意义或掌握色彩调和方法的目的主要有两方面：一是当发现色彩的搭配不协调，为构成和谐而统一的整体所作的调整；二是根据色彩调和方法，自由灵活构成符合目的性的美的色彩关系。当两种以上的色彩因差别很大，产生了刺激不调和感时，增加各色的同一因素，使强烈刺激的各色逐渐缓和。

调和是配色的方法与原则，其包括同一调和、类似调和、秩序调和等。

5.2.2.3　色彩应用原则

木质门所表现出的色彩是极为丰富的。主要通过如下途径获得，如图5-16所示。

1）木材的固有色：木质门是以木质材料为主要基材的一种工业产品。木材是一种天然材料，附在木材上的本色就是木材的固有色。木材种类繁多，其固有色也十分丰富，如栗木的暗褐、红木的暗红、檀木的黄色、椴木的象牙黄、白松的奶油白等。木材的固有色或深沉或淡雅，都有着十分宜人的特点。木材的固有色通过透明涂饰或打蜡抛光而表现出来。保持木材固有色和天然纹理的木质门一直受到世人的青睐，如图5-16（a）~（c）所示。

2）保护性的涂饰色：大多数木质门都进行涂饰处理，以提高其耐久性和装饰性。涂饰分为两大类，一类是显现纹理的透明涂饰，如图 5-16（c）所示，另一类是覆盖纹理的不透明涂饰，如图 5-16（e）所示。透明涂饰大多数需进行染（着）色处理，染（着）色可以改变木材的固有色，使深色变浅，浅色变深，使木材色泽更加均匀一致，使低档木材具有名贵木材的颜色。不透明涂饰是一种人造色，色彩加入涂料中，将木材纹理和固有色完全覆盖，可有相当丰富的色彩供选用，如图 5-16（d）所示。

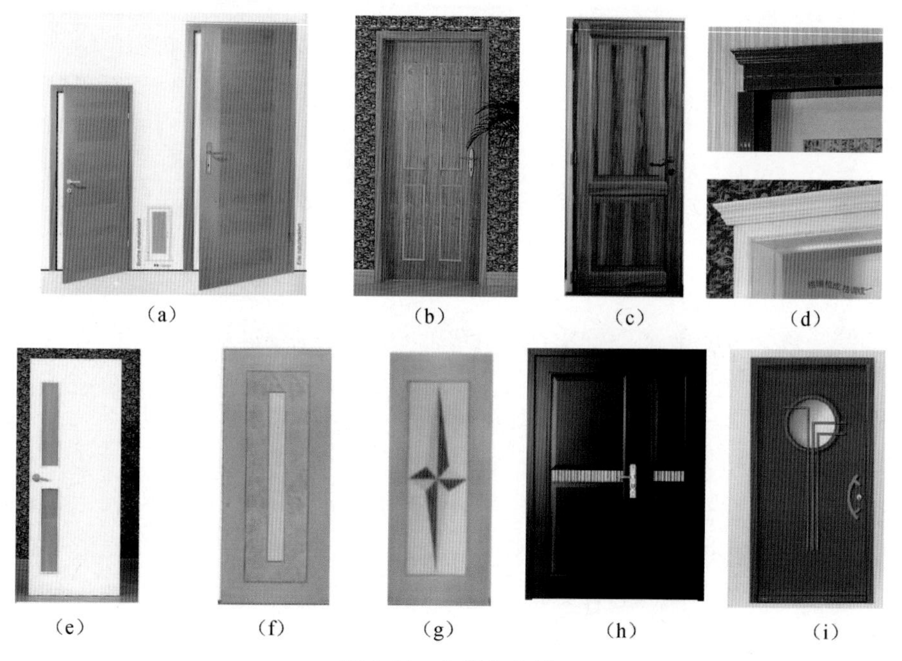

（a） （b） （c） （d）

（e） （f） （g） （h） （i）

图 5-16 色彩的应用

3）贴面材料的装饰色：贴面材料的装饰色既可以模拟珍贵木材的色泽纹理，也可以加工成多样的色彩及图案。在纤维板、刨花板、胶合板等表面进行贴面处理，同样可以呈现出宜人的视觉效果，如图 5-16（f）、（g）所示。

4）配件的工业色：在木质门的造型设计中常常要用到金属和玻璃等配件。金属通过电镀、喷塑得到的富丽豪华的金、银色以及各种彩色，进一步丰富了木质门的色彩，如图 5-16（h）、（i）所示。

5）软包织物等的附加色：为特殊场合设计的木质门，为了达到某种功能或装饰效果会在木质门表面装饰织物、皮革等附属物，这些附属材料的色彩在丰富木质门色彩同时，也成为渲染室内色彩气氛的重要组成部分。

木质门的色彩设计不同于绘画作品和视觉传达设计，它受工艺、材质、功能、环境等制约。木质门色彩设计的目的是为了追求丰富的色彩效果，表达某种设计思想或情感。木质门的色彩设计作为其造型设计的内容之一，应该体现出科学技术与艺术的结合、技术与新的审美观念的结合，体现出人与室内环境的协调关系。

（1）按功能要求进行色彩设计

木质门的色彩设计首先要考虑与其物质功能的统一，让使用者和欣赏者加深对其物质功能的理解。例如人口少的家庭宜用暖色以便消除寂寞感；人口多的家庭适用冷色以免觉得喧闹；娱乐场所的木质门色彩可以更加丰富和鲜艳，休息场所则可以选择自然、淡雅的色调等。

（2）人机协调的要求

不同的色彩会使人产生不同的心理感受。对木质门进行适当的色彩设计，能够让使用者产生舒适、轻快、振作的感受，从而有利于生活和工作；不适当的色彩设计，可能会让使用者产生沉闷、烦躁等感受而不利于工作、学习和生活。色彩的偏好因人而异：一般老年人喜欢古朴深沉的色彩；年轻人喜欢流行的色彩；男人喜欢庄重大方的色彩；女人喜欢淡雅而富丽的色彩。因此木质门的色彩设计如果能充分考虑这些人的生理以及人机关系，就能提高使用时的工作效率、生活中的舒适感，从而减少疲劳，有利于身心的健康发展。

（3）流行色

色彩给人的心理感受也会随时代的交替而变更。不同时代，人们对某种色彩带有倾向性的喜爱，这就是所谓的流行色。木质门的色彩设计如果能够考虑到流行色的因素，就能够满足人们追求“新”的心理需求，也符合当时人们普遍的色彩审美观念。

5.2.3　肌理要素

肌理（或称为质感）是材料表面的组织结构，是材料外观表现形式之一。通常人们所说的光滑、细腻、粗糙、柔软、坚硬等都属于此。材料的肌理有天然肌理和人造肌理之分，天然肌理是指材料本来具有的肌理。通过加工等手段可以改变材料的天然肌理，这种经过人工加工后材料所表现出来的肌理成为人造肌理。不同的材质有着不同的质感美和自身的情感特征。

木质门是以实木锯材、人造板材等木质材料为主要材料制成的门，木质材料天然的肌理能够满足人们追求返璞归真、回归自然的心理需求，在对木材进行不同的加工，如染色、精刨、纹理的拼接等，使木质门的质地和色彩满足各种造型设计要求。木质纹理的美感、色彩的冷暖、质地的差别等，或美观大方、或高档豪华，都能够给予人们不同的视觉感受。

5.2.3.1 肌理的概念与种类

不同的材料具有不同的肌理。肌理（或材质、质地）是指物体表面材料产生的一种特殊品质，是物体表面的组织构造，用来形容物体表面的粗糙与平滑程度，如木材的纹理、石材的粗糙、钢材的坚韧、纺织品的柔和及编织纹路等。每种材料都有它特有的质地，给人们以不同的感觉，如金属的硬、冷、重；木材的韧、温、软；塑料的软、密、轻；织物的软、细、暖；玻璃的晶莹剔透等。因此，质感是指物体表面质地给人的触觉与视觉器官所感知到的感觉，如图 5-17 所示。

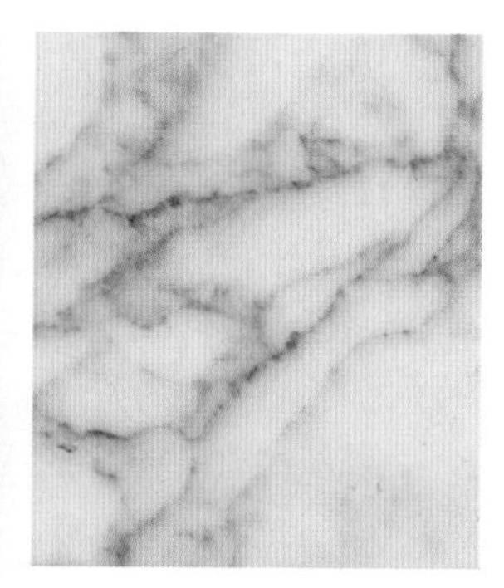

图 5-17　肌理的概念

肌理有两种基本类型：一是触觉质感，在触摸时可以感觉出肌理（材质）的粗细、疏密、软硬、轻重、凹凸、糙滑、冷暖等，触觉质感是真实的；二是视觉质感，用眼睛看到的暗淡与光亮、有光与无光、光滑与粗糙、有纹与无纹等，视觉质感可能会是一种错觉，但也可能是真实的。通常，触觉质感均能给人以视觉质感，但视觉质感是无法通过触摸去感受，而是由视觉感受引起触觉经验的联想来产生触觉质感。因此，质感是人们触觉和视觉紧密交织在一起而感觉到的。

5.2.3.2 肌理的应用

不同的材料有不同的材质、肌理，即使同一种材料，由于加工方法的不同也会产生不同的质感，如图 5-18 所示。

木质门的材料可分为两大类：一为自然材料，二为人工材料。不同材料的运用，能带给人视觉和触觉上的不同感受。由于材料本身所具有的特性，通过人工处理令其表面质感更为张扬，使光滑的材料有流畅之美，粗糙的材料有古朴之貌，柔软的材料有肌肤之感。通过这些材质的处理还能使木质门表面产生重轻、软硬、明暗以及冷暖等视觉感受。

1）自然材料：如木材、金属、竹藤、柳条、玻璃、塑料等，由于质感差异，可以获得各种不同的门扇表现特征。木质门中的木质材料由于其材质具有美丽的自然纹理、质韧、弹性，给人以亲切、温暖、轻软、透气的材质感觉，显示出一种雅静的表现力。金属则以其光泽、冷静而凝重的材质，给人以坚硬、冰冷、沉重、密实、光滑的材质感觉，与木质材料相搭配使用，能够表现出较强的现代感。竹、藤、柳材料在木质门造型中主要以嵌板的形式出现，柔和、轻软的手感，给人凉爽、透气的质朴感，充分地展现来自大自然的淳朴美感。

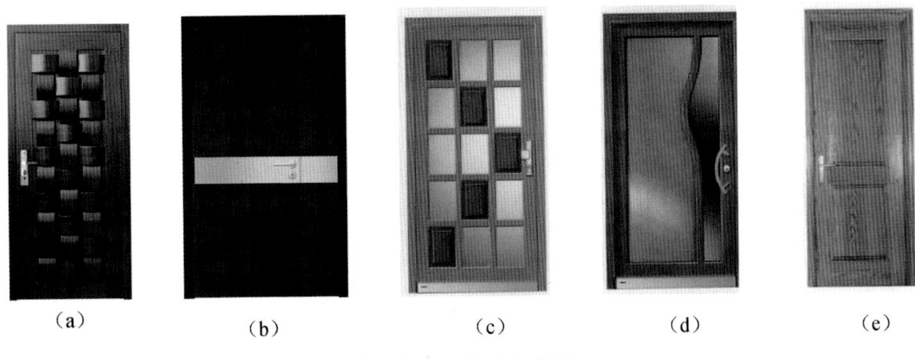

（a）　（b）　（c）　（d）　（e）

图5-18　肌理的应用

2）人工材料：是指在同一种材料上，运用不同的加工处理，可以得到不同的艺术效果。对木材进行不同的切削加工，可以获得不同的纹理组织，如径切面纹理通直平行、均齐，有序、美观；弦切面纹理由直纹至山形纹渐变，较美观；旋切面纹理呈云形纹，变幻无序，美观性较低；从径切面、弦切面至旋切面，轻软、温暖、弹性等质感渐次降低。对木材进行不同的涂饰装饰，也具有不同的表面质感，如不透明涂饰不露木纹，呈现较冷、重、硬、实之感；透明涂饰显现木纹，展现木材温、软、韧、半透明之感；亮光涂饰光泽明亮，呈现偏硬、偏冷、反光之感；哑光（消光）涂饰，光泽柔和，具有温暖感。对金属施以不同的表面处理，如镀铬、烤漆、喷塑等，效果也各不相同。再如竹藤的不同编织法，表达了不同的美感效果。这一切，都对木质门的造型产生直接影响。

木质门用材丰富多彩，肌理也随之千变万化，木质门设计就是将同种材料通过不同的加工处理或利用结构造型将木材、皮革、金属、玻璃等不同材料通过合理搭配，而实现肌理的变化和不同质地的对比，以获得不同的质感效果，有助于木质门造型表现力的丰富与生动。

5.2.3.3 肌理应用的原则

1）功能性要求

木质门的许多功能都与其表面材料的肌理有关，如公共场所使用的木质门要简洁、便于清洁，常设计成光滑、细腻的肌理，由于开关次数过多，拉手要求牢固耐用，因此一般用金属等材料，如图5-19（a）所示；用于家居的室内木质门，表面需要自然、亲切，可以适当用皮革、织物等材料，与人手接触最多的门把手也可以用木制材料，增加摩擦力的同时有更好的亲人性，如图5-19（f）所示；有些木质门在分隔空间的同时，还兼顾着衔接室内外空间的作用，为了达到这些功能可以适当利用玻璃等透明或半透明材料，如图5-19（a）、（b）所示。

2）品质特征要求

木质门追求的是木材的天然肌理，任何装饰木纹纸尽管外观色彩与天然实木一模一样，但仍不具有木材的肌理品质，不能完全替代木质材料。贴薄木或人造板材料的木质门在价格上会有明显的区别，如图5-19（c）所示。

3）审美特征要求

不同的肌理有不同的美感，公共空间的木质门要简洁大方，私人空间（例如室内门、卧室门、卫浴门等）要亲切、可人，如图5-19（e）所示的木质门，比较适合有儿童的家庭。普通的木质门追求的是自然、简洁，而有些特殊场合，木质门是一种地位的象征，在造型上应给人稳重、威严的心理感受。这些都可以通过不同的肌理设计加以表现，如图5-19（d）所示。

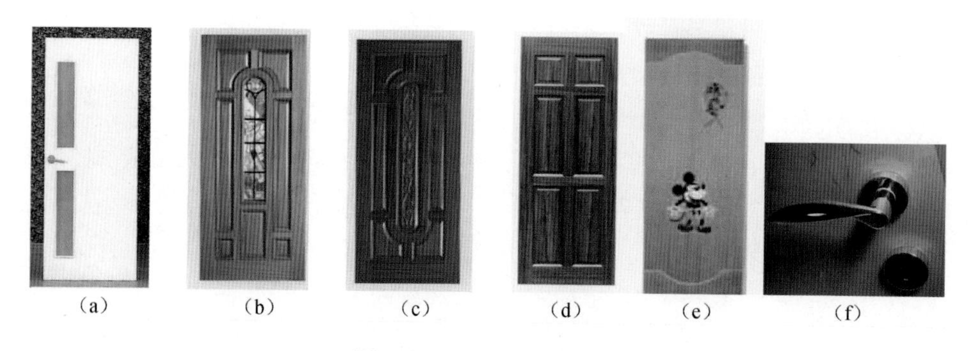
（a） （b） （c） （d） （e） （f）

图5-19 肌理的应用原则

5.2.4 装饰要素

装饰是木质门表面美化和局部微细处理的重要组成部分，是在大的形态确定之后，进一步完善和弥补使用功能与造型之间的矛盾。一般来说，木质门的形体主要由其功能所决定，装饰从属于形体。但木质门的装饰决不能可有可无，即使是造型再简洁的门，也离不开装饰。

木质门的装饰在某种意义上赋予了门的艺术意义，使之能够创造某种艺术氛围，或者说木质门的艺术性就是其装饰性。例如，室内环境的某种风格可以用木质门的形态来标定，如图 5-20 所示的两扇门的室内装饰风格就以中国传统风格为主。装饰能够增强木质门的艺术效果，更好地营造室内外的艺术氛围，增强建筑立面的美感。

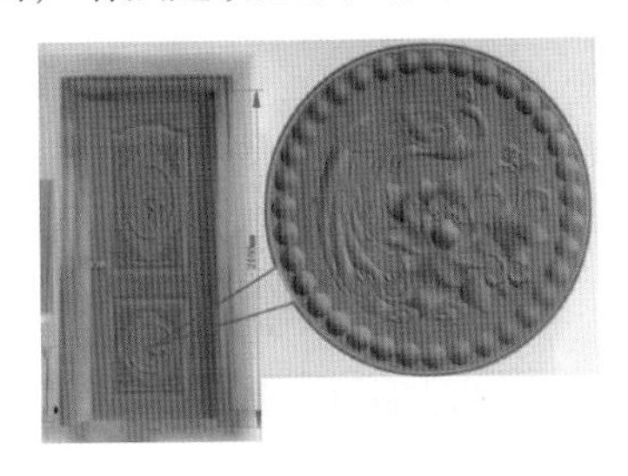

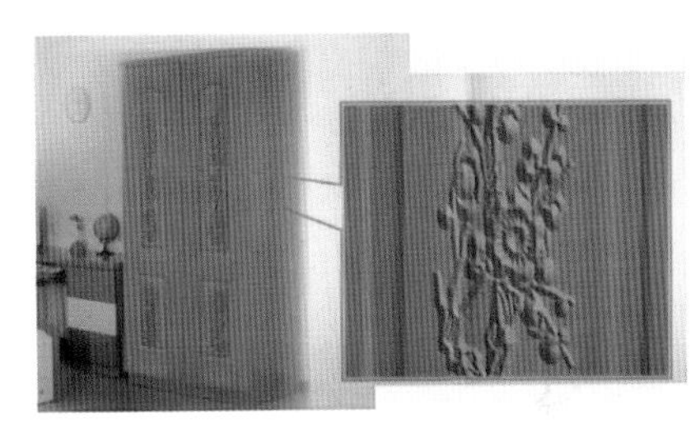

图 5-20　装饰要素

5.2.4.1　主要装饰类型

木质门的装饰类型多种多样，从装饰部位上讲，通常可以对门框进行装饰，也可对门扇局部、拉手等进行装饰；从装饰目的上讲，有功能性装饰、非功能性装饰；从装饰手法上讲，有涂饰、雕刻、镶嵌等多种方法。

5.2.4.2　装饰的原则

装饰设计在木质门造型中的作用是毋庸置疑的，但要注意的是，装饰不可滥用，尤其是不能越过其功能性。

1）与功能相协调

对于木质门而言，功能是第一位的，所有装饰手段都应服务于功能。如用百叶装饰门扇，一方面对木质门表面起到装饰作用，更重要的是加强了空气的流动，使门内外声音得以传播；贴面装饰一方面提高木质门门扇表面的装饰效果，另一方面也提高了木质门表面的质量品质；涂饰作为装饰手段可以改变木质门的颜色和肌理，更重要的是能对基材起到了保护作用；拉手虽然要美观，但是作为拉手，使用功能永远是第一位的。

2）与室内整体风格相一致

门的造型设计是室内设计的一部分，室内设计风格的整体化原则同样适用于门的设计。一种设计风格很可能是由其装饰的表象特征决定的，只用装饰特征也可能成为一种设计风格。当室内或建筑的整体设计风格确定后，装饰设计应围绕着整体的设计思想展开。如现代的室内装饰风格，主要是通过简洁的造型和大面积色彩对比来表现，作为室内立面构成中不可缺少的门的造型设计，如果采用大量的雕刻或是传统的装饰手段，则显然与整体的设计风格相悖；同样，对于具有传统装饰风格的建筑或室内设计而言，应在门的造型、色彩上有节制地进行装饰，选择相应的装饰题材或装饰材料，使门的装饰与整体风格相呼应，体现出某种完整的风格和特色。

3）工艺性原则

木质门的装饰设计最重要的是通过相应的生产技术来实现，因此，工艺技术的问题在装饰设计中应优先考虑。例如，门的结构及变形问题。

4）经济性原则

木质门由于材料、功能以及生产工艺的不同有档次之分，高档次的木质门其装饰手法的工艺性要求更高，所用的材料可能也较珍贵。

当然，木质门的装饰设计没有固定的原则，应依据设计师的要求和环境、产品的要求而定。恰到好处的装饰手法，着重于细部的微妙设计，力求达到简洁而不简陋，朴素又不贫乏的审美效果。

5.3 形式美法则

美的造型经常是以其鲜明生动的形式、形态、色彩、肌理、装饰等给人以舒适悦目的感受。各种形式的美感又是以符合自然形式的规律如均衡、节奏、韵律、比例、统一与变化作为美的衡量标准。这些形式美法则同样是木质门造型设计中所应遵循的美学原则。

这些美学原则是人类长期实践经验的总结，但不是绝对的，它将随着时代的演变、科学技术的进步、社会文化与艺术的发展而不断完善和创新。

在中国，木质门主要以室内门的形式出现，承担着不同功能空间的分割和空气的流通，其设计更加注重造型和色彩等与室内整体装饰风格的协调统一。要将木质门的造型设计的有美感，必须掌握形式美法则。木质门的构图法则与其他造型艺术类似，同样具有民族性、地域性、社会性。作为产品，木质门受到功能、材料、结构、工艺等具体因素的限制，有自己鲜明的特征。所以，在运用形式美法则时，应尊重木质材料的特性，不违背其结构的要求，在充分考虑其使用功能的实用性和工艺技术的可行性的前提下指导木质门的造型设计。

木质门造型设计中所应遵循的构图法则主要有比例与尺度、统一与变化、对称与均衡、韵律与节奏等。

5.3.1　比例与尺度

任何一个完美的工业产品，都必须具有和谐的比例与尺度。木质门是用点、线、面、体等几何语言来表现造型与描绘造型的，因此良好的尺度比例，是完美造型的基本条件。

5.3.1.1　比例

木质门的比例是指木质门整体的宽、深（厚）、高各方向度量之间，木质门表面装饰局部与整体之间以及木质门与室内空间的大小关系。影响木质门比例的因素有：

1）木质门本身的功能形式与要求：使用功能是决定比例的主要因素，不同类型的木质门有不同的功能形式，如公共空间的双开大门、单开门，私密空间的卧房门、卫浴门等。不同的功能形式有着不同的使用要求，因此，不同的功能形式和使用要求决定了不同的木质门有不同的比例，当然，同类木质门由于使用对象不同也有不同的比例。即使是同一功能要求、同一规格的木质门，由于其表面构图分割比例的不同，所得到的艺术效果也不同，如图 5-21（a）、（b）所示。

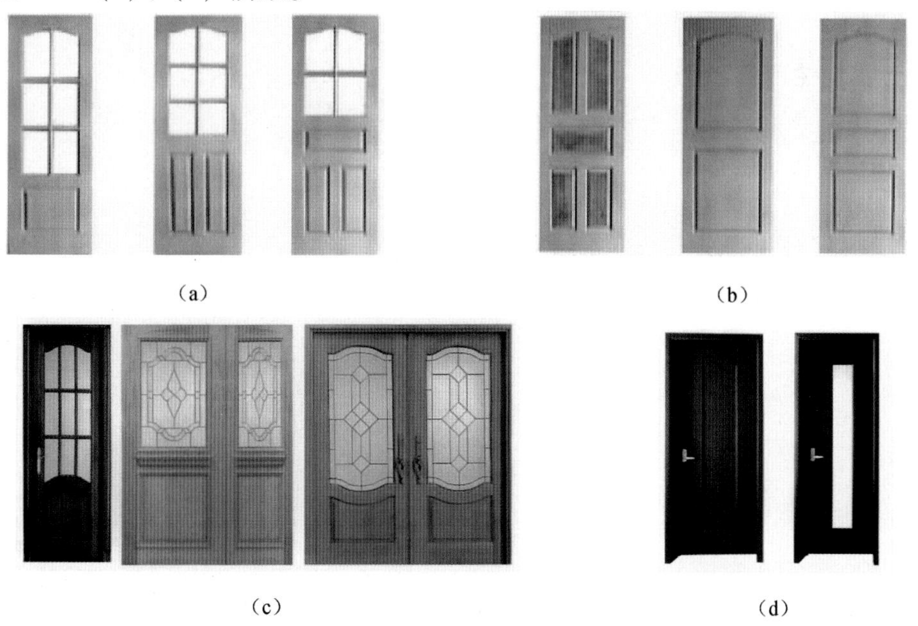

图 5-21　比例与尺度

2）室内空间及其室内配套装饰的影响：建筑空间所决定的门洞尺寸直接影响了木质门的尺寸以及其与建筑立面的比例关系，所以一座住宅楼中作为户门的木质门的尺寸在建筑完成之后就基本确定。当然，门洞的尺寸是可以依据设计师及客户的需求配合建筑及室内的装饰风格而改变的，但其供人进出的基本功能尺寸是一定要满足的，如图 5-21（c）、（d）所示。

5.3.1.2 尺度

1）高度。供人通行的门，高度一般不低于2m，再高也以不宜超过2.4m，否则有空洞感，门扇制作也需特别加强。如造型、通风、采光需要时，可在门上加腰窗，其高度从0.4m起，但也不宜过高。供车辆或设备通过的门，要根据具体情况决定，其高度宜较车辆或设备高出0.3～0.5m，以免车辆因颠簸或设备需要垫滚筒搬运时碰撞门框。至于各类车辆通行的净空要求，要查阅相应的规范。如果是体育场馆、展览厅堂之类大体量、大空间的建筑物，需要设置超尺度的门时，可在大门扇上加设常规尺寸的附门；大门无须开启，人们可以靠附门通行。

2）宽度。一般住宅分户门宽度为0.9～1m，分室门为0.8～0.9m，厨房门为0.8m左右，卫生间门为0.7～0.8m，由于考虑现代家具的搬入，现今多取上限尺寸。公共建筑的门宽一般单扇门为1m，双扇门为1.2～1.8m，再宽就要考虑门扇的制作，双扇门或多扇门的门扇宽以0.6～1.0m为宜。供安全疏散的太平门宽度，要根据计算和规范（有关防火规范）规定设置。管道及供检修的门，宽度一般为0.6m。供机动车或设备通过的门，除其自身宽度外，每边也宜留出0.3～0.5m的空隙。供检修的“人孔”其尺寸不宜小于0.6m×0.6m。

为了获得良好的尺度感，除了从功能要求出发确定合理的尺寸之外，还要从审美要求出发，调整木质门在特殊用途中或特定环境中的某些整体或零部件等相应的尺度，以获得门与人、门与门、门与室内环境的协调。

由于人口众多，城市人们的居住环境大多是多层和高层住宅，大部分木质门的外轮廓尺寸与比例相同，都是以满足人的出入性功能为依据的，它所承担更多的是安全、保温和空间分割的作用。因此，木质门的外形轮廓相似，基本不体现个性。但是作为木质门的表面分割设计却有很大的设计空间，按照不同的比例对木质门表面进行分割，重新设计点、线、面、体以及色彩、肌理等基本形态要素，将各形态要素以一种新的秩序重新组合，从而创造出与室内装修风格、家庭氛围、主人身份、地位以及个人喜好相协调的具有美感的木质门造型，如图5-22所示。

  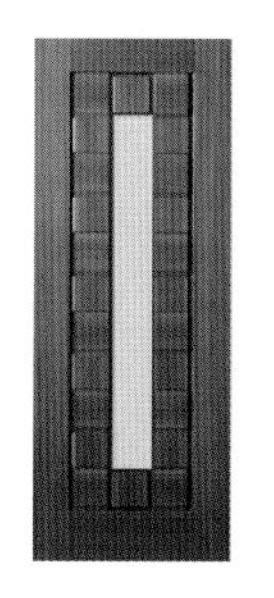 

图5-22　比例与尺度的应用

5.3.2　对称与均衡

早在人类文化发展的早期，就有了对称的概念，并应用到建筑、家具和各种器皿等的设计中。由对称和均衡所造成的审美上的满足，与人“浏览”整个物体时的动作特点有关：当人们看到一个物体，眼睛从一边向另一边看去，觉得左右两边吸引力是一样的，人的注意力就会像钟摆一样来回游荡，最后停留在两端中间的点上。如果把这个中点有力地加以标定，一只眼睛能满意地在它的上面停留下来，这就在观察者的心中产生了一种健康而平衡的感受。

5.3.2.1　对称

对称是指图形或物体在对称中心的周边各部分，在大小、形状和排列上具有一一对应的关系。对称是表现平衡的最完美形态，具有绝对平衡感。在自然界中，许多形态都呈现出这种对称的绝对平衡。比如人自身的构造，从五官分布到躯干和四肢都是对称的形式；蝴蝶和树叶多以轴线对称分布，这样的例子不胜枚举。对称的形式能给人一种具有稳定性的秩序感，产生庄严、严肃、稳定、平和、统一的感觉。木质门表面构图的对称可以有效地避免观察者视线的紊乱和游荡不定。考虑到不同场合下木质门的不同功能性要求，其立面的构图有简有繁，为了达到一种稳定的心理感受，对称中心的强调是不容忽视的。

对称中心的强调方法多种多样，可以利用点、线、面、色彩、材质等基本形态要素来表现。在形态学中，点、线、面都具有一定的形态特征，点的最突出特点是具有向心性，最容易构成人们的视觉中心，从而标定出“重点”，在木质门的造型中经常表现为拉手、显著的功能配件或装饰部件、木质的天然纹理等，如图 5-23 所示。根据设计的不同需求，把家具中的点进行不同的组合排列，可以表现出不同的视觉中心。“对称轴”的强化可以有效地把人们的注意力停留在它的上面，从而达到平衡的心理感受。如图 5-23（c）所示，门扇中部的金属装饰仿佛是把手的延伸，利用不同材质和色彩制造了一条水平的轴线，巧妙地强化了视觉中心。除了一目了然的中轴线以外，还可以利用装饰或其他设计技巧构成“虚拟”的轴线，如图 5-23（e）所示，彩色玻璃在满足光线传递功能的同时，强化了门扇左右的对称性，使对称的形式更加灵活美观。

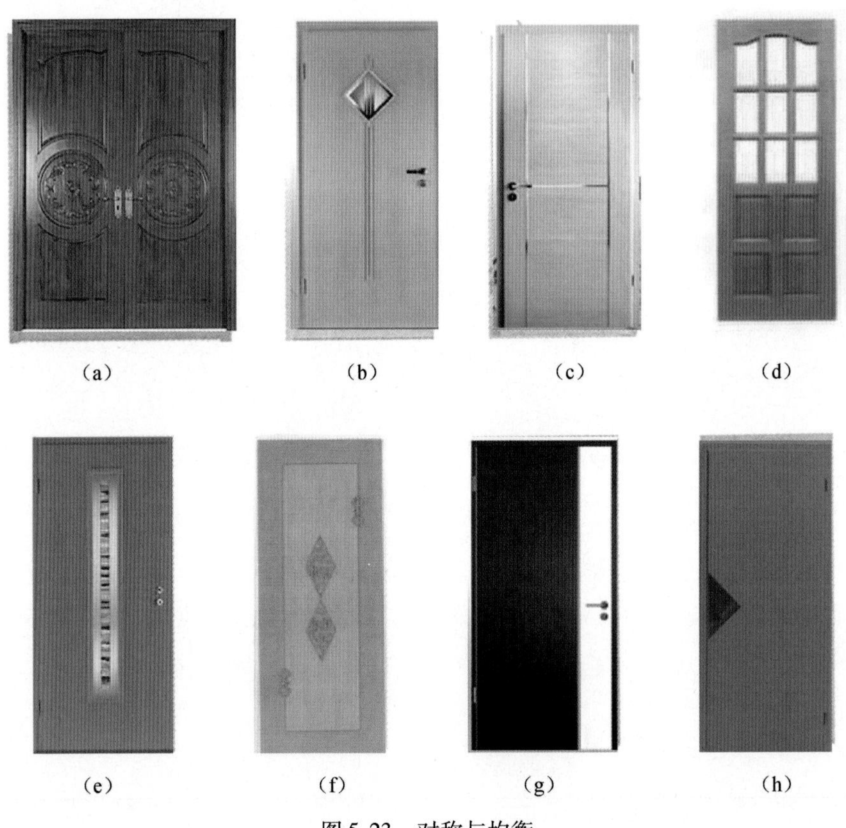

（a）（b）（c）（d）

（e）（f）（g）（h）

图 5-23 对称与均衡

5.3.2.2 均衡

对称虽然能给人一种具有强烈稳定性的秩序感，但有时也会带来负面效果，过于对称，缺乏变化，给人呆板、单调的感觉。如果说对称达到平衡的方式，类似天平，那么均衡达到平衡的手段运用就好比“杠杆原理”，构图中的形态面积不一定相等，但是通过元素间的相互动态牵制，调整它们在整体中的力量、位置、大小、前后等，达到一种动态的平衡。

木质门的均衡中心有时是不确定的，有时候是以“线”的形式出现，有的时候是用“面”或“体”来反映，虽然表现形式不同，但都是以吸引人们的注意力为目的，如图5-23（d）虚实空间的对比，打破了原有呆板的构图，满足了通透的功能，加强了门的稳定感。同样道理，在设计的过程中还可以利用线条的变化，色彩的差异，材质的不同来突出“重点”。虽然体现的手法不尽相同，但视觉中心的确立都是为了使人们在观察木质门时，达到心理上的平衡感受。

5.3.3　变化与统一

变化与统一是构成形式美极为重要的法则之一，形态统一的格局一旦被打破，势必会形成对比，而要将许多的形态凝聚在一起，势必要用调和的手法，可见对比与调和是变化与统一最直接的体现。科学家布鲁诺说：“这个物质世界如果是由完全相像的部分构成的就不可能是美的了，因为美表现于各种不同部分的结合中，美就在于整体的多样性。”木质门造型多种多样，让不同的构成要素在变化和多样中求统一，在统一中又包含多样性，力求表现形式丰富多彩而又和谐统一，这是木质门造型设计的基本原则。

5.3.3.1　统一中求对比

对于任何造型形态而言，统一是绝对的，变化是相对的。也就是说，离开了统一，变化就是杂乱无章的，在统一中求变化可以有效地避免由统一而产生的呆板、乏味。在统一中求对比是需要一定技巧的，木质门造型设计中的对比通常表现在造型风格、造型形态和材料运用上，如后所述，这些对比不仅仅局限于木质门本身，还体现在与其所处环境的对比。

艺术风格的对比——中西结合、传统与现代的结合等；

体量的对比——大与小、方与圆、高与低、宽与窄等；

方向的对比——水平与垂直、平直与倾斜等；

线条的对比——长与短、直与曲、粗与细、水平与垂直等；

色彩的对比——深与浅、明与暗、强与弱、冷与暖等；

质感的对比——硬与软、粗糙与细腻等；

虚实的对比——开敞与封闭、透明与不透明等。

5.3.3.2　对比中求统一

变化统一是一对矛盾的两个方面，只有变化没有统一，会显得杂乱无章、支离破碎。正如一部乐曲，要有一个贯穿全曲的主旋律，同时具有丰富多样的表现，方为上乘。在木质门造型中想达到对比中求统一，同样也离不开“主旋律”调和对比、强化统一。

1）几何形状的统一

木质门造型中最基本的一类统一就是几何形状的统一。对门扇平面进行水平与垂直分割，虽然饰面材质不同、色彩不同、虚实不同、体量感不同，但相同的边框和相似的形状仍具有高度的统一感。如图5-24（c）所示，以圆形为主要构成因素，不同的比例和位置的变化，形成了一定的秩序。

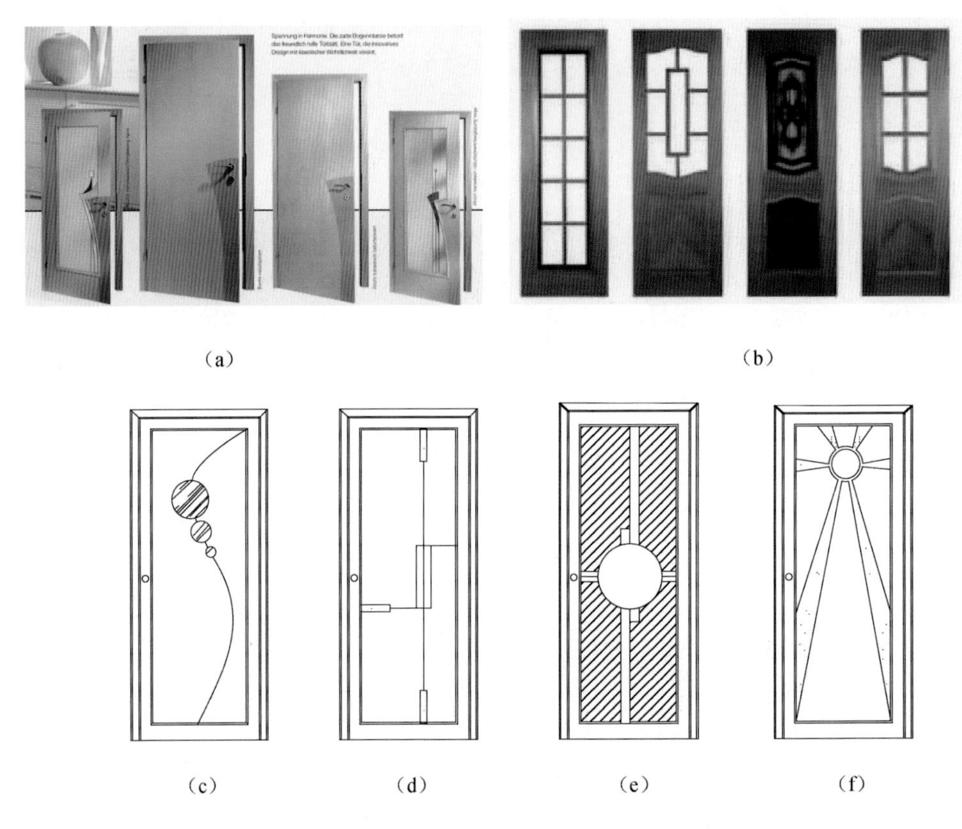

（a） （b）

（c） （d） （e） （f）

图5-24 变化与统一

2）造型元素的统一

统一强调的是要素的共性，使对比减弱，当一樘木质门或一套木质门的局部与局部、局部与整体之间相互合适、相互呼应时，自然和谐的美感就产生了。

5.3.4　节奏与韵律

提到节奏很容易联想到音乐，柏拉图认为能感受到节奏是人类所特有的能力，人能通过节奏感到和谐美。一切不同要素有秩序、有规律的变化均可产生节奏韵律的美，昼夜交替、季节转换，自然界中水的涟漪、鲜花的花瓣等，这些都蕴藏着节奏与韵律美。

节奏和韵律在木质门的造型中表现为：有一定的秩序性，同一形态按一定的节奏连续反复，产生具有律动的运动感。整体上和谐富于变化，可以使形态分别得到强调，但总体上又统一。节奏和韵律有连续、渐变、起伏和交替等几种。

木质门造型设计中形成韵律的方法也多种多样，多采用形状图案或线条。

1）形状图案

利用形状图案的重复与交替形成不同形式的韵律，如图5-25（a）、（b）、（c）、（h）所示。

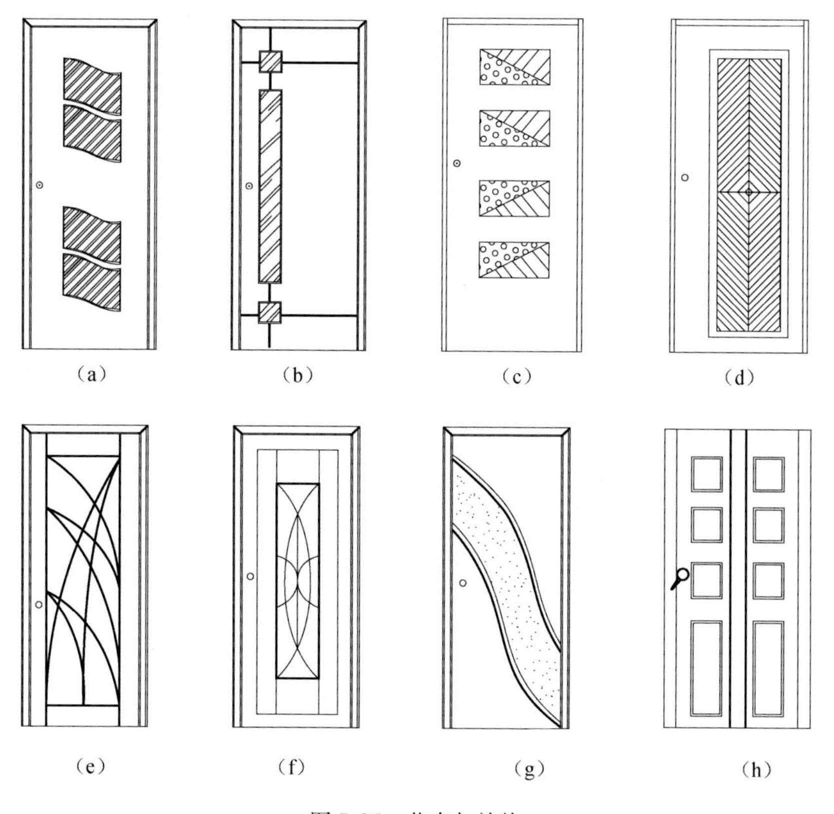

图5-25　节奏与韵律

其排列方式有两种：一种是开放式排列，即只把类似的单元做等距的重复或交替；另一种是封闭式排列，即用一个确定的标记，把开放式韵律端头封闭起来。前者效果动荡不定，后者则比较稳定和保守。

2）线条

线条的韵律在木质门造型设计中表现得最多。可以使一种直线条的长短或弯曲度做系统性的变化和排列，也可是曲线运动的重复。如图 5-25（d）、（e）、（f）、（g）所示。

不论是整套木质门还是单独一樘木质门，在进行造型设计和空间的组合时，通过一定的排列方式，使各部分之间在保持联系的基础上富于变化，成为一个有节奏的、统一和谐的整体。当然，除了造型和空间形成的韵律感，木质门细部的变化也可以达到同样的效果，例如像拉手、功能构件、装饰元素、木质材料表面的天然纹理以及色彩的渐变等。有了这些变化，整扇木质门的造型甚至墙体立面空间就不会显得呆板，形成明快的虚实变化的节奏美感、无声而有韵律的秩序美。

第6章　木质门生产工艺

木质门由实木或其他木质材料为主要材料制作的门框和门扇并通过五金件组合而成，单位为樘。木质门主要构造如图6-1和图6-2所示。

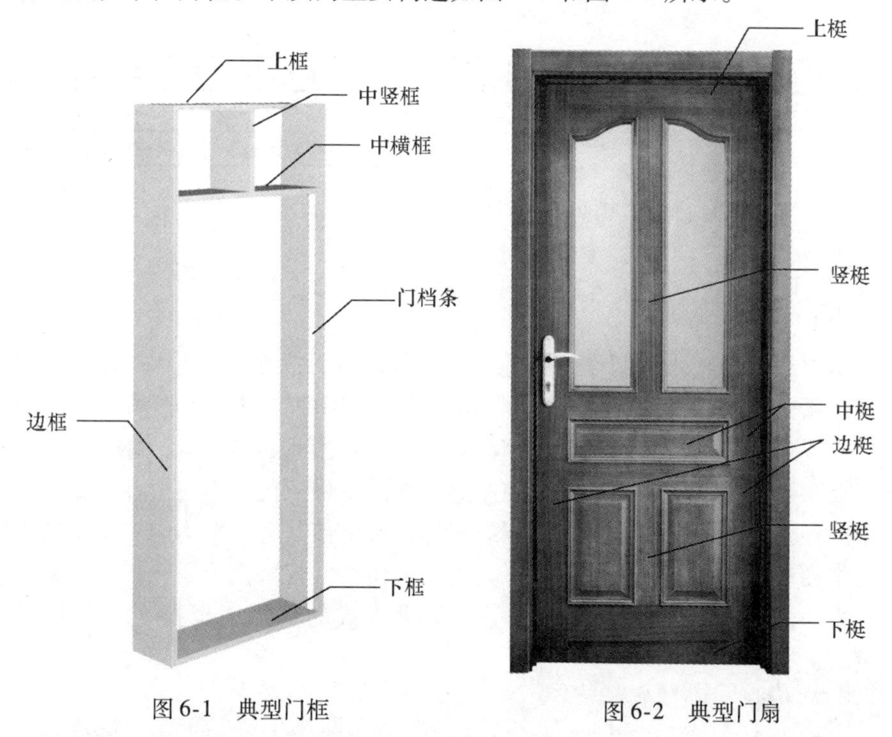

图6-1　典型门框

图6-2　典型门扇

6.1　实木门生产工艺

实木门是指门扇、门框全部由相同树种或性质相近的实木或者集成材制作的木质门。生产工艺如下。

1）工艺流程

一般实木门扇的生产工艺流程如图6-3所示。

一般实木门框的生产工艺流程如图6-4所示。

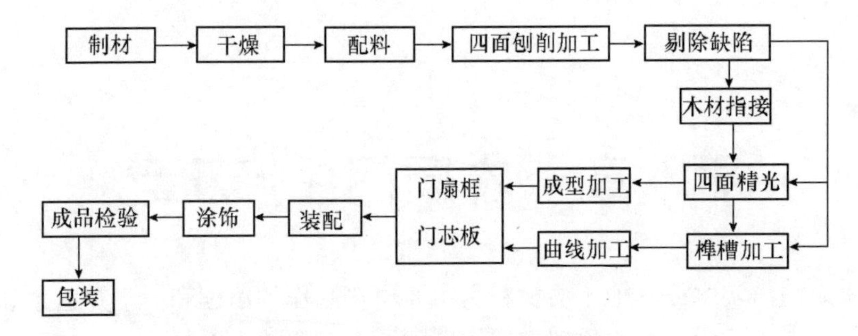

图 6-3　实木门扇生产工艺流程图

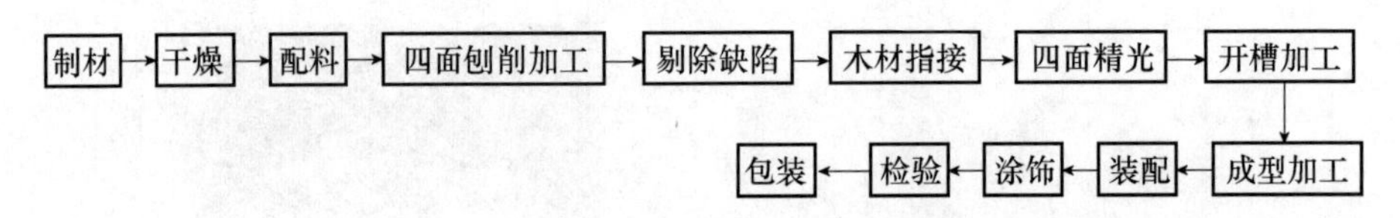

图 6-4　实木门框的生产工艺流程

2）主要生产工序

（1）干燥

木材干燥是实木门制作的关键工序，木材的干燥质量是实木门成品质量的决定因素之一。干燥质量不仅影响实木门是否翘曲变形，还影响木材的出材率。干燥后木材的含水率通常控制在 6% ~14% 之间。

在实木门生产中，必须严格控制好木材的干燥工艺。不同树种木材干燥工艺不同，干燥中既要防止木材的开裂变形，又要使其含水率均匀。木材的干燥方法主要有自然干燥和人工干燥。人工干燥包括常规蒸汽干燥、炉气干燥、除湿干燥、真空干燥和太阳能干燥等。干燥方式的选择要根据企业具体条件而定。

（2）配料

根据生产计划，提前准备好常用树种、常用规格的板材，对于缩短生产周期、提高生产效率、保证产品质量和合理使用木材具有重要意义。备料的树种、等级和含水率必须符合产品质量标准要求，加工工艺需要留出必要的加工余量，做到既保证质量，又节约木材。加工所用的木材树种，应该进行分类，材性相近的树种，才可以混合使用。

按照零部件规格尺寸、材种以及质量要求，将板材加工成各种要求规格毛料的工艺过程称为配料。在保证木质门质量的前提下，配料要充分考虑合理利用木材。因此必须熟悉木质门质量标准，选择合理的下锯方法，严格控制加工公差。配料有以下两种工艺方式，如图 6-5 所示。

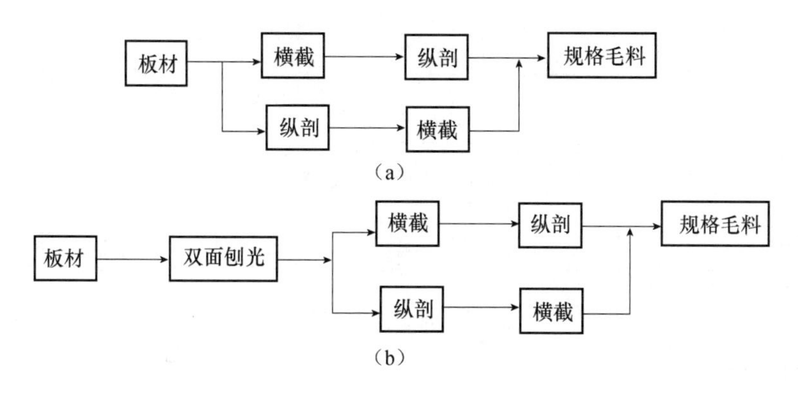

图6-5　配料的工艺方式

（a）工艺方式1；（b）工艺方式2

两种配料工艺方式的特点及选用，见表6-1。

表6-1　配料方式的特点及选用

配料工艺方式	特　点	选　用
工艺方式1	生产效率高，节约工时及生产空间，有利于实现自动化生产；不能充分合理地利用板材，后面往往还需要增加去除缺陷和挖补工序	适合于中、低质量产品大批量同规模产品的配料，但不适于珍贵材种的配料
工艺方式2	经过两面刨光，使板材的材质及纹理更清楚地显露出来，用料更合理，有利于提高出材率及配料的合格率	适合于大批量生产和薄板材的配料

（3）拼板

实木方材拼板分为长度方向上的接长，宽度方向上的拼宽和厚度方向上的胶合等三种类型，方材胶合的特点见表6-2所示。

表6-2　方材胶合的种类及特点

胶合类型	特　点
接长	对接：端面不易加工光滑，渗胶多，胶接强度不高。用于覆面板芯板和受压胶合材的中间层
	斜接：斜面长度愈大，胶合强度愈好。但斜面长度过大，不易加工，木材损耗大
	指接：即齿榫接合。以较小的接合长度达到较高接合强度，便于机械化生产，应用广泛
拼宽	窄板拼宽，可采用平拼或各种榫槽接合方式。可充分利用小料，减少变形，保证产品质量
接厚	薄板胶合成厚板，充分利用小材

①指接工艺实木方材的指接工艺如图6-6所示。

②拼板工艺实木方材的拼板工艺如图6-7所示。

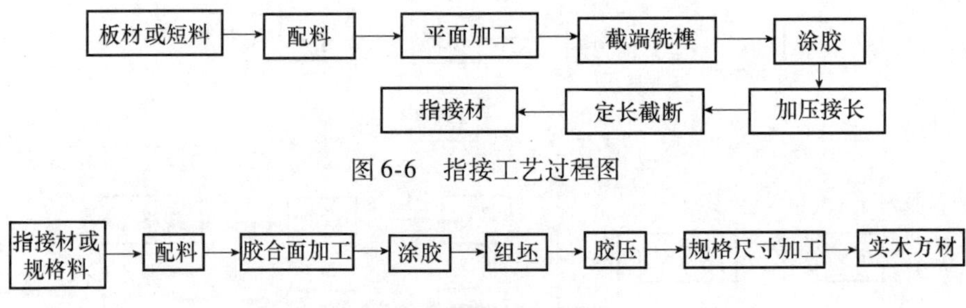

图 6-6　指接工艺过程图

图 6-7　拼板工艺过程图

（4）零部件加工

实木门的零部件比较复杂，主要分为门框零部件和门扇零部件。门框零部件通常有门框、门口线、门挡条等；门扇零部件通常有上梃、中梃、下梃、边梃、门芯板等。各零部件加工过程可大体分为刨光、开榫、钻孔和其他辅助加工。

刨光分为基准面刨光和成型面刨光两种。基准面刨光均在平刨上进行。当基准面主要作为成型刨光的基准时，可进行粗刨；基准面以后不再加工时，要进行精刨。成型刨光有四种情况：直线型边缘并具有贯通的打槽、裁口的直线型零件，尽量先在四面刨上加工；直线型边缘并具有不贯通的打槽、裁口的直线型零件，可先在四面刨刨成四方，然后用立刨加工；对超过四面刨加工范围，或质量要求特别高的直线型零件，可用平、压刨刨方后再用立刨加工成型；弯曲型零件可先用平、压刨加工两直边，然后再用模具在立刨上进行弯曲面加工。

榫头的加工可在卧式、立式或具有自动送料的双头开榫机上进行。长方孔可用方钻加工，透孔一定要两面加工，也可用链式打孔机加工。长方半孔只能用方钻，不得用链刀加工。圆孔及圆长孔，不论透孔或半孔，一律用麻花钻由一面加工，深度大于100mm 的圆孔，应用蜗杆钻钻取。对圆棒榫接合的圆孔，为保证孔的加工精度和间距准确，应采用多孔钻床。

其他辅助加工包括格角、减半榫、挖补节疤等。格角的加工可用圆锯进行加工。减半榫可用圆锯、立刨、推台锯、开榫机或专用的减榫机加工。挖补节疤，一般采用挖补机将节疤挖掉，取下木塞，然后用手工将木材涂胶后打入挖好的洞内，胶干后用平堵机将高出平面的木塞铣平。

（5）装配和涂饰

门框装配与涂饰。将门挡条装到门框上，完成初步装配，再进行涂饰加工；同时，也有将门挡条和门框先涂饰，再进行装配；其余部件涂饰后到现场进行装配。

门扇装配与涂饰。先把门扇的上梃、中梃、下梃、边梃、门芯板分别进行涂胶，然后在专用设备上进行组合，再进行涂饰；也有先对门扇零部件进行涂饰，再进行组合装配。

6.2　实木复合门生产工艺

实木复合门是指以装饰单板为表面材料，以实木拼板为门扇骨架，芯材为其他人造板复合制成的木质门。一般的生产工艺如下。

1）工艺流程

实木复合门的生产工艺流程包括门扇的生产工艺流程和门框的生产工艺流程。

（1）门扇生产工艺流程

实木复合门由涂饰层、装饰单板、门扇基板、门扇芯料、门扇框架等构成，其结构剖面见图6-8。

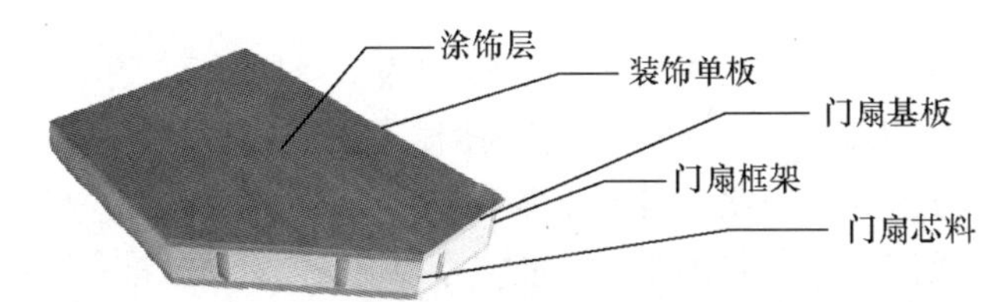

图6-8　实木复合门的结构剖面图

实木复合门门扇生产的基本工艺流程如图6-9所示。

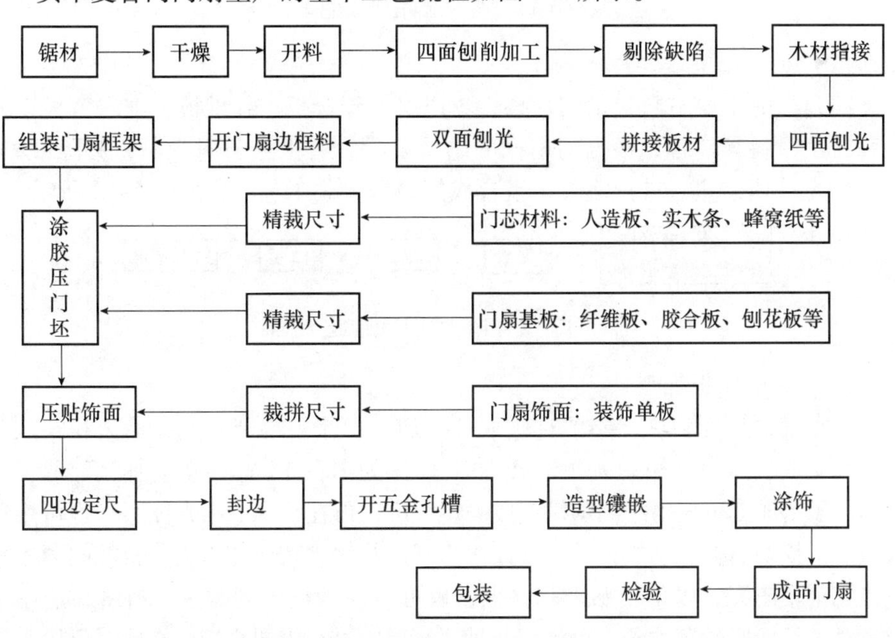

图6-9　实木复合门门扇生产的基本工艺流程

（2）门框加工工艺

实木复合门门框生产的基本工艺流程如图 6-10 所示。

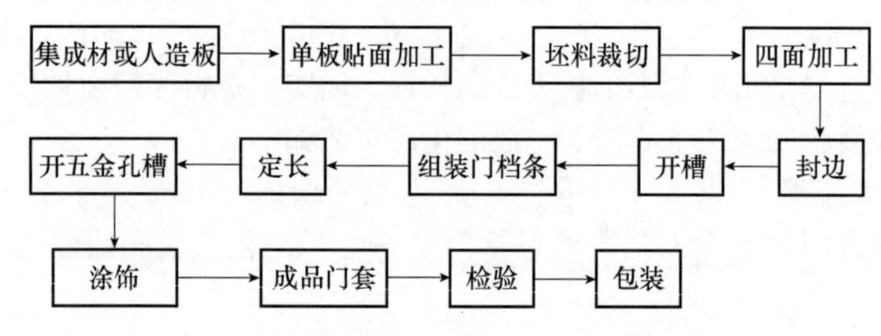

图 6-10　实木复合门门框生产的基本工艺流程

2）主要生产工序

（1）基材准备

门扇的基材主要包括刨花板（含空心刨花板）、纤维板、胶合板、细木工板、蜂窝纸、玻璃等。以覆面板中密度纤维板为例，首先将门扇所需材料在裁板锯上按门扇尺寸开料，长宽尺寸应比所需尺寸多 10 ~ 15mm，然后备用，其工艺流程如图 6-11 所示。其他如刨花板、细木工板、玻璃等和中密度纤维板准备类似。

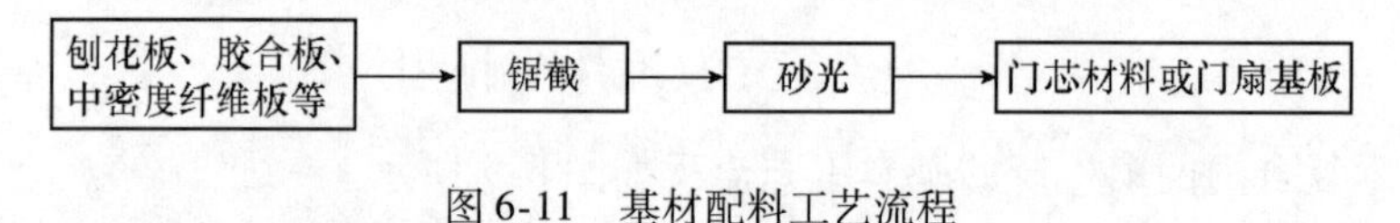

图 6-11　基材配料工艺流程

（2）组门扇框

门扇框的主要材料包括实木条、集成材、胶合板、纤维板、细木工板以及各种封边材料等。首先根据门扇框的结构要求，将上述材料截断，去除缺陷，进行砂光处理，然后进行涂胶，组合成门扇框，其工艺流程如图 6-12 所示。

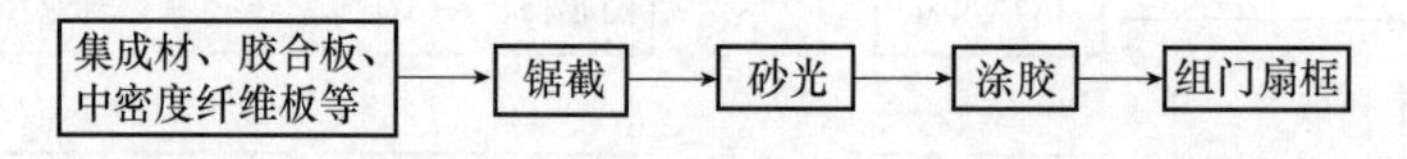

图 6-12　组门扇框生产的工艺流程

（3）装饰单板加工

根据部件尺寸和纹理要求对薄木进行加工，除去端部开裂、毛边和缺陷部分，裁截成要求的尺寸。薄木长度加工余量为 10 ~ 15mm，宽度加工余量 5 ~ 6mm。薄木加工可用精密圆锯横截成一定长度，再在铣床上刨光侧边，也可用单板剪切机横切后再纵切去掉毛边和缺陷。薄木拼缝即按拼花方案将裁好的薄木条胶接成整幅图案，以备胶贴于基材上，也可以在胶贴的同时手工拼缝，边贴边拼。对于长而窄的薄木条，可先在各种拼缝机上进行纵向拼接，必要时再用手工操作接长。常用的薄木拼缝机有纸条拼缝机、胶线拼缝机及无纸带拼缝机等。

（4）复合压贴

将准备好的门扇基板、门芯材料和装饰单板按照木门需要的尺寸裁切，用涂胶机或胶辊进行涂胶，组坯后放入热压机，其工艺流程如图6-13所示。热压卸载后陈放一段时间后再进行进一步加工。由于实木复合门内在材质是普通木条、人造板、蜂窝纸等材料，因此表面需要贴薄木单板，薄木单板是由珍贵树种加工而成的，具有珍贵树种的色彩和纹理等特性。需要说明的是，有的薄木贴面是在封边后进行，有的在封边前进行。

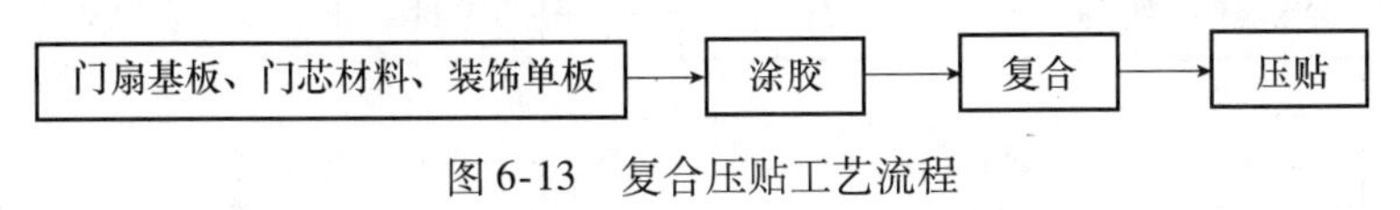

图6-13　复合压贴工艺流程

（5）定尺、封边

门坯压贴成型后，在精密裁板锯上进行四边定尺加工，且每边留2mm的封边余量。定尺后采用封边机进行封边。

（6）开五金孔槽

五金件包括铰链、门锁、拉手等。门扇的五金件槽孔分布在门扇的两侧，根据门的高度、宽度不同，其位置也不同。

（7）铣削成型

热压后的门扇是平面门扇，要经过成型铣削才能完成具体造型的加工。选择数控加工机床进行加工铣削，在计算机控制下实现需要的造型。

（8）装配和涂饰

装配和涂饰工序同实木门类似。

6.3　T型木质门生产工艺

T型木质门是从欧洲引进的新型木质门，横剖面呈大写英文字母“T”（图6-14），因此被称为“T”型门或“T”口门；门边凸出的部分压在门框线上，门框配有密封胶条，密闭、隔声、隔光，整体协调美观。

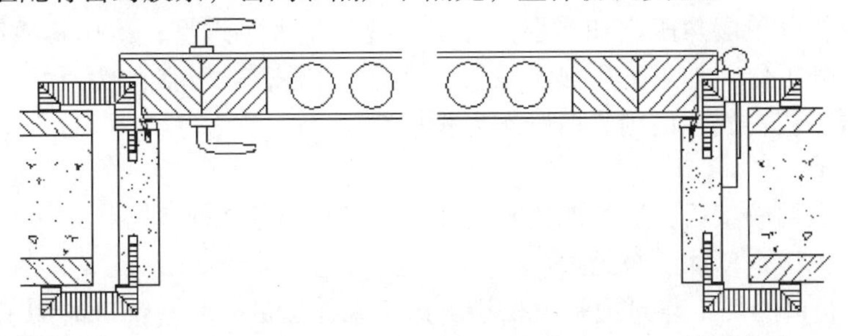

图6-14　T型门装配图

1）门扇生产工艺

T 型门扇生产工艺流程如图 6-15 所示。

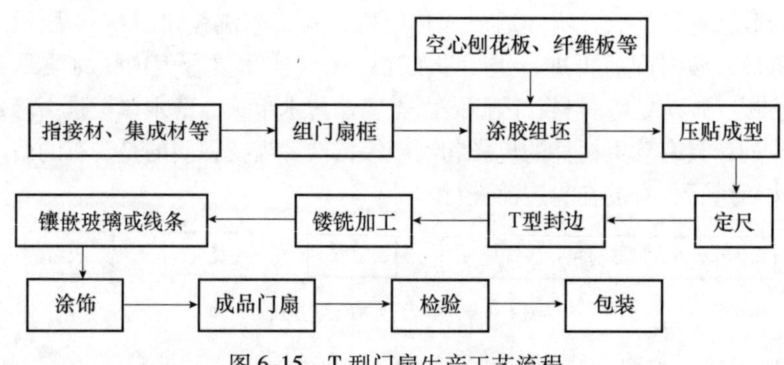

图 6-15　T 型门扇生产工艺流程

（1）组门扇框架

门扇框架（见图 6-16）的骨架为松木、杉木等指接材，含水率控制在 6% ~ 14%，两侧各两根，对称分布，这使得门扇的翘曲大为减少，同时开锁孔和合页孔后不至于裸露门芯料；门扇底部两根木方或指接材主要为现场门洞需要裁门提供余量或安装门底密封条，门扇组框工序通过横截锯或推台锯来完成。

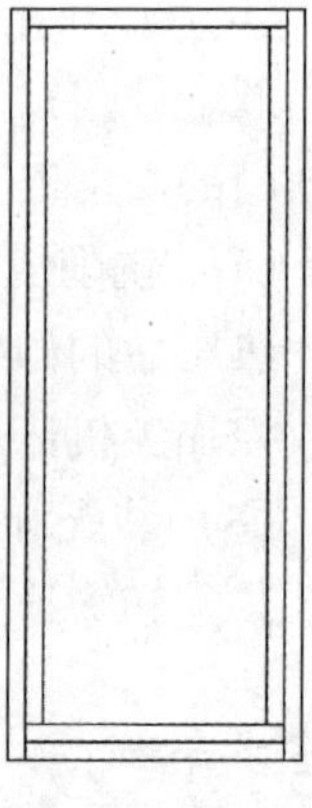

门扇框架是木门门扇最基本的框架，门扇的五金件安装部位必须要有足够的握螺钉力，如需要可在木框上添加实木条。

图 6-16　门扇边框

（2）组坯压合

材料准备。T 型木质门的常用材料为实木单板、中高密度纤维板、刨花板、空心刨花板、蜂窝纸、CPL（连续层压防火板）、装饰纸等。根据定单选择材料，通过推台锯或电子开料锯等加工所需材料。工艺要求面板的幅面要比门边框大 10mm，门芯板的幅面要比门边框内尺寸小 5mm。

裁好的材料经涂胶机涂胶，与门边框和门芯组坯。门坯送进压机压贴成型。热压机分单层热压机和多层热压机，视产量大小选型；冷压机效率较低，需多台循环工作。如果采用热压工艺，通常使用脲醛树脂胶作为胶粘剂；如果采用冷压工艺，通常使用乳白胶作为胶粘剂。

（3）定尺

门坯压贴成型后，进行四边定尺加工，且每边留 2mm 的封边余量。

（4）T 型企口加工与封边

T 型企口的加工与封边是由 T 型封边机来完成的。T 型企口的加工过程分两步：首先，通过设备上的上下两把锯片，在门扇需要加工的地方划两条线，以便后续加工；然后，再用铣刀加工T型企口。铣刀加工时，由于是端向铣削，切削表面容易出现末端劈裂，为了避免这种情况发生，需要安装一把逆铣刀，当快要加工到产品的末端时，逆铣刀进行反向加工。

T型企口加工完成之后，对企口进行封边。将封边带通过进料装置粘贴在T型企口边缘，然后在封边带上按设定尺寸用锯片划一条沟槽，避免在封边过程中封边带因折叠而断裂，再进行施压贴合。之后对企口封边余量进行修整，修整完成之后就可以进入下一道工序。

（5）镂铣加工

当门扇具有造型以及开五金件孔槽时，通常选择CNC数控加工中心进行铣削加工。在加工过程中，工件固定在工作台面上，加工头在计算机控制下实现铣型和五金件孔槽加工等功能。

五金件包括铰链、门锁、拉手等，门扇的五金件槽孔分布在门扇的侧边。门的高度、宽度不同，其位置也不同。

（6）装饰木线条加工与镶嵌

装饰木线条是木质原料经过加工后具备一定规格和线型（表面和侧面）的装饰条，用来丰富和提高木门的装饰效果。装饰木线条通常采用四面刨床、万能包覆机等专用设备完成，然后通过手工完成镶嵌加工。

（7）涂饰

对于聚氯乙烯（PVC）、CPL、装饰纸等进行饰面的木质门，一般不需要进行涂饰处理。需要涂饰的门，木线条镶嵌后进行涂饰或者涂饰后进行木线条镶嵌，旨在提高表面装饰效果，保持木门表面光洁。整个门扇加工完成之后，进行包装、入库。

2）门框生产工艺流程

T型门框生产工艺流程如图6-17所示。

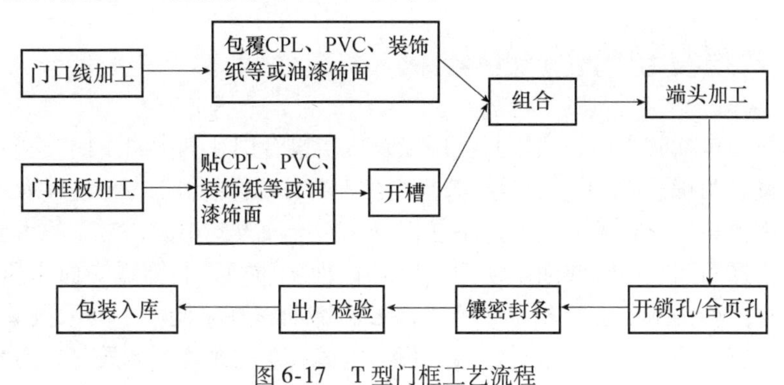

图6-17　T型门框工艺流程

（1）门口线、门框板加工

门口线通常采用刨花板或纤维板，经分切后涂胶组合并加热成型。胶粘剂完全固化后，送入四面刨进行铣型，完成毛料加工（图6-18）。门口线加工工序通过多片锯、涂胶机、高频加热挤压机、四面刨等设备完成。门框板基材为刨花板（或纤维板），根据定单墙厚裁切，留5mm的加工余量。

（2）包贴CPL等

门口线毛料送到包覆机进行包覆加工，饰面材料为CPL（或实木单板、PVC、装饰纸等）。门框板毛料表面进行包贴加工，饰面材料为CPL（或实木单板、PVC、装饰纸等）。所需设备为热压机、包覆机、后成型弯板机（或直接后成型封边机）。

（3）端头加工

端头加工包括45°切角和90°截长，T型门绝大部分的门框均为45°角对接（见图6-19）。所需设备通常为门框切角机。

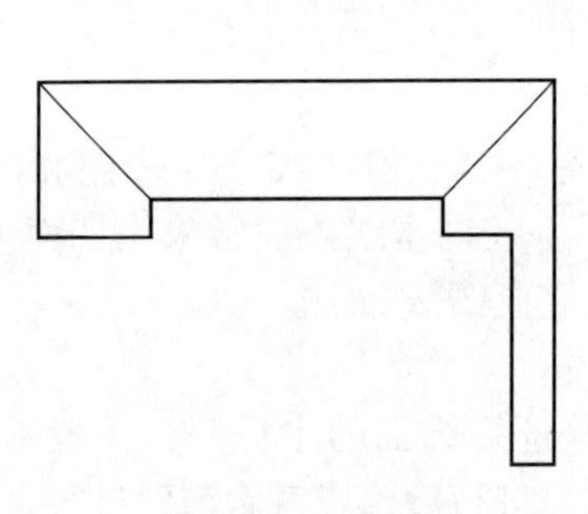

图6-18　门框线

图6-19　门框45°角对接图

（4）开孔与密封

门框切角定长后，根据定单要求开锁孔、打合页孔等，所需设备通常为镂铣机、打孔机。门框板要进行密封条镶嵌，通常在工厂内部手工完成。

6.4　木质复合门生产工艺

木质门包括实木门、实木复合门以及木质复合门，其中实木门、实木复合门目前概念明确，业内基本形成共识；但是，木质复合门以人造板为主体材料，所用原料广泛，种类繁多，不易细分。按饰面方式不同，常见的木质复合门有油漆饰面门、CPL饰面木质门、PVC饰面木质门、装饰纸饰面木质门等。木质复合门和实木复合门相比，第一，表面饰面材料不同，主要采用装饰纸、PVC等进行饰面；第二，基材以人造板为主体。总体来说，木质复合门与实木复合门工艺基本类似，主要是表面材料将装饰单板替换为装饰纸、PVC或者浸渍胶膜纸等饰面材料。因此，对木质复合门加工工艺，这里不再赘述。

6.5　木质门先进生产线介绍

我国木质门生产经历了手工加工、半机械加工和以机械加工为主体的发展阶段，现快速向机械化、自动化方向发展。2010 年，年产 70 万套木质门自动化生产线在江苏投产。木质门先进生产线主要包括开料、热压、定尺、封边、铣形、开五金件孔槽、涂饰以及门框加工等工序，利用机械化、自动化、数字化的先进设备组成连续化生产流水线，可以实现规模化与定制化的高精度生产。下面简要介绍关键工序及装备情况。

1）开料

在木质门的生产中，开料是工作量比较大的工序，对于人造板的开料，可以使用比较先进的纵横电子开料锯来实现。电子开料锯主要由后上料升降台、纵切锯、中间缓冲台、横截锯、气浮台面等部分组成。

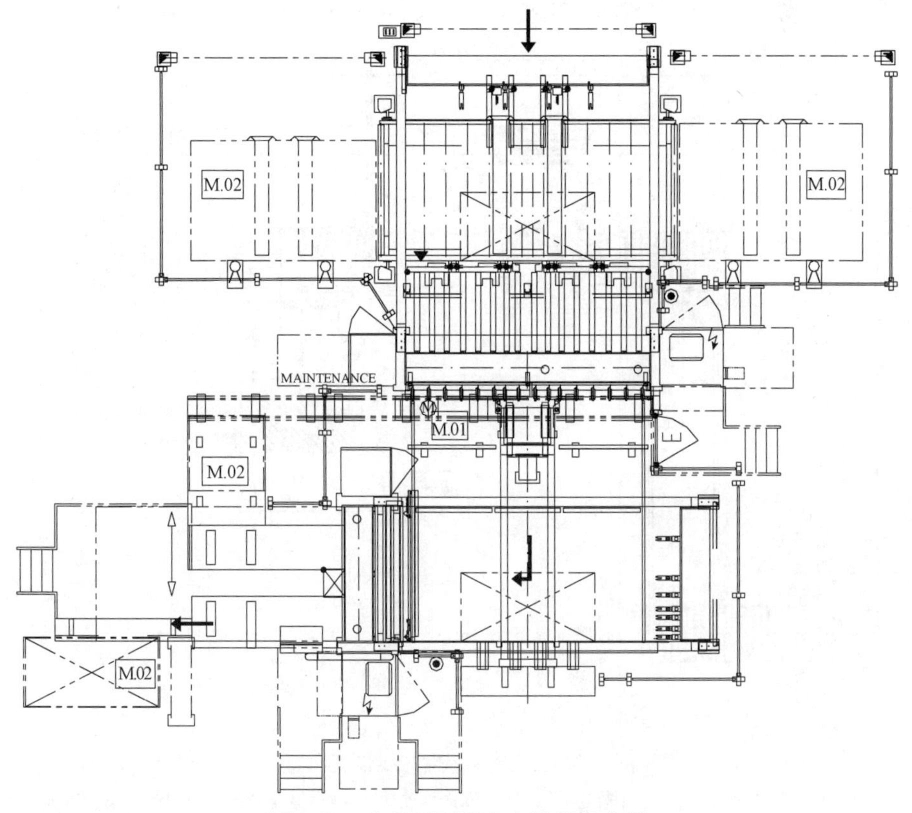

图 6-20　电子开料锯生产线设备布置

2）热压

门扇在组坯热压之前，需要备料，包括单板拼接及裁剪、高密度纤维板裁切、芯层钉框及材料填充等。备料之后，进入组坯压贴工序。依据设备、工艺及自动化程度的不同，压贴有1次压贴和2次压贴之分。基板（高密度纤维板）经双面涂胶及5层（表层+基板+芯层+基板+表层）组坯之后，送入多层热压机进行热压为1次压贴；基板（高密度纤维板）经单面涂胶及3层（基板+芯层+基板）组坯热压，然后再压贴单板为2次压贴。先进的门扇热压线一般为1次压贴，每道工序均能实现自动化作业。

图6-21为1次压贴热压生产线的设备布置图。高密度纤维板通过真空吸盘平移机移至辊筒输送机，经双面静电除尘和双面涂胶机之后，进入组坯工作台。芯层经自动钉框机、蜂窝纸拉伸及填充之后，进入组坯工作台，完成5层组坯作业。坯料经转输送机，送入多层热压机。门扇板坯从热压机输出之后，需要经风车式的水平冷却设备降温，然后自动码板堆垛。图6-21所示的压贴线配置了单台热压机，产量约为2樘/min。也可以在图6-21所示设备基础上，增加一台热压机，共用涂胶、组坯、上板、出板等设备，产量则为4樘/min。

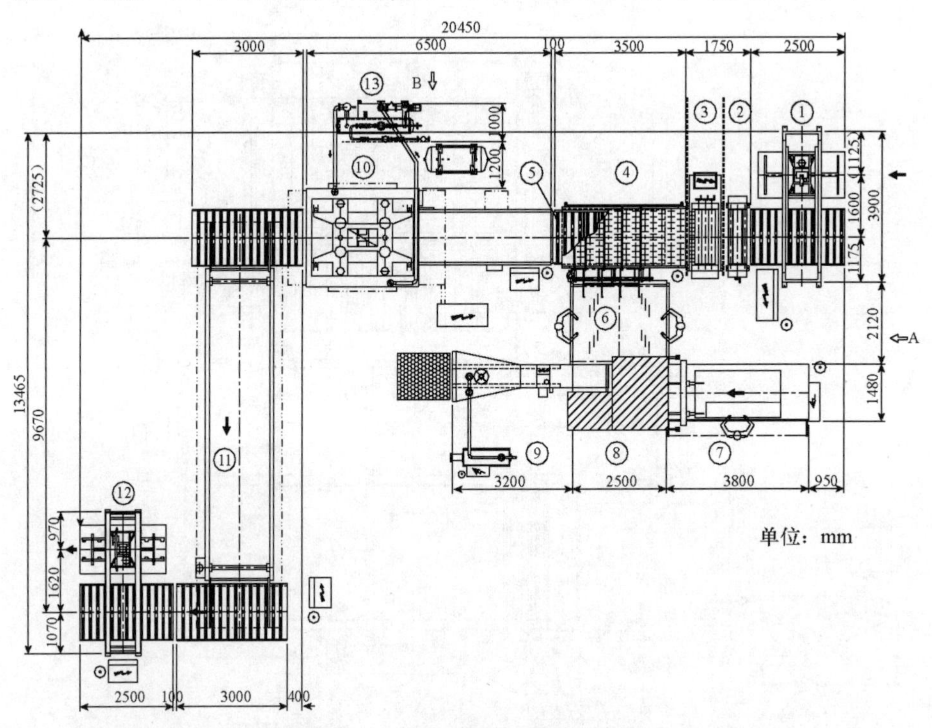

图6-21 门扇压贴生产线设备布置

1—真空吸盘平移；2—毛刷静电除尘；3—双面涂胶机；4—碟式输送机；5—转向输送机；6—组坯工作台；7—自动钉框机；8—转向输送机；9—蜂窝纸干燥及拉伸成型机；10—多层热压机；11—水平冷却；12—自动堆垛；13—热交换器

多层压机的主要技术参数如表6-3：

表6-3　多层压机的主要技术参数

项目	参数
压板幅面	2500mm×1300mm
压力	0.615~0.776MPa
层数	10
油缸数量	4
油缸直径	160mm
装机功率	20kW
热压周期	~200s

3）定尺

门扇板坯热压完成后，需要按门扇尺寸规格进行裁切，其尺寸、直角度及对角误差应符合标准要求。根据不同产能，可以采用如下生产线。

（1）双端铣生产线

此生产线为计算机伺服控制的规方定尺生产线，配置有条形码扫描识别系统，能获取零件信息，自动调节尺寸与完成加工过程。这条生产线包括真空吸盘自动上料、纵向双端铣、门扇90°转向输送、横向双端铣和真空吸盘自动下料堆垛等设备。这种配置适合批量大、产量高的门扇生产。

（2）双端铣+封边一体机

在双端铣+封边一体机（见图6-22）上，可一次装夹完成门扇定尺和封边。如图6-22所示，门扇板坯通过地辊台和真空平移机输送至往复修边锯加工门扇定位面，然后输送到双端铣定尺，进入封边机封边，转向输送至回转输送，或通过真空平移机下料堆垛在地辊台上。面朝进给方向，双端铣左侧设置有划线锯与粉碎刀工位，在右侧除了划线锯与粉碎刀，还有加工T型企口的2个铣刀工位（加工平口门扇时，不用此工位的铣刀）。

具体加工顺序为：自动上料→定长（左侧加工下梃、右侧加工上梃）→上挺T型企口加工→上梃封边（T型或平口封边）→回转输送→定宽→边梃T型企口加工→边梃封边（T型或平口封边）→回转输送→边梃T型企口加工→边梃封边（T型或平口封边）→自动下料堆垛。

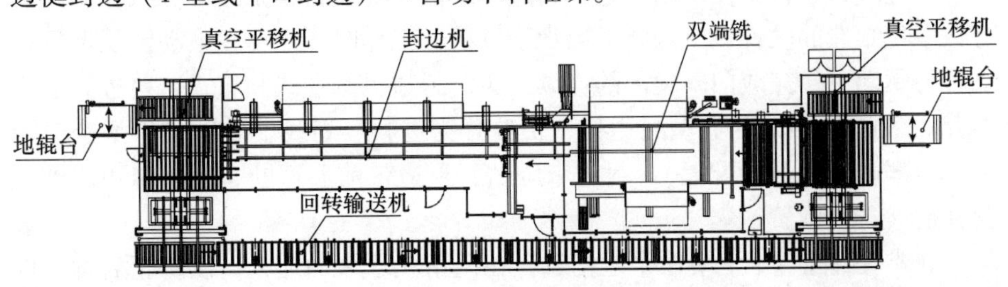

图6-22　双端铣+封边一体机的生产线布置

如果在图6-22的基础上，增加1台双端铣、1台双端封边机或左、右式直线封边机各1台，还可组成一条不需回转的大型定尺及封边线，能满足更大产能的生产要求。

(3) CNC定尺加工中心

图6-23所示为CNC门扇定尺加工中心，门扇信息通过条形码输入计算机控制系统，自动调用或生成加工程序，完成门扇周边规方定尺加工。适合批量小、规格多的个性化生产。

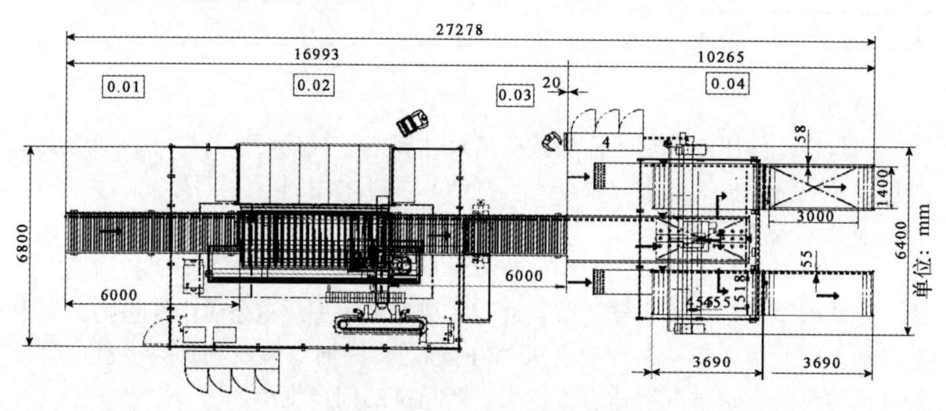

图6-23 CNC门扇定尺加工中心

门扇通过真空平移机，放置在辊筒输送平台上，检测定位后输送至加工中心的加工平台上。若干个门扇夹持装置固定门扇，垂直方向升至合适的加工高度，防止切削刀具碰到输送台面。为了防止铣削过程中角部撕裂与面裂，配置了两把旋转方向相反的铣刀。第一把逆铣刀具沿着Y轴方向切削，当快接近角部时，退刀以避让角部撕裂，同时改变进给方向沿着X轴方向切削；当快接近角部时，再次退刀，并沿着Y轴方向切削。然后，启用第二把顺铣铣刀，反方向依次进给，加工门扇4边，完成门扇定尺加工。门扇夹持装置下降复位，门扇落在输送台上，输送到下料工位。

4) 封边

通过式封边机是保证门扇边部封边质量的关键设备，采用计算机控制，具有数字化制造的软件接口与条形码识别系统。工作时，门扇在滚动链及上压紧皮带的驱动下，完成门扇边部的连续封边。封边机有左式和右式、单边和双边之分。图6-24所示为典型封边机，工位分为进料、划线、平口或T型企口铣削、边部修圆（选择配置）、封边带压贴、封边带前后截断、上下修边、抛光及开槽（选择配置）。

划线装置配置了上下两个起槽锯，在门扇上下表面起槽，以防止后续铣削引起门扇表面崩边或撕裂。铣削装置配置两台电机，其中一台为气动控制跳动电机，安装平口或 T 型企口加工铣刀，两把铣刀旋转方向相反，可防止端部撕裂。

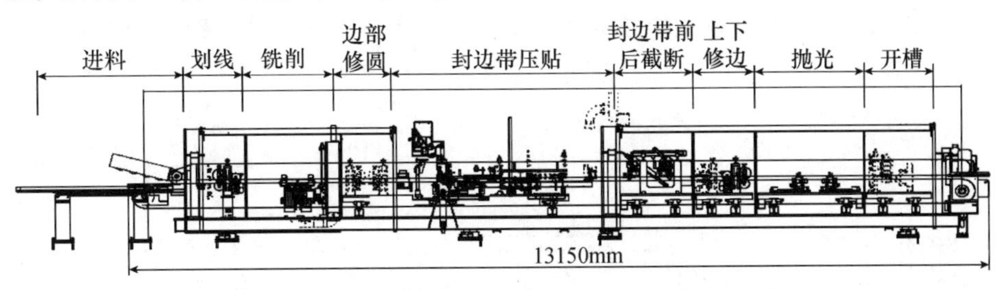

图 6-24　封边机

封边带压贴包括涂胶、封边带喂料、划线、滚轮压贴等工位，由于薄木封边条需经过两次 90°的折弯，因此，在折弯部位必须配置划线锯划槽，以防折弯时产生裂纹或断裂。前后截断装置用来截断薄木封边条，封边带在胶贴之后，需要通过上下修边，保证封边带与工件表面一样平整。

边部修圆及开槽装置不是设备的标准配置，如果门扇边部需要异型加工，或门扇边部需加工密封胶条的长槽时应选配边部修图及开槽装置。

5）五金件孔槽加工

在门扇上需要精确加工锁孔、把手孔及合页槽。根据产能、投资的不同，可选用不同的设备。图 6-25 为门扇五金件孔专用的加工设备，为计算机控制，具有数字化制造的软件接口与条形码识别系统。锁孔、合页槽分别在前、后两台设备上加工，门扇进料采用计算机控制，当门扇宽度变化时，可自动调整，实现联线生产，产能可达 600 樘/班。

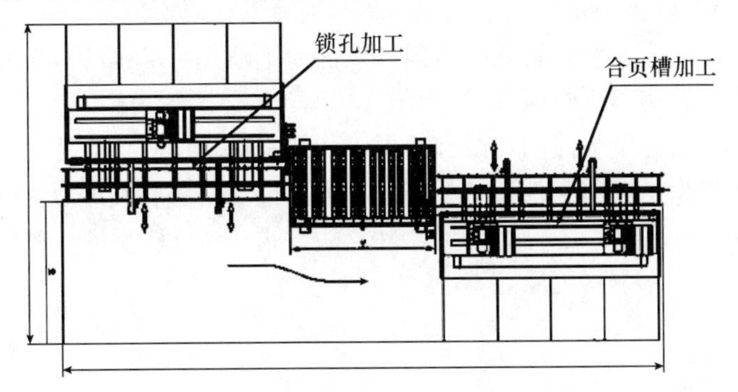

图 6-25　门扇锁芯孔及合页槽加工设备

6）门框加工

门框断面为 U 形，由两块 L 形装饰板及主板构成。不同材料、结构及形状的门框，所采用的工艺及设备也不同。L 形装饰板可通过在同一贴面板材上铣 V 形槽再弯折而成，也可由两块或两块以上的部件压贴、加工而成。

45°裁切及连接方法是门框生产的难点，主要是要保证 45°裁切质量。另外门框安装及固定之后，45°接缝易出现间隙。图6-26为门框自动加工设备布置，由喷胶及U形组坯、定长截断、45°裁切及连接孔加工、锁孔及合页槽加工、粉尘清洁、五金件安装、密封胶条放置和包装等工序组成。

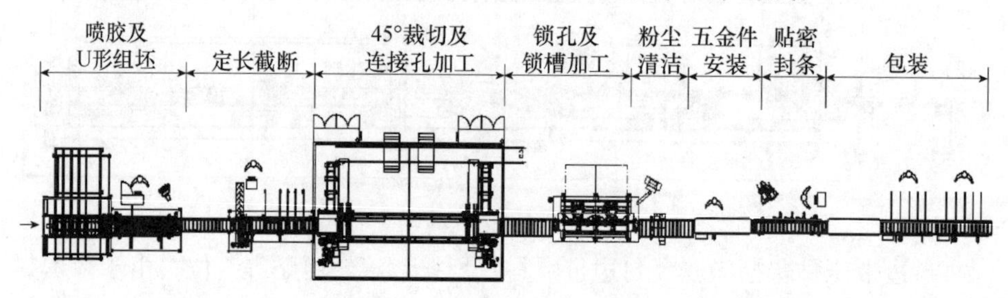

图6-26　门框加工设备布置

7）涂饰

门扇与门框表面涂饰是两套不同的涂饰线设备。若门扇没有木线条装饰，可直接采用UV辊涂；若有木线条装饰，则在木线条装饰之前，先辊涂UV底漆，待完成表面装饰后，再喷涂面漆。因此，门扇不仅需要一条平面UV辊涂线设备，还需要PU喷涂线设备。

门扇辊涂常用工序：真空吸盘上料→表面精砂→粉尘清扫→着色→匀色→着色→匀色→补色→10m热风干燥隧道→腻子涂布→2灯UV干燥→底漆涂布→1灯UV干燥→底漆涂布→1灯UV干燥→底漆涂布→3灯UV干燥→底漆砂光→粉尘清扫→面漆涂布→1灯UV干燥→面漆涂布→5m流平隧道→3灯UV干燥→180°翻板→重复上述流程→真空吸盘下料码垛。

门扇喷涂工序：双端钻孔→上料→双面粉尘清扫→喷房→180°自动翻转→喷房→垂直干燥房→下料码垛。

门框涂饰需分别喷涂门口线和门框。一般采用真空喷涂底漆与喷涂面漆的工艺。真空喷涂是在与工件形状相符的腔体内抽真空，将油漆以雾状喷入腔体内，吸附在工件表面，工件经干燥、砂光后，再进入PU喷涂，最后经垂直干燥房热风干燥后，下料码垛。

第7章　木质门生产装备

木质门生产装备对木质门的产品设计、质量、生产效率、生产成本等有非常大的影响，它们在木质门生产中发挥着越来越大的作用。无论是木质门的设计者，还是木质门的生产者和销售者都有必要了解木质门生产装备，以便合理设计产品，制定科学的生产工艺并选择适用的设备等。

木质门生产装备可分为备料、门扇加工、门框加工和表面涂饰等设备。本章将从木质门生产装备的特点、功能、常用技术参数和选用等几个方面，按照木质门加工工序，系统地介绍木质门生产装备。

7.1　木质门加工备料设备

7.1.1　细木工设备

7.1.1.1　圆锯机

锯材和各种人造板的开料、裁板或配料通常是在各种开料圆锯上进行的，以高速旋转的圆锯片锯切木材的设备称为圆锯机，主要用于裁边、横截、纵剖、开槽等锯切加工工序。

圆锯机结构简单、效率高，圆锯片安装、使用、维修方便。目前多使用硬质合金圆锯片，其加工精度高、耐用度好，拓宽了圆锯机的应用范围。在木质门加工中，按照加工特征，圆锯机可分为纵剖圆锯机、横截圆锯机和万能圆锯机；按照工艺用途可分为锯解、裁边、截头等圆锯机；按照锯片安装数量可分为单锯片圆锯机和多锯片圆锯机。

1）纵剖圆锯机

纵剖圆锯机主要用于对木材进行纵向锯解。有单锯片、多锯片、手工进给和机械进给等不同类型的纵剖圆锯机。

手工进给纵剖圆锯机结构简单，制造及使用方便，适用于小型木质门生产企业或小批量的生产，应用颇广。

木质门生产常用的手工进给纵剖圆锯机锯片直径为315～500mm。其基本结构如图7-1所示。

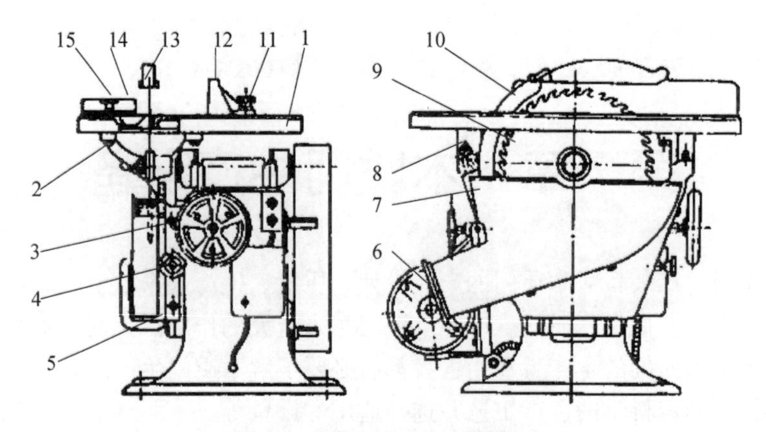

图 7-1 手工进给纵剖圆锯机

1—工作台；2—圆弧形滑座；3—手轮；4、8、11、15—锁紧螺钉；5—垂直溜板；6—电动机；7—排屑罩；9—锯片；10—导向分离刀；12—纵向导尺；13—防护罩；14—横向导尺

在大批量的木质门生产中应尽量采用机械进给的圆锯机。在纵剖板方材时，以履带进给和滚筒进给两种方式应用最为普遍。其锯片直径在 400mm 以下。

2）横截圆锯机

横截圆锯机用于对毛料进行横向截断。有单锯片横截圆锯机和多锯片横截圆锯机，手工进给横截圆锯机和机械进给横截圆锯机，工件进给横截圆锯机和刀架进给横截圆锯机，刀架作圆弧进给横截圆锯机和刀架作直线进给的横截圆锯机等多种类型。锯机的结构是根据加工工件的尺寸、生产批量和自动化程度等因素确定的。下面介绍在木质门生产中常用的横截圆锯机。

（1）刀架作圆弧进给运动的横截圆锯机，又称吊锯机，如图 7-2(a) 所示。其摆动支点与锯片位于工作台之上。锯切时，手拉动锯架摆动，使位于机架下端旋转的锯片向木材工件作进给运动，从而完成锯切。不工作时，由于配重的作用锯架偏离工作台。此外，拉手的动作也可由脚踏代替，称为脚踏平衡锯，如图 7-2(b) 所示。

（2）刀架作直线进给运动的横截圆锯机。这类横截圆锯机是由圆锯片在气缸或机械的带动下作直线运动，从而实现对工作台上的工件切削加工。由于它加工精度高，比吊锯机或平衡锯机可获得更好的锯切质量，使用灵活，操作人员的劳动强度低，因此应用较广泛，是木质门加工生产中常用的横截圆锯机，适用于小批量生产。图 7-3(a) 和图 7-3(b) 为手工进给方式横截圆锯机，图 7-3(c) 为液压进给方式横截圆锯机。

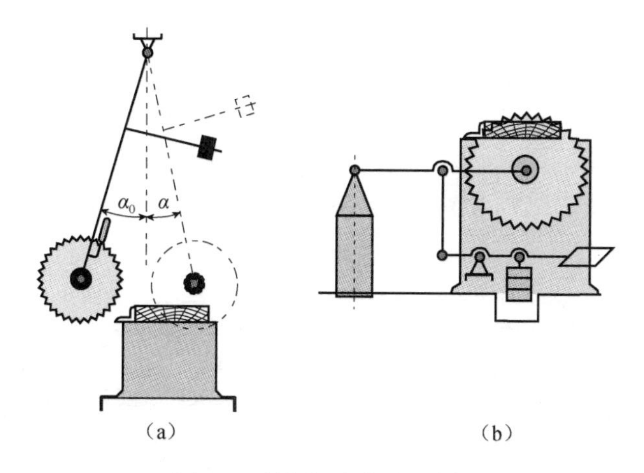

图7-2　吊锯机和脚踏平衡锯

(a) 吊锯机；(b) 脚踏平衡锯

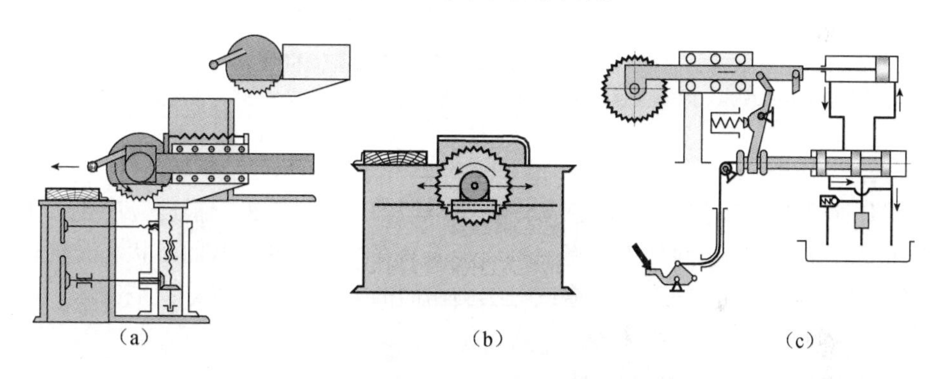

图7-3　刀架作直线进给运动的横截圆锯机

(a) 锯片上置；(b) 锯片下置；(c) 液压进给

(3) 万能型木工圆锯机。万能型木工圆锯机是木质门生产中常用的小型木工圆锯机，其用途广泛，既可进行纵剖、横截或斜截各种板方材，又可安装其他木工刀具完成木质门生产中的铣槽、切榫和钻孔等多项作业。万能型木工圆锯机可分为台式万能木工圆锯机和摇臂式万能木工圆锯机。摇臂式万能木工圆锯机的锯片可以倾斜，所以其锯切厚度方向也可是斜面，这种圆锯机使用灵活，适合小批量生产，特别是木质门上一些特殊工件的加工。图7-4为国产MJ224型摇臂式万能型木工圆锯机示意图。

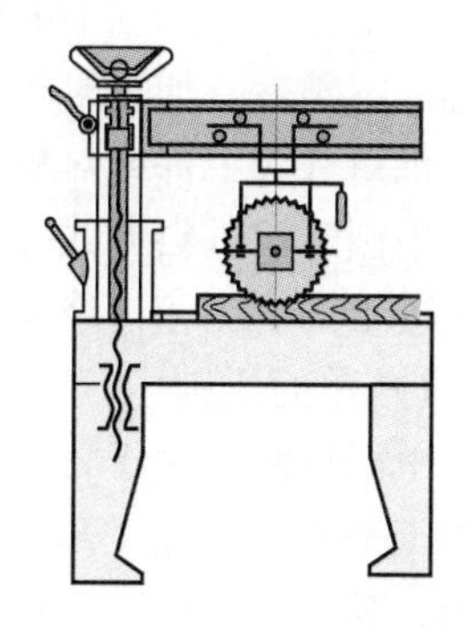

图7-4　国产MJ224型摇臂式万能型木工圆锯机

（3）多锯片圆锯机

多锯片圆锯机（简称为多片锯）是纵剖开料的专用设备，生产效率高，加工质量好，多片圆锯机有单锯轴多锯片圆锯机和双锯轴多锯片圆锯机。木质门生产中常用单锯轴多锯片圆锯机，其最大的特点是生产效率高，被广泛用于大批量生产的木质门配料工序中。图 7-5 为国产 MJ143 型单锯轴多锯片圆锯机的外形图。

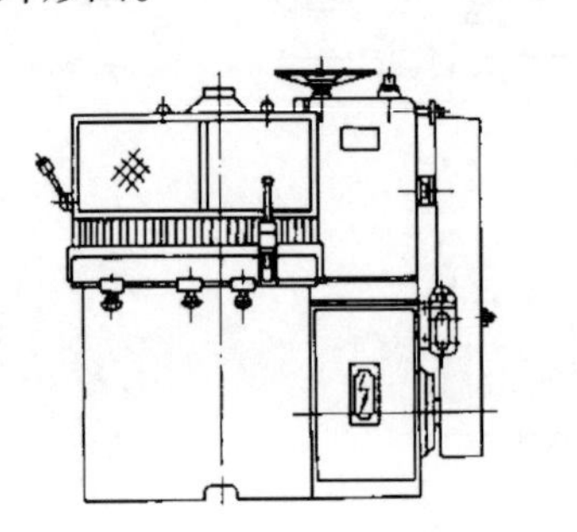

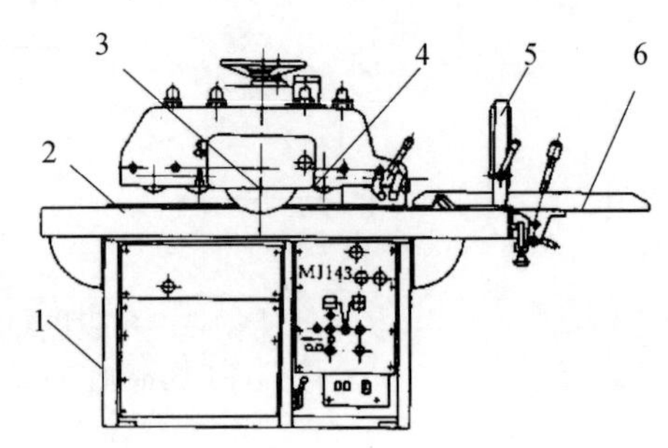

图 7-5　国产 MJ143 型单轴多片圆锯机

1—床身；2—工作台；3—锯切机构；4—进给机构；5—止逆防护器；6—导尺

7.1.1.2　刨床

木质门加工工艺中，木工刨床主要用于门的边框、上框、横档、中梃、上梃和下梃等零件的配料加工，将毛料加工成具有精确尺寸、截面形状和光洁表面的工件。根据不同的工艺用途或一次刨切面的数量，刨床可分为平刨床、压刨床、三面刨床和四面刨床等。

1）平刨床

平刨床是将毛料的被加工面加工成平面，使被加工表面成为后继工序所要求的加工和测量的基准面。也可以加工与基准面相邻的一个表面，使其与基准面成一定角度。加工时相邻表面可以作为辅助基准面。平刨床加工效率低，适合小批量、大工件或对精度要求高的木质门的基准面加工。

平刨床按进料方式分为手工进料和机械进料两种。目前使用的平刨床中，手工进给的平刨床占绝大多数。

2）单面压刨床

单面压刨床用于将方材和板材刨切为一定厚度，单面压刨床的加工特点是被加工平面是已加工基准面的相对面。按照加工宽度可以将压刨分为：小型压刨床，其加工宽度为 250 ~ 350mm，主要用于小规格的木质门零件加工；中型压刨床，其加工宽度为 400 ~ 700mm，在木质门加工中常用；重型压刨床，其加工宽度为 800 ~ 1200mm，主要用于加工木质门框架；特重型压刨床的加工宽度可达 1800mm，主要用于木质门生产中大规格板件的平面平整加工。

3）双面压刨床

双面压刨床主要用于同时对木材工件相对应的两个平面进行加工，经双面压刨加工后的工件可以获得等厚的几何尺寸和两个相对的光整表面，被加工工件表面的平行度主要取决于上道工序的加工精度。

双面压刨床具有两根上、下排列的刀轴，按上、下排列的顺序不同，可将其分为先平后刨（先下后上）和先压后平（先上后下）两种形式。由于机床结构和功能的限制，无论是哪一种排列方式，该类机床都不能代替平刨床进行基准平面加工，只能完成等厚尺寸和两个表面的加工。

7.1.1.3　框锯机

框锯机是将多根锯条张紧在锯框上，由曲柄（或曲轴）连杆机构驱动锯框做上下或左右的往复运动，使装在锯框上的多根锯条对原木或木方进行纵向锯切的机械。

图7-6为框锯机外形图，主要由工作台、进给装置、锯切装置、出料装置和机座组成。框锯机具有较低的进料速度，木材在机床中的进给通过进料压辊实现，其进给速度应与锯切速度相匹配，在锯框达到上、下死点之前使木材的进给停止，这样可以保证当锯条处于死点时避免反向切削。

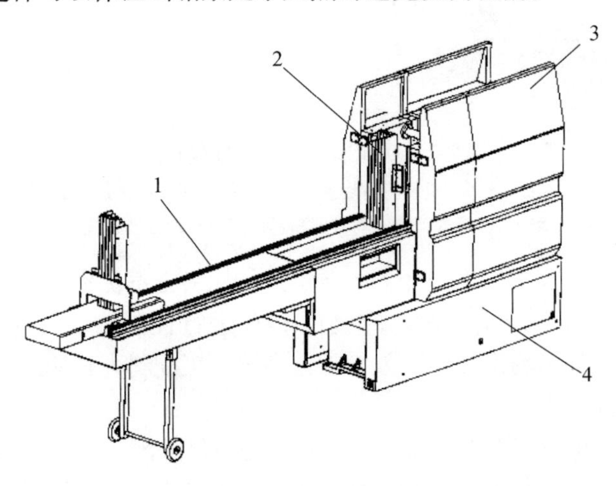

图7-6　框锯机外形图

1—工作台；2—进给装置；3—锯切及出料装置；4—机座

框锯机主要用于木质门门框的备料，为消除木材内应力，将木方锯制成一定厚度的薄板，通过胶合将薄板拼接成一定规格的方料。虽然旋切和刨切也可加工一定厚度的薄板，且出材率很高，但这两种加工工艺都会导致单板反向弯曲、产生背面裂隙，影响后续产品的质量。锯切可以完全避免旋切和刨切对木材组织结构的破坏，适用于高档木质门生产。

7.1.1.4 优选截断锯

优选截断锯是一种对木材进行横向优化截断的大型全自动设备，是集成材生产的重要设备，不仅具有普通手工截断锯的功能，而且还具有优选、统计及调度等功能，可大幅度提高木材的出材率和生产率，并实现横截产品的精确统计。图7-7为OptiCut 204型优选截断锯。

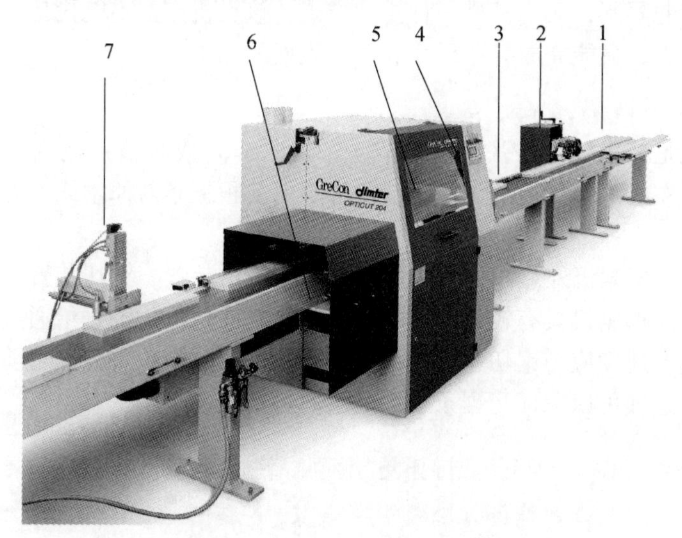

图7-7 OptiCut 204型优选截断锯

1—标记工作台；2—测量装置；3—传送带；4—中央控制器；
5—锯切装置；6—废料剔除装置；7—自动分选系统

优选截断锯能够根据生产任务的要求进行配料方案优化，然后将等宽的方料截断成符合生产要求的方材。它是由PLC进行控制的，具有分析、优化、统计等功能，其加工精度和生产效率都远高于手工配料，且能满足客户个性要求，达到最佳配料效果。

优选截断锯的测量装置如图7-8所示，通过红外测量头来确认已标记的缺陷，两个定位轮可以保证精确、可靠的定位，不受板材表面质量的影响。板材运送畅通，不会因定位轮磨损而导致打滑现象。

可通过调节压轮适应不同的进料厚度，由伺服电机驱动的台面送料轮及上边的橡胶压轮控制输送，保证板材准确地通过锯切位置，如图7-9所示。

锯切后的废料可以被及时剔除，并被准确有序地送往固定位置，工件可以无阻碍的畅通输送，如图7-10所示。自动分选系统根据剔除缺陷后工件的长度和等级自动归类，如图7-11所示。

图7-8　优选截断锯的测量装置

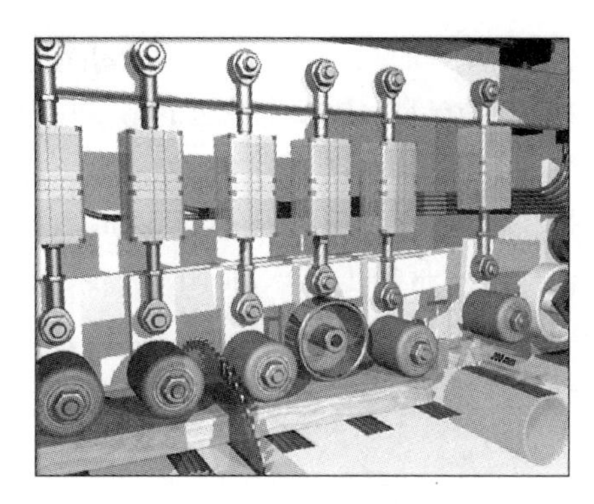

图7-9　优选截断锯的锯切装置

图7-10　优选截断锯废料剔除装置

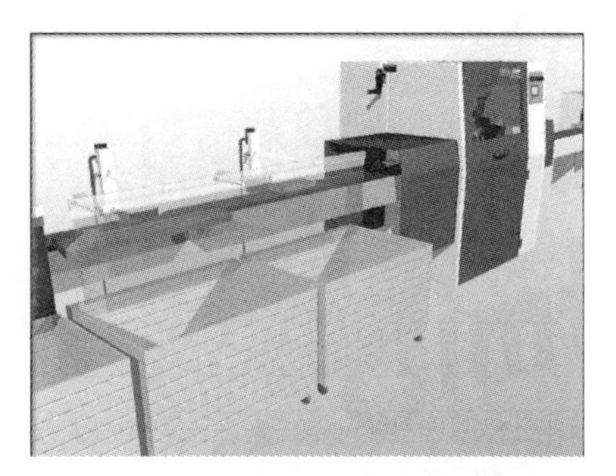

图7-11　优选截断锯自动分选装置

优选截断锯可在一定范围内实现板材的无腐朽、节疤、虫蛀和劈裂等天然缺陷。优选锯计算机系统采用与锯切清单（生产任务单）相比较的方法，分析每一块板材，最终最大限度地提高板材生产出材率，并通过事先设定锯切清单中不同规格板材的相应价值，优选截断锯的计算机系统就可以对每一块板材分析，并根据所生产板材长度可能创造价值，优化其长度比例组成，最终确定取得最大价值的配料方案。优选截断锯可加工各种长度的板材，包括超长板材，加工后能够按长度不同分类。

7.1.1.5　指接线设备

指接集成材是生产木质门的重要原料之一，尤其适用于木质门构件加工，如边梃、横档、帽头等。

短方材或木条首先要经过开榫机进行指接榫加工，开榫机配置截断圆锯片和指接榫铣刀，根据连续生产的要求，可以选择左式开齿机和右式开齿机两台相配合，对工件两端进行铣齿。

指接榫的接长是在专用的指接机上将短料纵向依次涂胶、拼接而逐渐接长的。周期式指接机可用气压、液压或螺旋加压机构进行加压接长，达到压力并接合紧密后卸下，再装入另一个指接件。在大批量生产中，连续式指接机常用进料履带或进料辊直接挤压的形式加压，同时也可使用高频加压提高胶的固化速度，并配有专门截锯可根据需要长度进行截断。在木质门生产中常用的指接机接长范围主要在4600～6000mm。

随着木材加工技术的不断进步，目前国外已经推出了一系列自动化程度较高的指接生产线，如图7-12所示为指接线设备，该生产线可以自动完成铣齿、涂胶、接长和截断等全套工序。这种生产线减少了操作工人的劳动量，提高了生产效率。

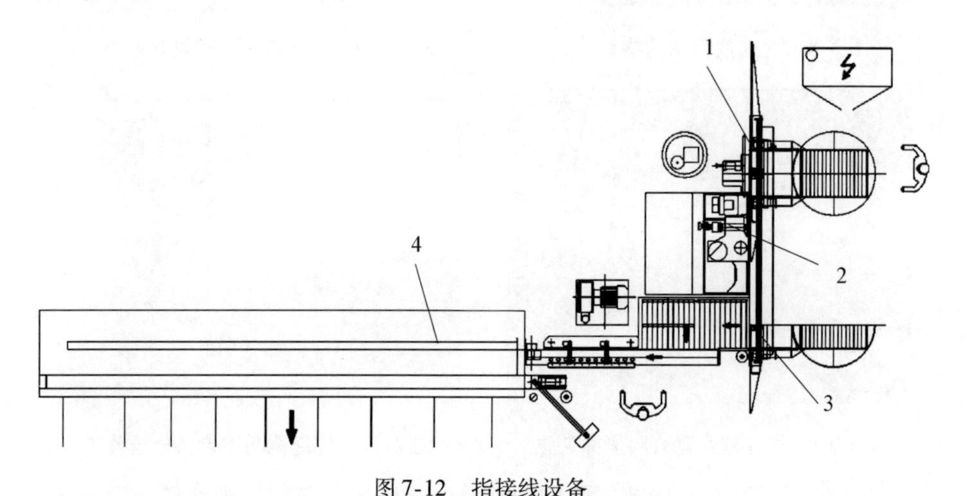

图7-12　指接线设备

1—进料装置；2—开榫装置；3—转向装置；4—加压接长

7.1.1.6　拼板机

经过指接机接长后的指接材要进行拼宽，拼宽所采用的胶拼设备为拼板机。它也可用于细木工板芯板拼接、实木条封边和木质门框架拼接。

1）风车式拼板机

又称扇形拼板机，如图7-13所示。一般有10～40个胶拼夹紧器组成，动力驱动的传送链带动夹紧器一起回转。拼板机的左端为装卸工作位置，当涂胶板坯装在夹紧器的工作台面上时，可以利用工作台的气压旋具旋紧丝杆螺母，完成板坯的加压夹紧。当工作台面转动一个角度后，另一层工作台面开始装板、夹紧，以此类推。拼板在夹紧器上循环运行一周回到装卸工作位置处胶层即固化，便可卸下，重

图7-13　风车式拼板机

新装入涂胶板坯。为了便于更换操作，传送链可以采用间歇运行方式，传送链的转动速度应和胶的固化速度相配合。为了加快胶合过程，可以在传送链下面装设加热管，这种拼板机占地面积大，但生产率较高，适合大批量生产胶拼幅面较大的拼板。

2）旋转式拼板机

一般由3～6块拼板架（或工作台面）均匀分布在同一圆周方向，并可绕中心轴旋转，如图7-14所示。这种拼板机通过液压系统在胶接面和正面同时对涂胶板坯进行加压，以确保拼板的胶合质量，既可获得较高的胶合强度，又可提高生产效率。拼板在拼板架循环旋转回到装卸工作位置处胶层即固化，便可卸下，同时也可采用在拼板机附近装设加热管来加速胶合过程，以提高生产率。

图7-14　旋转式拼板机

3）斜面式拼板机

一般由两块拼板架（或工作台面）倾斜地安装在机架的正反两侧，如图7-15所示。除了拼板架不能旋转之外，其工作原理基本上与旋转式拼板机类似。由于拼板架数量较少，故生产效率稍低。这种拼板机适用范围较广，不但可以拼接木质门用集成材，还适用于木质门门框L型线条的拼接。

4）连续式拼板机

这类拼板机是细木工板芯板和集成材胶拼的常用设备，适合于芯板和集成材的大批量生产。图7-16为自动进料的连续式拼板机。任意长度的木条（小方材）由进料机构纵向一根紧接一根送进，侧边涂胶喷嘴喷涂胶液。当木条进给到要求长度并碰到定位挡块时，木条停止进给和喷胶，圆锯片抬起将木条截断，然后由液压推板将木条横向推进加热箱，并与木芯板进行侧向胶拼，如此反复，木芯板逐渐通过加热箱并连续加热和加压。当木芯板胶液固化后在送出时碰到挡块，往复锯将连续木芯板按要求锯成一定规格宽度的拼板。

图 7-15 斜面转式拼板机

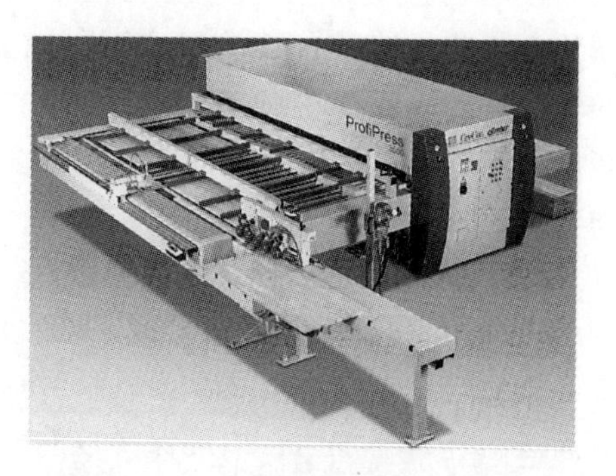

图 7-16 自动进料的连续式拼板机

7.1.1.7 木线条加工设备

木质门中的木线条是以木材或人造板为原料加工而成，主要起装饰作用，如图 7-17 所示为木质门中的几种木线条，其丰富的造型可以提高门的整体装饰效果，如门框线可将门框外边的端面以及与墙身的缝隙遮挡住。此外，建筑的精度和木工的精度相差很大，门框的宽度、深度与墙体的尺寸存在偏差，需要现场修正，遮盖门框外边的端面以及与墙身的缝隙。

图 7-17 木质门中的几种木线条

木质门中的木线条主要选用密度高、木质较细、耐磨、耐腐蚀、不劈裂、切面光滑、加工性能良好、油漆上色性好、粘接性好、握螺钉力强的木材或人造板，经过干燥处理后，用机械加工或手工加工而成。木线条线型的加工成型一般是通过立轴铣床、木线机或四面刨完成的。立铣成型较为复杂，精度低；木线专用机床及四面刨易于成型，精度高。图 7-18 所示为 MB1005B 型木线机外形图。

图 7-18 MB1005B 型木线机外形图

7.1.2 板材加工设备

随着木质门加工工艺技术的进步，木质门的种类也越来越多，各类人造板已大量应用于木质门的生产中，特别是木质复合门。传统的通用型木工圆锯机，无论是加工精度、结构形式以及生产效率等都已不能满足生产的要求。因此，各种专门用于板材下料的加工设备获得了迅速发展。它们的主要用途都是将大幅面的板材（基材）锯切成符合尺寸规格及精度要求的各种板件。通常要求经裁板锯锯切后，规格板件的尺寸要准确，锯切表面平整、光洁，一般不需要再作进一步地精加工就可进入后续加工（如封边、钻孔等）。

7.1.2.1　推台锯

推台锯应用广泛，不仅可以加工木质门用的木材、胶合板、纤维板、刨花板，还可以对用薄木、纸、塑料和涂饰油漆装饰后的板材进行纵切、横截或角度锯切，以获得符合产品规格要求的板件。有的机床还附有铣削刀轴，可以进行宽度在 30 ~ 50mm 之内的沟槽或企口加工。国产的推台锯主要有三种规格：2000mm，2500mm，3000mm。国外则有更多的型号和更大型的设备。

目前，这类推台锯大部分都带有划线锯片，对所锯切工件底部进行预切，大大提高了锯切质量。另外，导向板还可调节成一定的角度，锯切非直角的工件。有的锯轴或工作台还可倾斜 0° ~ 45°，可加工成斜面。如德国欧登多（Altendorf）推台锯中的 90 型和 45 型。90 型是指锯片固定垂直于工作台面，不能倾斜；45 型是指锯片可根据使用要求倾斜 0° ~ 45°。图 7-19 为 F 92T 型推台锯，其锯片的升降和倾斜分为液压和电气两种。

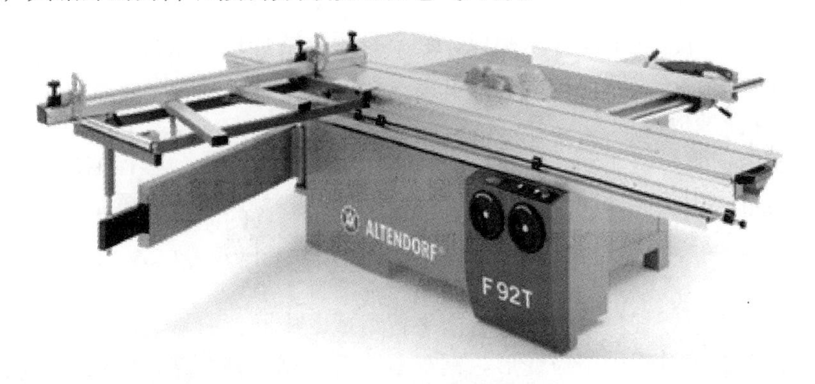

图 7-19　F 92T 型推台锯

此外，推台锯还可装上其他一些附件，以改善加工或工作条件。例如，滚筒式自动进料器可实现工件在固定工作台上的机械进给，以减轻劳动强度。对加工成叠的单板或薄工件，可在移动滑台上设手动或气动压紧装置，以改善加工质量。当加工工件长度很大时，可在轴承座的两端增设附加支撑，以防止床身、支撑座和滑台在加工中产生变形。为了缩短加工时间并节省材料，还可以配置激光对线器，它提供一条宽度约为 3mm 的锯路，有助于提高切削效果。

7.1.2.2 电子开料锯

几乎所有的木质门部件都离不开锯切，如门芯板、门的表板、门框的护板、盖板等。需裁切的板材有刨花板、中密度纤维板、空心刨花板、防火板、单板或浸渍胶膜纸饰面板材等。通常采用电子开料锯（图 7-20）把大幅面的板材裁切成木质门需要的工件。

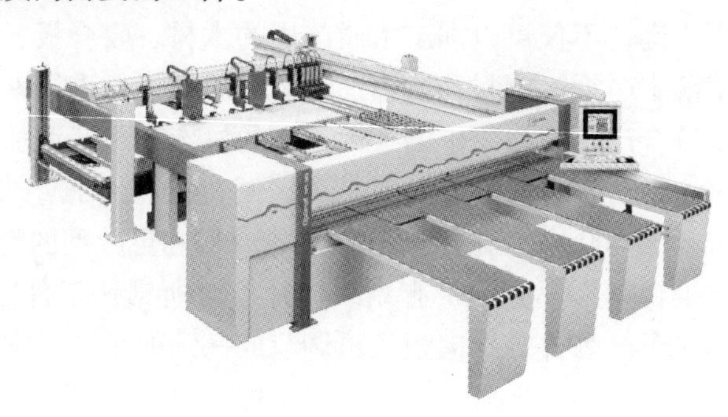

图 7-20 电子开料锯

电子开料锯的主要结构及特点如下。

1）锯身的后台面

由多条带有滚轮的支撑条组成，起支撑板材的作用，板材在滚轮上易于滑动，不易划伤。

2）程控推板器

一般由伺服电机驱动，齿轮齿条传动，在两边有导轨。程控推板器上的测量装置通常采用编码器测量程控器的运行距离，较好的测量装置是采用磁条感应方式，它无接触，无磨损，使用寿命长，加工精度高。

3）锯床和锯车

锯床用于放置板材，由两个台面平行组成，中间留有锯片的缝隙。锯床刚性要好，在锯切过程中不应变形。锯车承载着主锯和划线锯，由程序控制执行锯切任务，锯切完成后下降，返回进行下一次锯切。为了保证工件相邻面的垂直度，在锯车上配置了侧向靠齐装置。

4）压梁

单张板材或者成摞的板材在锯切过程中需要压紧，否则板材会震动，甚至跑动，影响裁切精度。压梁的两头有平行导向装置，通常采用齿轮齿条方式。用轴承座将一根长轴连接到压梁上，长轴两端的齿轮与机头上的齿条相啮合，起压梁的上下平行导向作用。

5）气浮台

根据机器的锯切长度配置不同数量的气浮台，一般为三个。气浮台的作用是承接锯切出来的工件，使得工件移动时不会很重地接触台板，减少了工件的磨损或划伤，也减轻了工人的劳动强度。

此外，有的电子开料锯在其后台面的后部增加了一个自动升降台，升降台上可以配备动力滚筒，方便上料，并在推板器上增加了板材厚度的测量和分类装置，如图7-21和图7-22所示。

图7-21　自动升降台

图7-22　板材厚度的测量和分类装置

7.1.2.3　定厚砂光机

门扇的上下表板、实木结合门扇的边框料、门框的主板和副板的基材都需要进行定厚砂光。在贴单板之前，需要对工件、半成品或部件确定厚度尺寸，达到其公差要求，以保证成品可获得较好的平整度和尺寸均匀度，同时也为后道加工提供了良好的基础，提高后续贴单板、辊涂油漆砂光等工序的加工质量。

定厚砂光机（图7-23）重达6~9t，刚性高、稳定性好、功率大，接触辊有较高的动平衡精度，从而可以获得较高的加工精度，工件厚度公差可达到±0.1mm。为避免头尾过多砂削（俗称啃头扫尾），机器需要具备良好的压紧系统，既要保证有合适的压紧力，还要确保工件顺利进料。

图7-23　定厚砂光机

7.1.3　单板备料设备

薄木饰面木质门的生产过程中，需用到单板。单板备料包括挑选、剪切、修补、拼接和检查。主要使用到的设备介绍如下。

7.1.3.1 单板裁切机

根据剪切方式不同，常用的裁切机分为端向裁切机、单刀纵向裁切机、双刀纵向裁切机等。

1）端向裁切机

用于给单板定长和处理端部开裂。内置测量标尺简单易用，可读取单板长度，获得对单板及裁切区域的最佳可视度，确保最佳的单板裁切质量。

2）单刀纵向裁切机

用于给单板在顺木纹方向定宽、修剪毛边和对较宽的拼接半成品进行二次裁切，适用于各种类型单板裁切。能快速整齐地裁切单板，具有很高的裁切直线度，确保裁切后的单板能够进行精确拼接，保证拼接质量。如图7-24所示。

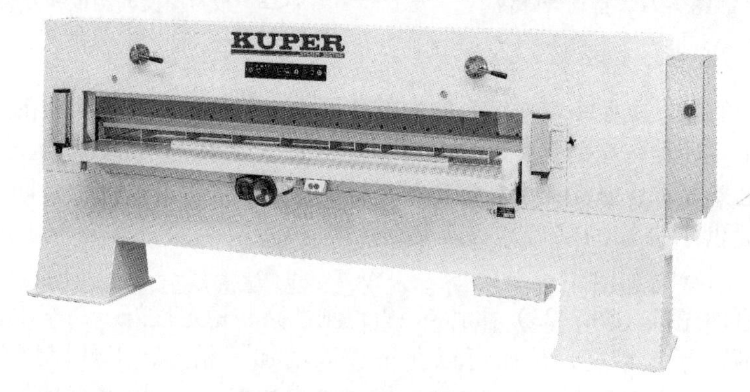

图7-24 单刀纵向裁切机

3）双刀纵向裁切机

用于单板顺木纹方向两侧同时定宽，修剪毛边。能快速平行整齐地裁切单板，以保证单板裁切质量，如图7-25所示。

图7-25 双刀纵向裁切机

单板裁切机的机座为重型钢结构，确保裁切的稳定性和精度。压梁通过精准的液压系统加压，配2级压力及高效阀门。单板在裁切过程中，始终压紧，不会有松动，裁切口没有崩口和毛刺。裁切刀以20°、采取斜拉向下运动方式，使裁切过程更顺畅，裁切口更光洁。

7.1.3.2　单板拼接机

经过严格的裁剪，单板已得到精确的长度、宽度，两侧有比较好的直线度、平行度，裁剪口保证完整，无缺口、无毛刺，达到了拼接要求，可进行拼接，自动拼接技术现在有两种：胶线拼接和无缝拼接，无缝拼接成为主流发展的方向。

根据拼接的胶合剂和进料方式不同，常用的拼接机有胶线拼接机、无缝纵向拼接机、预涂胶无缝纵向拼接机、无缝横向拼接机等。

1）无缝纵向拼接机

用于厚度0.3～1.2mm单板的纵向拼接，特别适用于对高温、高强度加工（例如用于包边和膜压等加工工序）的单板拼接。如图7-26所示。

2）预涂胶无缝纵向拼接机

图7-27所示为意大利Kuper公司生产的全自动带预涂胶装置的纵向无缝拼接机，适用于厚度0.3～1.5mm单板的纵向拼接。

图7-26　无缝纵向拼接机

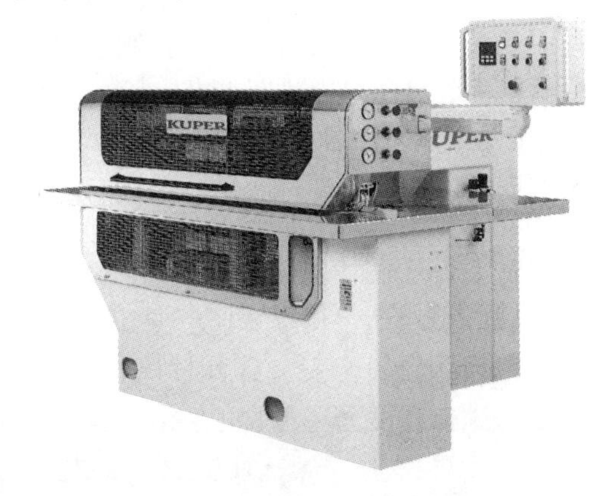

图7-27　预涂胶无缝纵向拼接机

3）无缝横向拼接机

操作人员手工将单板摆放到进料输送带上，单板自动定位并送入拼接区，利用摩擦轴将单板靠紧，之后在加热区进行拼接。由于缩小了加热区宽度，可有效减小单板干缩变形，拼缝效果好。图7-28所示为无缝横向拼接机。

单板拼接机的机座为重型钢制底座，整体焊接，结构稳定，精度高。采用不锈钢的工作台面和出料面，单板不会受到污染、破损。精密单板进料机构，可保证0.3mm厚的单板顺畅进料，单板不会撕裂、起皱，拼接完好。

图 7-28　无缝横向拼接机

7.1.3.3　单板涂胶机

预涂胶无缝拼接机设有涂胶装置，单板毋须预先涂胶，而其他无缝拼接机，拼接前则需给单板的侧边预先涂胶。图 7-29 所示为双侧涂胶机。

单板涂胶机采用钢制电镀输送辊，避免单板受到污染。输送辊拆装方便，易于清洁。对中压紧机构灵敏，对中速度快，生产效率高。进给装置可根据单板数量和厚度进行相应调节，避免压力过大引起的压皱、挤裂现象。其他预涂胶加工参数包括压力对中辊、控制缓慢进料辊和涂胶辊的压力和速度，可分别根据单板数量和厚度进行调节。涂胶机构由于减小了在待机状态时涂胶轮的旋转速度，同时还在胶箱底部进行冷却，胶水使用寿命较长，即使在 35℃工作环境下仍可达到 4h 活性时间。聚四氟乙烯涂层胶箱，易于拆装，清洁简便。

图 7-29　双侧涂胶机

7.1.3.4 砂光机

门扇经过定厚、压贴、成型加工后，在油漆之前需要进行精细砂光，不仅要求表面平整，而且需要达到必需的粗糙度。图 7-30 所示为砂光机的砂架组合，图7-31所示为砂光机的基本组成。

图7-30　砂光机的砂架组合

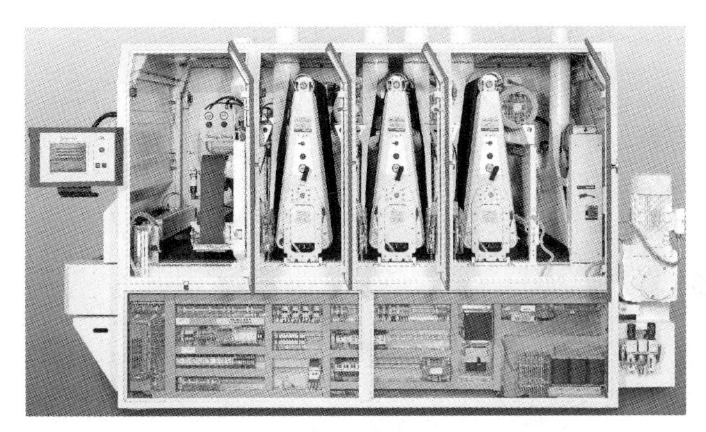

图7-31　砂光机

砂光机的恒定工作高度为880mm，根据工件不同厚度（3～150mm），可机动调整砂架。机座为整体焊接式，如图7-32所示。真空吸附的输送台面确保高效稳定的工件进料，不打滑。

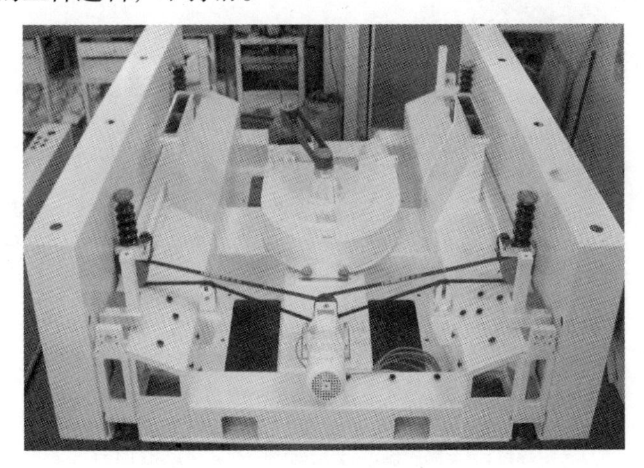

图7-32　整体焊接式机座

采用电子变频器无级调节砂带速度，并配置有额外旋转式砂带吹尘清洁、抗磨损马达制动、分段压力调校、气动砂带张紧等装置，实现间歇性砂带空气吹尘、马达自动、砂带边缘长度自动补偿等功能。此外，砂带可以顺进料和逆进料两个方向转动，配两组间歇性砂带吹尘装置和吸尘口，配正反两个砂削方向及红外线砂带控制装置。

7.2 门扇加工设备

7.2.1 组坯热压线设备

组坯热压线是生产门扇的关键装备，主要由输送台、涂胶机、门扇框架和芯材组坯工作台、组坯工作台、多层热压机、卸板和冷却装置等组成，门扇生产过程中单板覆贴工艺与纤维板覆贴工艺可以采用单层、多层贴面热压机或冷压机，人造薄膜装饰材料的覆贴工艺可以采用单层、多层平面热压机或辊压机。

用单层或多层压机覆贴刨切薄木和人造薄膜装饰材料的覆贴工艺过程非常相似，因此所用设备也相同。目前，木质门的生产中多用单层短周期覆贴压机。

图7-33 为适用于木质门生产的多层热压胶贴生产线，可以实现用刨切单板、人造装饰材料和各种板材的多层胶贴。

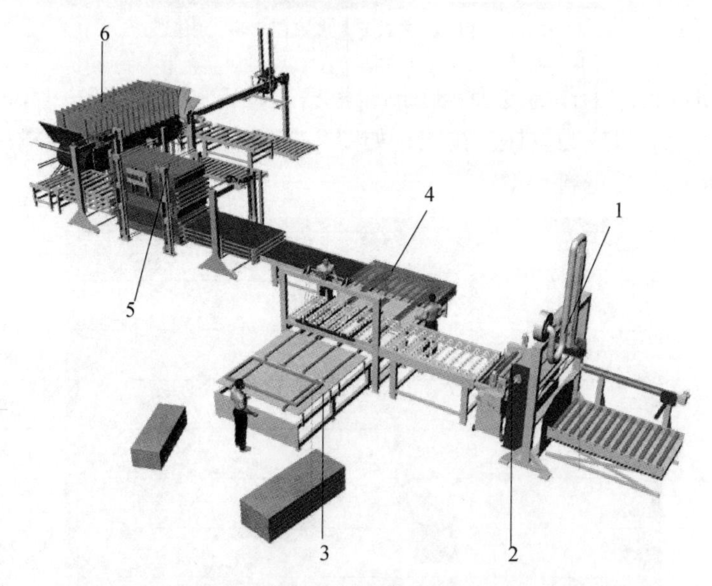

图7-33　T型门组坯热压线

1—输送台；2—涂胶机；3—门扇框架和芯材组坯工作台；4—组坯工作台；5—多层热压机；6—卸板和冷却装置

贴面热压机是木质门门扇加工中的重要设备之一，在木质门生产中，其门扇一般会在刨花板、纤维板、胶合板等素板上覆贴刨切薄木、人造薄木和浸渍纸等，以提高其装饰性能。该工艺有利于利用低品质材和提高木材的利用效率，降低木质门生产成本。在 T 型门生产中，主要使用的是单层短周期平压机和多层热压机。目前国内广泛应用单层短周期平压机进行覆贴。

1）单层短周期覆贴压机

单层短周期覆贴压机广泛应用于木质门生产中，单层短周期压机和多层热压机相比有着更多的优越性，其结构较为简单，容易实现连续化、自动化生产，投资效益高，操作维修较方便且宜覆贴大幅面板件。图 7-34 是一种短周期贴面热压机的示意图。

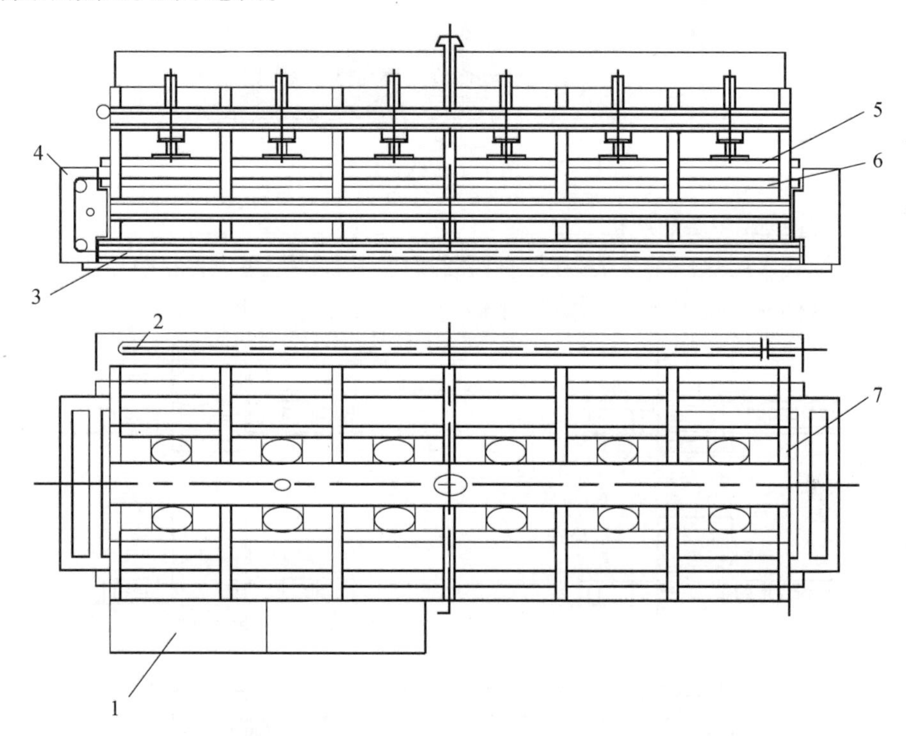

图 7-34　短周期贴面热压机示意图

1—液压系统；2—蒸汽管；3—机架；4—板坯运送装置；
5—上衬板；6—下压板；7—上压板平衡运动机构

2）多层热压机

多层热压机是指多于 1 层的热压机，是木材加工用热压机中最常用和传统的形式。木质门生产中使用的多层热压机一般为小型多层热压机，常用于木质门扇的胶合加工工艺中。多层热压机与其他形式的压机一样也是由机架、压板、油缸、液压系统、加热系统和控制系统等组成。图 7-35 为 T 型门生产线配备的两个工位的热压机外形。

图 7-35　两个工位的多层热压机

3）连续式多层热压机

连续式多层热压是在某一层进行装卸时，其他各层可以保持热压工作状况不变，这样就实现了连续化作业。图 7-36 为连续式多层热压机的工作示意图。

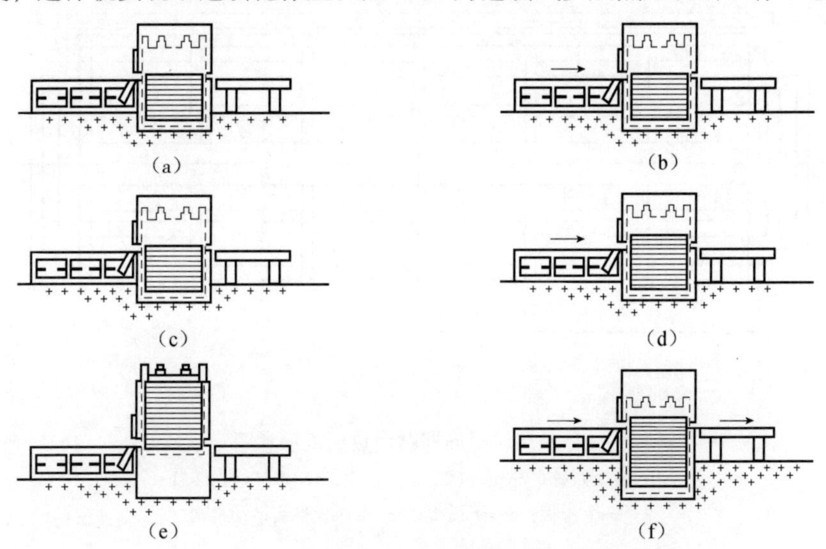

图 7-36　连续式多层热压机工作示意图

(a) 工作开始，第一个工件准备完备，压机的第一层处于装板位置；(b) 第一层打开，装入第一个工件，同时清理压板；(c) 第二个工件组坯完备，同时，第一层闭合，压板挡块垂直向上运动，并带动第二层到达装板位置；(d) 第二层打开并装入工件坯，而其他各层都保持闭合和加压状态，压力为设定压力；(e) 重复上述过程，直到最后一张板；(f) 各层全部装满，压板档块向下运动到底部，然后在向上运动使第一层到装板位置，开始下一个工作周期。在装入板坯的同时，已完成热压的板被推出压机

7.2.2　四面刨床

四面刨床是在木质门加工中不可缺少的重要设备之一，主要用于将工件按照需要的截面形状和尺寸同时对四个面进行加工，如图 7-37 所示。

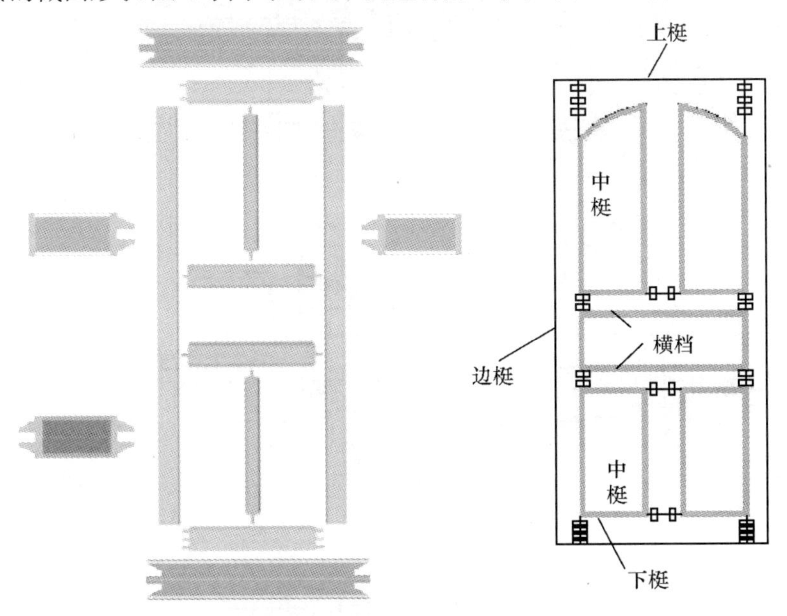

图 7-37　框榫接合的门扇结构

四面刨床的主要结构及特点如下。

1）切削机构

四面刨可以同时加工工件的四个平面，可根据不同的加工要求选用不同的刀轴数目和刀轴布局方案。如图 7-38 和图 7-39 所示。

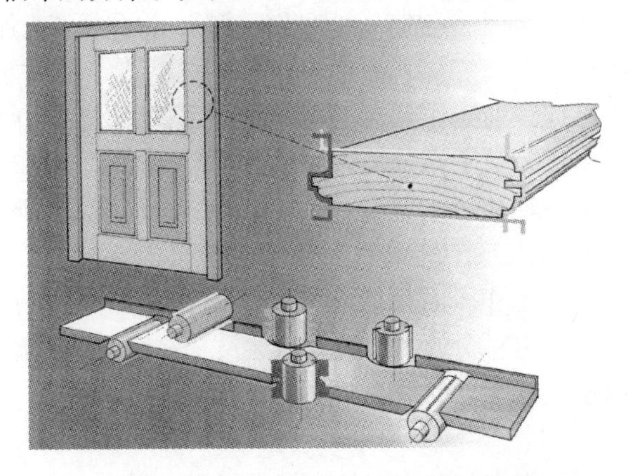

图 7-38　四面刨床加工木质门示意图

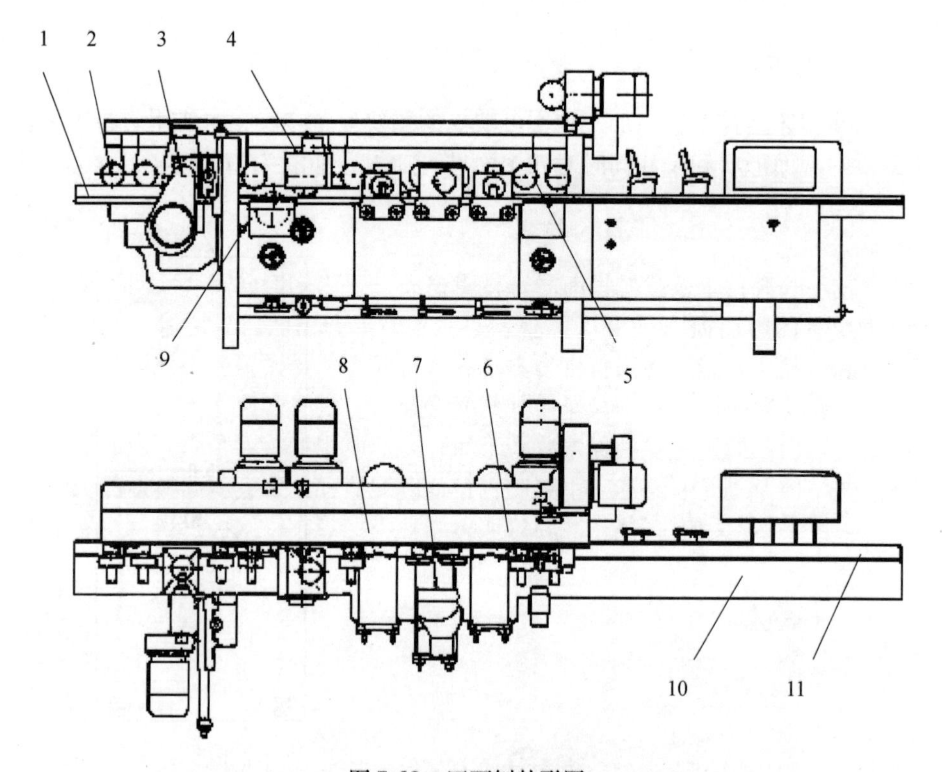

图 7-39　四面刨外形图

1—出料台；2—出料辊筒；3—万能刀头；4—上水平刀头；5、9—下水平刀头；
6、8—右垂直刀头；7—左垂直刀头；10—前工作台；11—导尺

2）进给机构

一般采用滚筒进给，通过液压马达、齿轮装置、传动轴以及进料滚筒实现无级变速，其进给速度一般为6～60m/min，最高可达100m/min。进料辊筒上开有槽纹，以增加进给牵引力，而出料辊筒一般为光滑滚筒，以免损坏已加工表面。

3）工作台及导尺

四面刨的工作台分为前工作台（进料）、后工作台及出料工作台。为了保证下水平轴的工作精度，前工作台多为加长工作台，长度可达2～2.5m，可作垂直调整。将第一水平轴和第二下水平轴之间的工作台做成槽形，则工作台既起支撑作用又起导向作用。在机床的出口处上水平刀头的后面装有出料工作台，一般不需要调整。工作台右侧装有导尺（靠山），作为工件侧面的导向，可以在水平方向调整。出料台的右边装有后导尺，在侧向压紧器的作用下工件总是紧靠导尺，以便保证工件的加工精度。

4）功能

四面刨床主要用于实木门和实木复合门中门梃、帽头、中梃以及横档的纵

向铣型。此外，有的木质门工厂使用四面刨对实木门的门梃和实木复合门门芯板进行四面刨光。

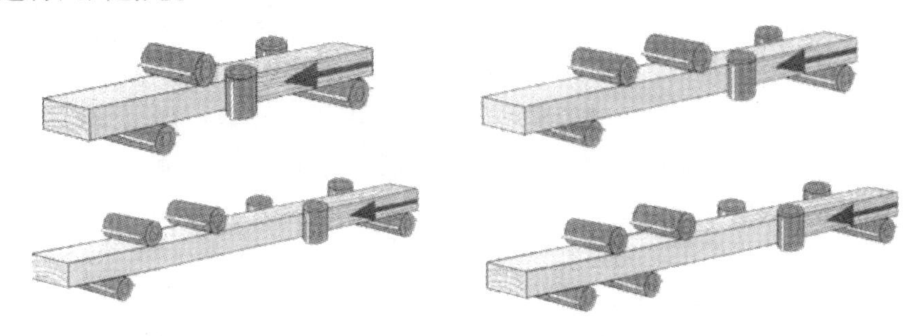

图7-40　各种不同的刀轴布置方案

7.2.3　数控加工中心

在现代木质门的生产中，门扇的造型多种多样，传统的做法一般采用手工来操作，但手工加工生产效率低，不适合大规模工业化生产，且产品质量不稳定。而数控加工中心则是集钻、铣、锯等多种功能于一身，适合于加工各种部件，加工灵活性高，较好地解决了手工操作所存在的问题。下面以德国豪迈（Homag）集团生产的Venture 5M数控加工中心为例进行重点介绍，如图7-41所示。一般情况下，数控加工中心由主机、导引系统、刀库、加工系统、工作台面、控制系统、安装和保护装置等部分组成。

图7-41　Venture 5M型数控加工中心

数控加工中心主要结构特点为：机身和机头为坚固、重型的钢结构，机头可沿X、Y、Z轴方向移动，钻孔和铣刀装置直接配有吸尘口，并提供与外接吸尘装置连接的独立接口。导向系统采用具有防尘保护的线性系统，X轴方向由齿轮驱动，Y轴、Z轴方向由滚珠螺杆驱动。固定工件采用无管式真空夹具系统，配置LED光栅显示装置。通过程序控制，可以检测到夹持梁和夹具上工件的X轴、Y轴定位。控制系统采用基于Windows PC的现代控制系统，操作系统Window XP（US），交互式图形界面，用于生成数控加工中心控制程序，包括图形刀具数据库管理、产品目录管理、计算机数字控制、工作区域的图形显示、错误信息提示等。

在木质门的生产加工中，数控加工中心主要用于各种铣型、雕刻、五金件孔槽的加工，如图7-42所示。

（a）　（b）　（c）　（d）

图7-42　Venture 5M型数控加工中心的功能

（a）锁孔加工；（b）合页槽加工；（c）钻孔加工；（d）铣型加工

7.2.4　双端开榫加工中心

框榫接合的木质门扇在木质门行业中占据了很大的比重，也是木质门产品中非常重要的一类。我国传统的木质门大多采用框榫接合，随着现代工艺的发展，框榫接合也在不断地完善和发展。传统的工艺中门扇的门梃与冒头、横档等部件一般采用直角榫连接，随着机械设备的逐步应用，现代框榫接合木质门中通常采用圆棒榫连接的方式。为了实现这种工业化的生产，用于加工冒头、横档端头榫形的设备——双端开榫加工中心就显得比较重要。如图 7-43 所示。

图 7-43　双端开榫加工中心（德国 KOCH）

双端开榫加工中心由锯切、钻孔、铣形、注胶、插圆棒榫等几个工作单元组成，如图 7-44 所示。

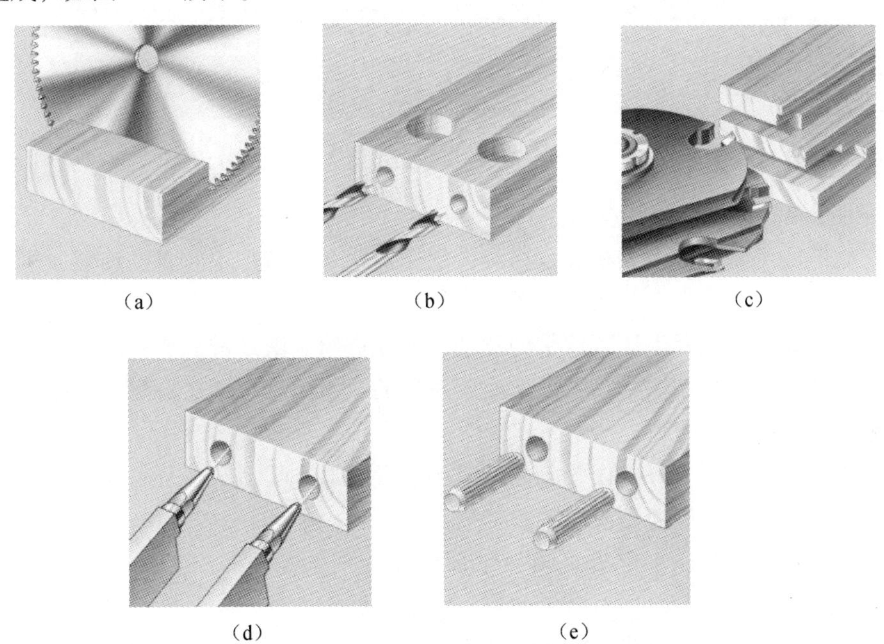

（a）　（b）　（c）

（d）　（e）

图 7-44　双端开榫加工中心的组成单元

（a）锯切；（b）钻孔；（c）铣形；（d）注胶；（e）插圆棒榫

7.2.5 T型封边机

在木质门的生产中，对于企口木质门扇（T型门）和平口木质门扇对口处的封边是至关重要的，传统的平口木质门一般采用实木作为封边条。T型封边机出现后，木单板或PVC等薄型材料代替了传统的实木条封边，较好地解决了门扇封边的问题，节省了材料。下文以德国豪迈（Homag）集团生产的PROFI KFL10/17/PT封边机为例进行重点介绍。

一般情况下，T型封边机由铣形装置和封边装置两大部分组成。其中铣形装置包括预开槽、铣形、修边等，封边装置包括涂胶、加压区、铣槽、封边带前后切断、粗修、精修、布轮抛光及开槽装置等几部分组成，如图7-45所示。

图7-45　T型封边机

T型封边机的主要结构特点：

机器底座采用连续式机架及横梁，用于封边及后续加工装置的安装，机身配置防声罩，在铣形、修边等装置处配置吸尘口。

工件在滚动链及上压紧皮带的驱动下实现进给。滚动链链节销轴两端安装了滚动轴承，沿着镶嵌了粉末冶金耐磨材料的轨道滚动，输送链配设电磁式制动装置，进料速度可调。

在工件的顶部、底部设置分离剂喷涂装置。通过喷嘴从顶、底部对工件进行分离剂喷涂，便于清理溢出的胶状剂。

企口封边时，在木单板直角折弯部位预先划槽，确保加工出来的角度是90°，避免撕裂。

板材吹尘装置，由线点方式控制吹尘动作，工件到则吹气，没有工件时不吹气。

热熔胶装置采用电子温控装置，配设胶粒热熔胶箱，设有LED数字显示器，涂胶辊中间带加热装置，保证涂胶辊的温度均匀一致，确保热熔胶的供应，从而保证胶合质量。

胶线铲刀用于清除涂胶件的多余胶水，上下跟踪，高度随上压装置调节，配硬质合金铲刀，设有电子气动控制吹风嘴，成型铲刀上下调节量最大为50mm。

7.2.6　门芯板异形铣床

木质门中的门芯板属于较宽的板件型面，为了美观往往设计成曲面外形。这种异形的门芯板造型，主要采用仿形铣床来加工。仿形铣床是指铣削加工工件为曲线或曲面外形的铣床，按照实现曲线或曲面铣削的途径，可分为靠模仿形铣床和数控仿形铣床两类，这两类仿形铣床在木质门的异形门芯板加工中都有应用。

1）靠模仿形铣床

靠模仿形铣床是指通过贴靠模型铣削出与模型相同或相似的工件外形轮廓的铣床。利用靠模铣床加工工件时，首先必须做出木质门门芯板所要求的曲线或曲面的靠模，在铣床上铣削曲线外廓或内廓零件时，如果采用普通手工进给铣床，生产率低、强度大、质量差，同时也不安全。在大规模生产或专门化门芯板生产中，使用机械进给的靠模铣床就会克服上述不足。

2）数控仿形铣床

数控仿形铣床是指通过数字或电脑程序控制铣削、进给，从而实现对门芯板曲线的加工。随着数字化技术及电脑在传统制造业中的广泛应用，数控仿形铣床在木质门生产，特别是木质复合门生产中的应用越来越普遍，进一步满足并促进了曲线、曲面、雕花零件在木质门中的大量应用，提高了木质门的装饰性能。数控仿形铣床的特点是不再需要靠模，但需要根据曲面形状编制数字化程序。它加工精度高、效率高、操作简单。可加工木质门中各种较复杂的曲线、曲面，也可雕刻三维立体图案。通过在铣刀轴上安装钻头，还可以完成钻孔加工。一般工件在工作台面的固定是通过真空吸附，操作快速且简便。

7.2.7　真空覆膜机

真空覆膜气垫压机是随着木制品的市场需求，原材料的改进，特别是中密度纤维板在木质门上的应用，不断改进、不断发展起来的。而真空覆膜气垫压机技术的不断完善，反过来又可以促进木质门工艺技术的进步。

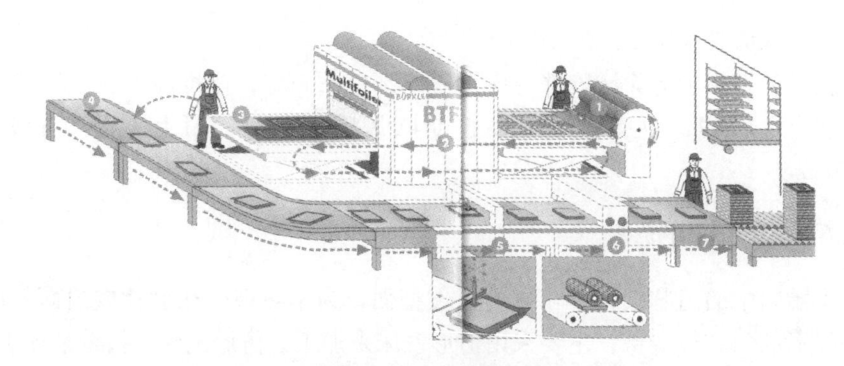

图 7-46 门扇或部件真空气垫覆膜设备工艺过程

真空气垫薄膜压机是专门压贴异形面板式部件的热压机。与其他热压机不同的是通过真空吸附，使装饰材料附着在异形工件的表面上，而它的柔性压垫可对工件异形面进行加热加压，让涂布在基材表面的胶粘剂固化，使装饰材料贴于板件表面，形成具有异形表面的板式部件。其生产工艺过程如图 7-47 所示：①涂有胶并经适当陈放异型门扇板件放置在压机工作台上，铺好装饰材料；②在真空吸附压机中进行吸附、热压；③热压好工件经运输送到修边机；④修边机对边部进行修整；⑤用辊式（或带式）砂光机对工件背面进行砂光；⑥加工完备，堆垛。

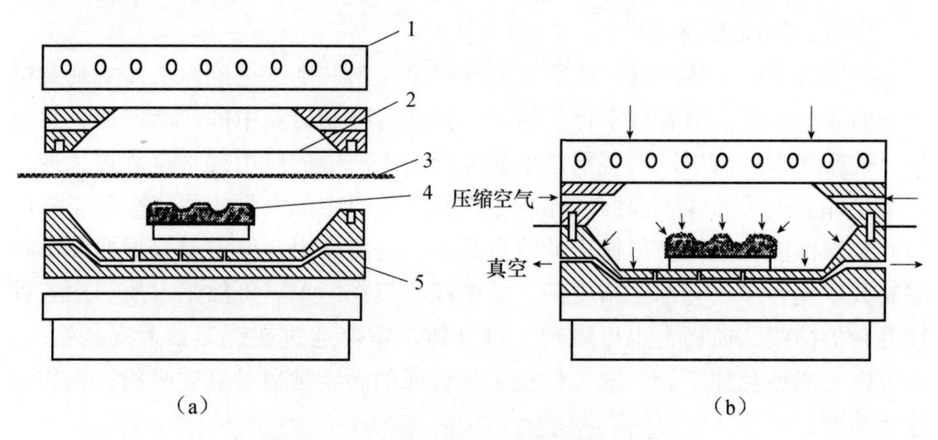

图 7-47 真空覆膜气垫压机的工作原理

（a）开启状态；（b）加压状态

1—上压板；2—薄膜气垫；3—覆面薄膜；4—工件；5—下热压板

真空覆膜气垫压机的工作原理如图 7-47 所示。热压时，在薄膜气垫上腔充气，下压板内抽真空，薄膜气垫与覆面薄膜在等压力作用下包覆在工件表面，从而实现对异形工件的表面包覆。

真空覆膜气垫压机在使用中存在薄膜气垫使用寿命不长、能耗大、生产成本高等问题，目前国外已开发出去掉薄膜气垫的无垫覆贴压机，以便节能和减少生产费用。

无垫覆贴压机也称为热成型与薄膜气垫相结合的压机，其主要特点是用热塑性覆面薄膜代替薄膜气垫。这样，不仅节省了价格昂贵的薄膜气垫，而且可以减少热量损失，更重要的是较薄的薄膜能更好地展示工件的细微表面轮廓。如图 7-48 所示的德国贝高公司的 M8 型压机即为此类压机。

图 7-48　M8 型无垫覆贴压机

无垫覆贴压机主要由进料系统、薄膜输送系统、覆膜热压系统、电控系统等组成。

这种压机的工作原理如图 7-49 所示，上压板上装有密封框架，框架上有管道系统，通过它可进行薄膜的上压腔中的压力调节，下压板上装有同样的密封框架，框架上有管道系统，通过此框架可以进行工件背腔内的压力调节。

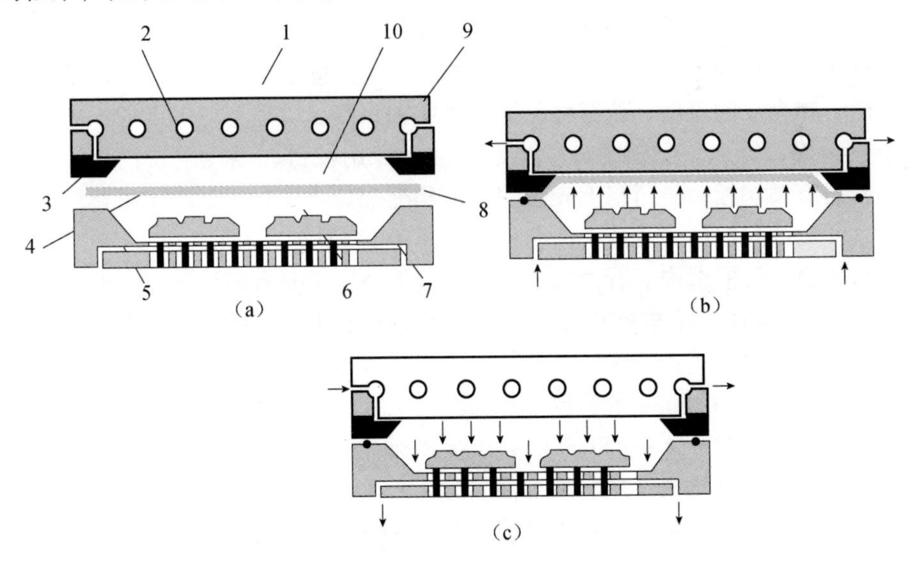

图 7-49　无垫覆贴压机工作原理

（a）开启状态；（b）闭合状态；（c）闭合状态

1—上压板；2—上压腔；3、8—密封框架；4—工件背腔；5、9—管道系统；6—工件；7—下加热板；10—覆面薄膜

工件被送入压机后，热塑性覆面薄膜在上加热板下压后被夹紧在上下框架之间，然后在薄膜上压腔减压，工件背腔升压，以便将冷的覆面薄膜呈平面状地推向上加热板，对薄膜进行加热塑化。覆面薄膜完全塑化后，进行压力的转换，也就是薄膜的上压腔由真空状态转为加压状态，工件背腔由加压状态转为真空状态，使已加热的覆面薄膜热塑成型，避免在工件的凹陷部位形成气泡。下面真空，上面加压，结果是使覆面材料覆贴在工件的型面上，并可呈现工件所有的细微轮廓。

与薄膜气垫压机相比，无垫覆贴压机主要有以下特点：

（1）节省了安装薄膜气垫及其损耗费用，减少了机器的非生产时间，可降低能耗达 50%，能量平衡好，可扩大异形部件的设计造型范围，生产周期短。

（2）可对较薄的材料进行覆面，充分呈现成型工件的细微轮廓；同时，由于工件之间距离小，也可节约薄膜损耗。

7.3 门框加工设备

门框由两个边框和一个上框组成。边框和上框多为 45°斜角接合，用金属连接件接合在一起。门的边框和上框均由一个中板和两个装饰板组成。中板两侧均开槽，装饰板一个侧面开榫。在安装时，装饰板的榫涂胶插入中板的槽中，待胶固化后即连为一体，两个装饰板中一个是固定的，一个是可调的。在安装时，根据墙的厚度，调节榫头插入槽中的深度，以适应墙厚度的误差，其调节量为 0 ~ 20mm。门框的一个边框上装有专用铰链，以便安装门扇，另一个边框装有锁扣板，与门扇上安装的门锁相配合。

木质门的门框结构及各部件名称，见图 7-50。

从木质门门框结构上看，除了金属连接件外，主要有两种部件，即中板和装饰板。中板和装饰板基材一般为实木、刨花板和中密度纤维板，表面装饰一般采用下列几种方式：

（1）贴 0.4 ~ 0.8mm 木单板，并油饰；

（2）表面覆贴 0.4 ~ 0.8mm 的高压装饰板；

（3）表面贴装饰纸及塑料装饰薄膜等。

以上几种表面装饰方式各有特点。贴木单板的显高档、自然，贴高压装饰板则耐磨耐湿性好，可用于厨房、卫生间门。贴装饰纸则比较便宜。所以根据不同用途和要求进行选择。中板的厚度一般在 20 ~ 25mm，装饰板为 15 ~ 18mm。

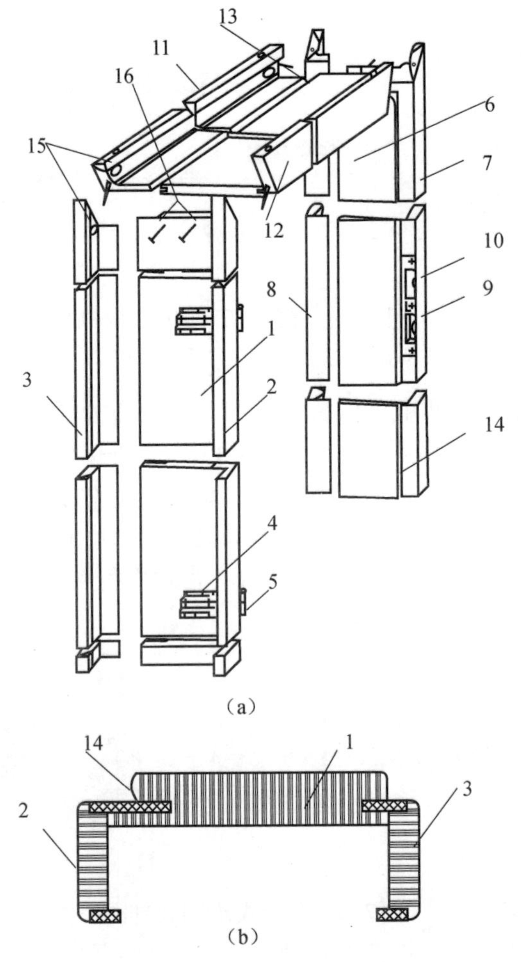

图 7-50　木质门门框结构

（a）部件结构；（b）边框截面

1—边框中板；2—边框装饰板（固定边）；3—边框装饰板（可调边）；
4—铰链座；5—两脚铰链（安装在门框上）；6—边框中板；7—边框装饰板（固定边）；
8—边框装饰板（可调边）；9—锁扣板；10—锁舌板；11—上框装饰板（可调边）；
12—上框装饰板（固定边）；13—上框中板；14—密封条；
15—角板连接孔（用于安装金属连接件）；16—金属连接件

7.3.1　门框部件加工设备

木质门门框的中板和装饰板所用的木材、刨花板和中密度纤维板经过开料后，装饰板要进行 L 型组合，中板两侧均要开槽，用来安装装饰板或者密封条。现在工厂中用于门框中板开槽的主要设备为四面刨。如图 7-51 所示为用于加工门框中板两侧榫槽的四面刨床。

(a)　　　　　　　　　　　　(b)

图 7-51　用于加工门框中板两侧榫槽的四面刨床

(a) 四面刨；(b) MB4015 ×5 四面木工刨床

木质门门框结构中两个边框装饰板和上框装饰板（可调边和固定边）的横截面都成 L 型，这是由两块装饰板坯料呈 90°拼接而成的。在木质门加工中，一般是使用胶粘剂胶合后，然后用气钉固定。对于这种异形拼接胶合设备，大部分木质门工厂都采用集成材用拼板机，采用此类拼板机进行 L 型胶拼，存在停机组坯时间长，生产效率不高，占地面积大等缺点。

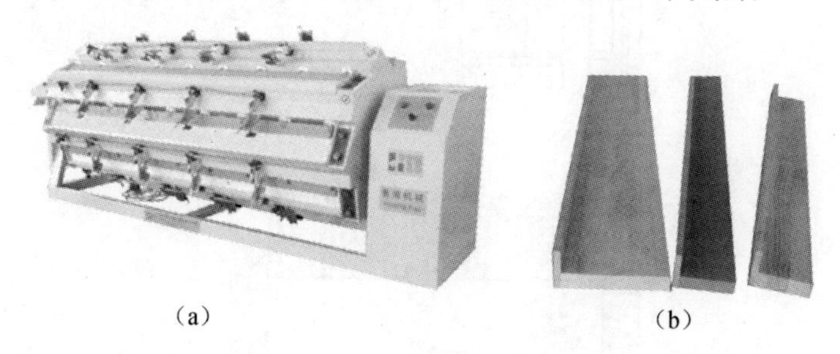

(a)　　　　　　　　　　　　(b)

图 7-52　气囊式异形拼接机

(a) MH1725 型气囊式异形拼接机；(b) 门框装饰板 L 型组合

气囊式异形拼接机，如图 7-52 所示，它适用于木质门边线线条中 T 型、L 型等材料拼接，替代传统的拼板机胶接工艺。工作台面可根据工件宽度调整，拼接主压力产生于气囊式正压机构，可高达 $10kg/cm^2$ 以上，整机具有结构紧凑、安装调节方便、运行安全平稳、生产效率高、占地面积小等特点。

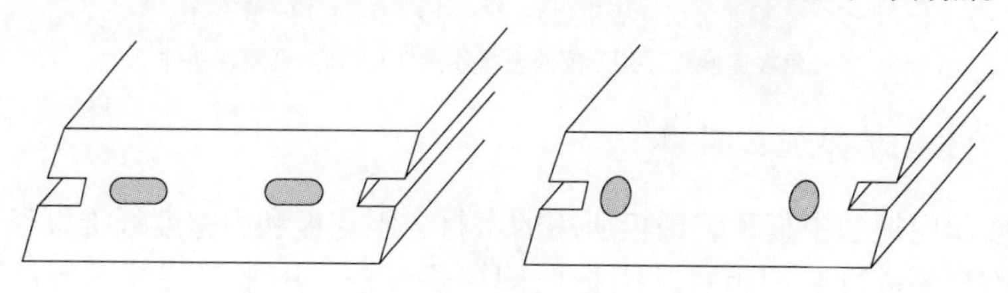

图 7-53　门框中板加工的榫孔形状

如图 7-53 所示，木质门门框中的边框和上框要锯切成 45°，然后通过榫接合完成两个边框和上框的组装。通常都要在中板和装饰板上加工如图 7-53 所示的槽孔和圆孔。由于要加工垂直于 45°平面的榫槽，大部分工厂采用自行设计的设备，其结构较为简单，工作原理如图 7-54 所示。工件 1 固定在工作台上，刀轴 2 装在电动机 3 伸出的轴端，整个切削刀架固定在滑板 7 上，汽缸 5 带动工作台 4 实现进给运动，连杆 8 与偏心轮 9 相连，偏心轮 9 的偏心量可根据榫孔长度来调节。工作时电动机 6 带动偏心轮 9 作圆周运动，进而通过连杆 8 带动滑板及刀轴作沿着槽孔长度方向的往复运动。

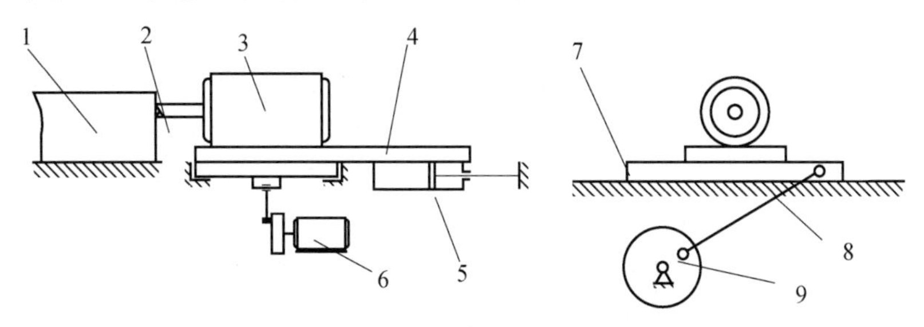

图 7-54　加工榫槽设备工作原理示意图

1—工件；2—刀轴；3、6—电动机；4—移动工作台；
5—汽缸；7—滑板；8—连杆；9—偏心轮

7. 3. 2　门框包覆设备

随着贵重木材的蓄积量越来越少，其价格也越来越高。为了有效地降低成本，提高木材利用率，现在很多木制品上的木线条都采用包覆单板的结构，即基材为中密度纤维板等人造板或者非贵重木材，面层包覆薄木。线条包覆机就是用于在这些基材上包覆薄木的设备。下文将以德国豪迈（Homag）集团生产的 FRIZ 的 OPTIMAT PUM 120/45/WH/R 线条包覆机为例进行介绍，如图 7-55 所示。

图 7-55　FRIZ 的 OPTIMAT PUM 120/45/WH/R 线条包覆机

线条包覆机由机身、进料装置、涂胶装置、压轮系统和控制系统等部分组成。机身采用连续式高稳定机身，可安装加工组件。控制系统可控制驱动马达，它包含4个用于热风扇的电源插口、6个用于工件预加热的电源插口以及用于毛刷的电器预安装装置。传送系统配置21轴工件传送装置，每轴设有2个可替换硅胶施压滚轮，宽10mm，直径240mm。施压滚轮可沿传送轴移动，保证机器的快速调整，每个施压滚轴配设一把刻度尺，滚轮由一附属螺钉固定，可安装于齿轮箱任何一边，方便作360°包边。工件进料导引装置配设于机身左右进料处的可调节导轨，垂直杆安装于机身左右进料处，配设导引辊。贴面料卷展开架可横向调节展开架轴，配有可调校手动制动装置，可接受最大外直径600mm的贴面料卷。热熔胶涂胶装置，热熔量高，加热时间短，热量散失少，加工宽度450mm，最大热熔量50kg/h，独立调节热力循环系统，并设有数字式温度显示。涂胶辊为变频电机驱动，直径为ϕ60mm，有启动防滑功能，可依据工件进料速度及电位计值独立调节不同涂胶速度。耐热硅胶反压辊为气动控制的动力辊，并配置气动快换释放装置。热熔胶箱存储量为自动数显控制，含程序记忆定时及能源节约功能。

7.3.3 门框线条砂光机

木质门是由多个部件组成的，在各个部件中很多部件是线形长条状的。在各个线条的加工过程中，传统的方式采用手工砂光，效率低，已成为整个木质门生产加工中的瓶颈。本文介绍的线条砂光机主要是针对这些线形部件进行砂光，比如门框、贴脸线以及其他的各种木线条。下面以意大利MAKOR公司的LC-9线条砂光机为例（图7-56）重点介绍。

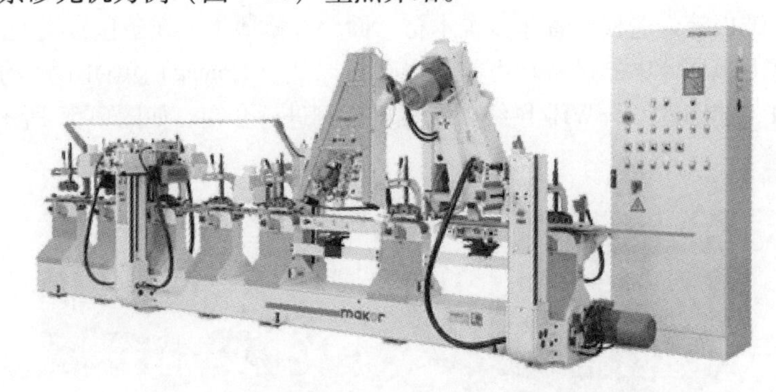

图7-56 LC-9型线条砂光机

砂光机包括3个砂光带和6个砂光轮。采用钢结构，达到最大的稳定性和灵活性，确保工件的最大加工精度，缩短安装设置和维护时间。多种加工装置可安装在砂光机床身上，安装在机座上的整体支柱、滑轨和旋转法兰，实现砂光装置在机器运转期间操作及定位，每个工位上都安装有砂光头（中空），倒数第二个工位上安装反向砂光头。

工件的输送是由80mm宽的无接缝输送带实现的，输送带的上方有两个顶部齿轮，下方为抗磨材料制成的光滑表面。输送带由直接安装在减速齿轮上的滚筒驱动，齿轮间通过传动轴连接，减速机通过变频电机驱动，利用变频调节工件进料速度。每个上压装置都配备弹簧和3个橡胶轮，可通过一个无任何工具操作的快速锁停装置进行调节，通过安装在压力装置顶部撞击杆的两个不同的压缩等级来调节压力。对齐引导装置分为几个部分，其上还安装橡胶轮，每个部分都可通过自动对齐滑轨进行调节。机器的右边每个滑轨还配设滑行引导，使所有的导轨都能准确对齐。每个砂光区都配设微调盘，侧向引导桥与侧向引导装置直接相连。

电子控制柜用于控制机器，可直接控制每个砂光装置，包括紧急控制装置、手动开启传输装置、每个砂光头的单独控制开关。

7.3.4　门框切角、锁孔和铰链孔数控加工中心

门框是木质门中一个关键的部件，由两根边框、一根或者两根上框组成，门框的结构种类比较多，在门框上所做的加工也比较多。如边框与上框长度尺寸的加工，边框与上框的角部连接加工，锁孔、合页槽等五金孔的加工等。在传统的木质门生产中，这些过程是分散为多个工序来进行加工的。本文介绍的门框加工中心，将这些功能集于一身，可以完成长度锯切、角部连接加工以及五金孔槽的加工，如图7-57所示。

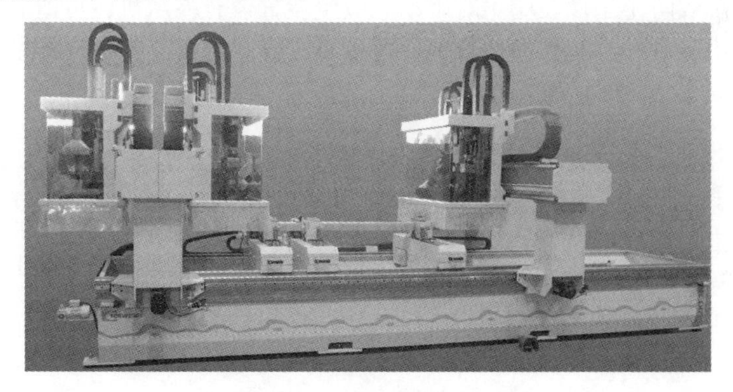

图7-57　门框数控加工中心

门框数控加工中心由机身和加工主轴组成。加工主轴一共配置三个，包括一个五金件孔槽加工组合主轴，另外两个分别用于锯切、钻孔、铣五金件孔槽。

在锯切过程中，锯切的行程沿着U型门框的外沿轨迹运转，避免锯切对工件所造成的崩茬等现象。该设备可一次实现门框的定长、铣形等加工，加工精度高。同时，在该设备上面可以把门框和贴脸板连接在一起后，一次加工解决了门框与贴脸板多次加工所造成的误差问题，保证了加工精度，使上框和边框组装后拼接严密。门框采用多方位的定位钳固定，确保贴脸板与门框的夹角为直角。

7.4　木质门涂饰设备

7.4.1　平面UV辊涂、砂光及干燥设备

随着市场对平板门的需求量不断增加，传统的手工涂饰加工产量低，质量差，劳动强度大，已不能满足现在的生产要求。辊涂具有生产效率高、涂料损失小，对涂料黏度的适应性强等优点，适于对大平面工件的表面涂饰，可以用来对薄木饰面的平板门扇进行涂饰。通过粉尘清扫、着色、填平、涂腻子、涂底漆、涂面漆等工序，可实现木质门UV漆全自动涂饰。

7.4.1.1　粉尘清扫机

粉尘清扫机主要由清扫装置和输送系统组成，如图7-58所示。清扫装置使用寿命长，刷辊更换方便，刷辊高度可调节，并有机械读数显示器，除尘罩通过一组吸管与吸尘装置相连。通过橡胶辊传送板材，采用变频调速控制进料速度，可有效防止工件在刷尘时串动。吸尘装置设有鼓风机，可清除工件表面的积尘。用防滑纤维制作的抗溶剂输送带具有导向装置，使小尺寸工件高速传送时，也能平稳可靠、噪声小。

7.4.1.2　均色毛刷机

均色毛刷机主要由着色装置、高度调节装置和输送系统组成，如图7-59所示。其主要结构特点如下。

1）着色装置

着色刷采用独立变频驱动控制，抗磨损，使用寿命长，刷扫配件更换方便，刷扫压力可调。

2）高度调节装置

采用手轮调节刷辊高度，可数字显示，配有电动快速升降系统，方便调节。

3）输送系统

配设用于吸附工件的孔式循环输送带，变频调速控制进料速度。配设真空系统，用于吸附工件，确保工件运行平稳，着色均匀。输送带具有导向装置，

确保皮带运行稳定，不跑偏，其除静电机构可有效防止皮带表面带电积尘。

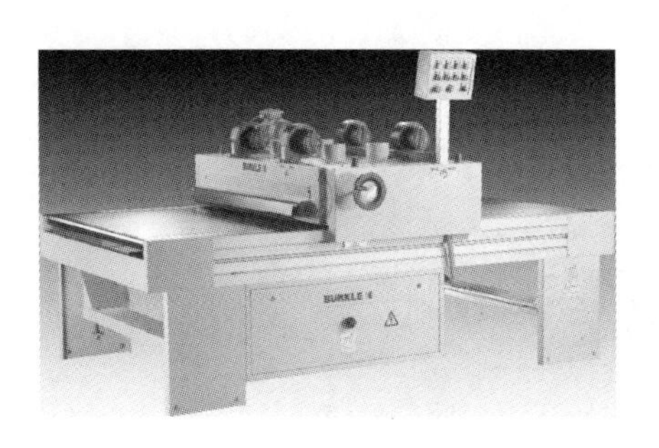

图7-58　粉尘清扫机

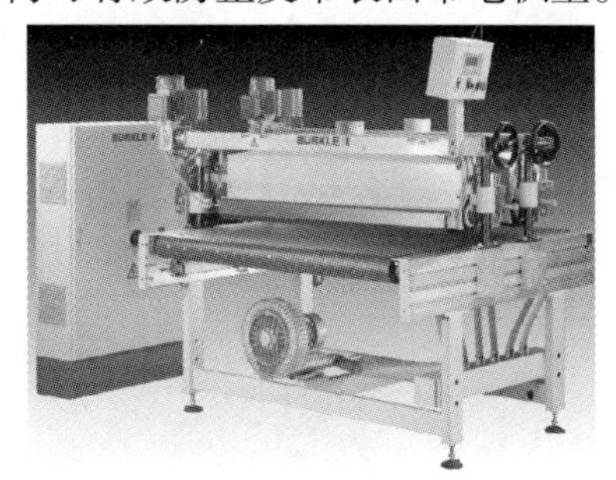

图7-59　均色毛刷机

7.4.1.3　辊涂机

辊涂机主要由辊涂装置、高度调节装置、油漆循环系统、机身及输送系统组成，如图7-60所示。其主要结构特点如下。

1）辊涂装置

辊涂辊采用独立电机驱动，无级变频调速。辊涂辊分为定量辊和涂布辊，辊涂辊外包橡胶，两端经过防腐蚀处理。快换系统用于快速更换辊涂辊，配有易拆卸型联轴器。定量辊与涂布辊上设有震动刮刀，可有效提高涂布质量。硬质镀铬定量辊配有辊筒调节装置。手轮上的读数显示器可显示开口调节范围。安全罩配有安全开关。

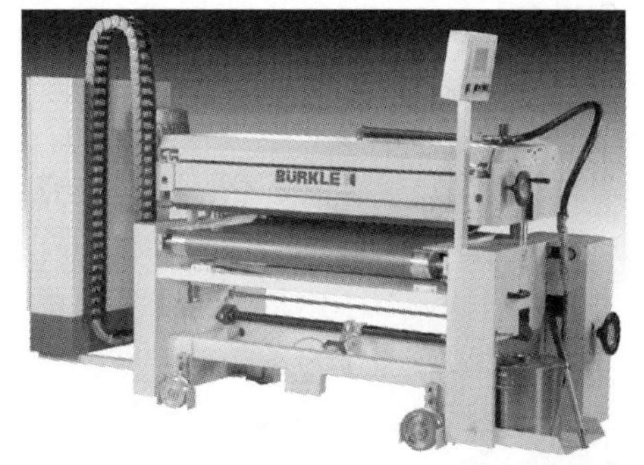

图7-60　DAL1-1300型辊涂机

2）高度调节装置

通过导柱实现辊涂装置与工作面在高度方向上的调节。

3）油漆循环系统

气压式双隔膜泵配有减压阀及开关，用于油漆供给，适用于黏稠油漆的输送，通过化学管道及特殊钢管输送油漆，配有油漆排放管及开关。侧边的油漆收集槽及回流槽由特殊钢制成，两辊筒端部油漆回收漏斗配有塑料刮板并带弹簧压紧器，紧贴辊筒端部，可有效防止油漆外溢。

4）机身及输送系统

机身整体焊接加工而成，可有效保证各工件的安装精度；大型反向承压辊外包橡胶，位于涂布辊的正下方，进料传送带设有自动辊轮矫正装置。

7.4.1.4　腻子机

腻子机主要由涂布装置、平整装置、腻子循环系统、高度调节装置、安全开关、机身及输送系统组成，如图 7-61 所示。其主要结构特点如下：

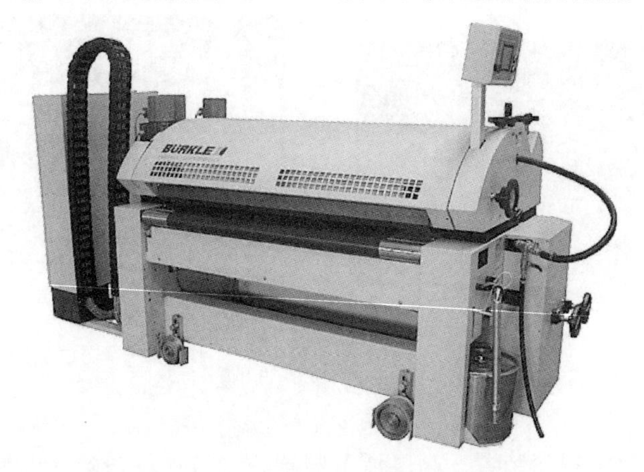

图 7-61 腻子机

1）涂布装置

主涂布辊由独立电机直接驱动，无级变频调速控制。主涂布辊外包橡胶，两端经过防腐蚀处理。联轴器快换系统用于快速更换主涂布辊，主涂布辊及定量辊上分别设有震动式刮刀和刮刀支撑架，刮刀片可快换，方便清洁，由自锁式蜗轮蜗杆调节。定量辊也由独立电机直接驱动，操作面板上的一个换向开关可根据需要改变定量辊的旋转方向，定量辊配有蜗轮蜗杆定量调校装置，手轮上的读数显示器可显示开口调节范围。安全罩设有安全保护开关。

2）平整装置

平整辊由独立变频电机直接驱动，可无级变频调速控制。平整辊刮刀配 1 支可换刮刀片。平整辊和涂布辊间距约 0.5mm，涂布辊翻新后重新涂布时距离可重新调节。

3）腻子循环系统

气压式双隔膜泵配有减压阀及流量调节阀，用于腻子的安全进料，适于黏稠腻子的输送。通过化学管道及特殊钢管输送腻子，配有涂料排放管及流量调节阀。侧边的腻子收集槽及回流槽由特殊钢制成。两辊筒端部腻子回收漏斗配有塑料刮板并带弹簧压紧器，紧贴辊筒端部，可有效防止腻子外溢。

4）高度调节装置

两个独立的电机驱动的升降减速箱驱动导杆，可准确导向辊涂与填充平整装置上下运动，由操作面板上的功能键操作实现特别设计的伸缩式风箱，可有效防止灰尘的积集。数字显示仪可显示工件高度。

5）机身及输送系统

机身整体焊接加工而成，有效保证各工件的安装精度。大型反向承压辊，外包橡胶，位于涂布辊和填充平整辊下。送料运输系统设有自动控制的输送带控制轮，由变频控制实现无级变速。

6）安全开关

进出料端及机身罩盖均设有安全开关。

7.4.1.5　热风干燥隧道

热风干燥隧道主要由干燥隧道和输送系统组成，如图7-62。其结构特点如下：

1）干燥隧道

50mm厚隔热层，两侧设有观察窗，可随时观察和调整工件及热风工况。设有温度自动检测装置，可随时按照设定值自动调整热源介质流量，从而达到调节混合气流温度的目的。混合气流可循环利用，节省能源。循环气流量和气流速度可调节，采用特殊喷嘴，有效提高干燥速度及干燥均匀性。

2）输送系统

传送电机采用变频调速。

7.4.1.6　流平机

流平机主要由流平隧道和输送系统组成，如图7-63所示。其主要结构特点为：

1）流平隧道

50mm厚隔热层，两侧设有维修观察门，方便更换IR灯管，并对设备进行维护。设有温度检测装置，根据检测数值控制加热管的开启量，保障流平隧道温度满足使用要求。流平隧道密封严密，防尘效果好，工作温度不超过50℃。

2）输送系统

滚筒为铝合金，可自由旋转通过变频调速实现无级变速。

图7-62　热风干燥隧道

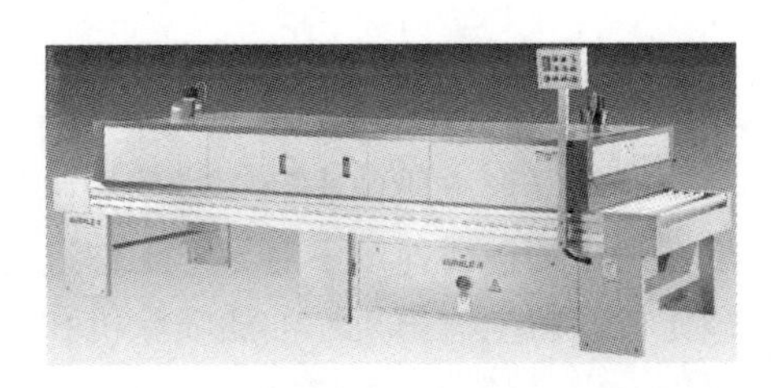

图7-63　流平机

7.4.1.7 UV 三灯干燥机

UV 三灯干燥机主要由干燥系统和输送系统组成，如图 7-64 所示。其主要结构特点为：

1）干燥系统

三个紫外灯管组，配有 1400mm 长阳极门铰式灯罩，方便更换灯管及检查安全反射灯片。三个水银紫外线灯管，功率密度为 120W/cm（或 80W/cm），长度 140cm，配有弹簧插座。三个铝质反射罩配有可更换式反射片。两个紫外灯管组成一个灯箱组件，另一个紫外灯管组成一个单独的灯箱组件，每个灯箱组件设有离心风机，用于排放产生的热量，可有效控制灯箱内温度。每个灯管单元由独立电源装置控制，每个电控装置由一个独立感应变压器等相关组件构成，电功率为 16.8kW（或 11.2kW），配有电力节约装置。当输送带停止时，由两套用于反射罩摆动系统的气缸自动反转将紫外光遮住，且配有灯影屏蔽装置。

2）输送系统

滚筒为铝合金，可自由旋转通过变频调速实现无级变速。

图 7-64 UV 三灯干燥机

7.4.2 异形喷涂及干燥设备

对于异形木质门表面一般采用喷涂的方法进行加工，如图 7-65 所示，可以在适中的进给速度下对异形工件进行涂饰，油漆喷涂线主要由输送机、油漆砂光机、粉尘清扫机、油漆喷涂机和垂直干燥机等组成。

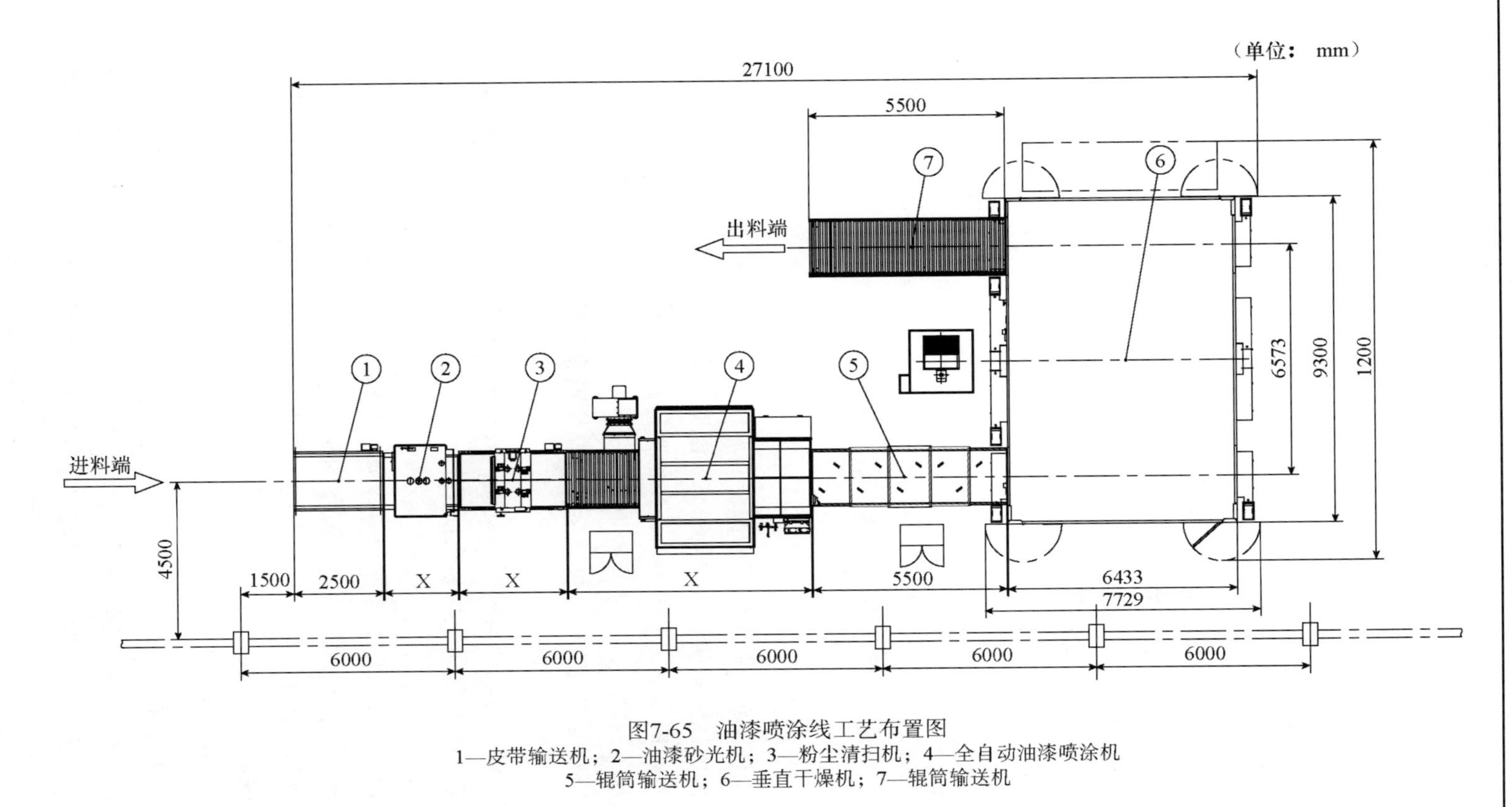

图7-65　油漆喷涂线工艺布置图

1—皮带输送机；2—油漆砂光机；3—粉尘清扫机；4—全自动油漆喷涂机

5—辊筒输送机；6—垂直干燥机；7—辊筒输送机

7.4.2.1 全自动油漆喷涂机

全自动油漆喷涂机主要由输送系统、过滤与安全装置、循环往复机构、油漆清洁回收系统和电控系统组成，如图7-66所示。其主要结构特点为：

1）输送系统

进料滚筒输送机由变频电机控制。光电感应系统可探测来料工件的形状、尺寸和位置，从而控制喷漆的时间和范围，提高油漆利用率。喷涂区域采用皮带输送机输送，传送皮带系统采用开放式设计，更换时只须拆卸皮带的主动辊与被动辊，无须拆卸机架，方便皮带的更换和维护。防腐蚀材料制成的无接缝皮带适用于各种油漆和着色剂。传送机前伸端设实体防尘罩体，后延端采用透明防尘罩体，通过变频器调节进料速度。

2）过滤与安全装置

喷涂室为钢焊接结构，喷房设有移动门，方便人员进出与维护操作，压力系统由预过滤单元、四个风机、气流正压系统、顶部过滤系统组成，用于喷房内气流的过滤与正压的形成。排风系统由双重过滤系统和排风管路组成，变频控制进风风量以调节喷房内压力形成正压，防止外部灰尘进入。喷房内设有防火照明系统及防爆系统。

3）循环往复机构

宽幅往复机构和宽敞的喷涂空间即便在较高的进给速度下也可实现喷涂区域内气流的优化流动。油漆喷涂系统配有两个循环往复机构，可以实现相位差调整设置，由无电刷电机驱动，在精密导轨上实现往复移动。双循环往复机构置于过滤顶部之上，可独立控制往复运行速度。两个喷涂臂均配有喷枪支承座，可以装配四把喷枪，可完全覆盖整个喷涂区域。

4）油漆清洁回收系统

配有油漆自动清洁和回收装置，具有两个镀硬铬钢辊和清洁刮刀，用以清洁回收散布在传送带上的残余油漆。

5）电控系统

人性化的人机图形界面方便各种工作参数和设备参数的输入。通过产品报告、诊断、故障清除程序实现设备的简易化管理，停机后自动检测。根据工况需要可进行不同的参数设置并可存储多达十个程序。每把喷枪可单独实现开启和关闭控制。

7.4.2.2 垂直干燥机

垂直干燥机主要由闪蒸区、加热干燥区、冷却区、输送系统和电控系统组成，如图7-67所示。其主要结构特点为：整机分闪蒸区、加热干燥区、冷却区，各区配有隔挡装置，各区均匀布置的通风系统，可有效保证每个托盘之间的风速和风量均匀一致，干燥效果较好。每个区之间都设有检修通道，确保获得良好的工作环境。配备88个托盘，使工件在机内较长时间干燥，以保证干燥质量。托盘配有独立防尘盖板，可有效防止交叉灰尘污染，保证工件漆面清洁。型钢外部框架配有方便托盘上下垂直移动的滑道，托盘移动由一个电容磁制动电机和链传动系统完成。托盘配合传送滚筒实现水平和垂直方向的加荷和卸荷，所有的托盘均带有防护涂层，并覆有防护条，保证工件漆面不受损。变频控制的齿轮马达在托盘处于载荷和卸荷位置时用以调节托盘速度。传动系统保护装置，保证输送装置长久运行正常，减少运动部件的损伤。热风输送系统分进风区和出风区，在对称位置设有离心风机，加热区配有自动导热循环的加热装置，气流通道设有空气过滤装置，吸风区设有气流选择开关和风机。通风防尘系统可有效控制气流速度与流量，使设备在工作过程中具有较好的通风防尘效果。闪蒸区域及加热通风循环系统能提高干燥效率并降低能量消耗，平稳的工件传送，不会使工件滑动而引起损坏。

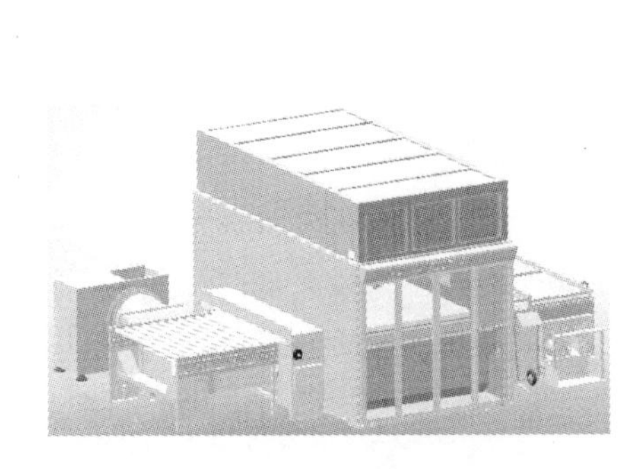

图7-66　全自动油漆喷涂机

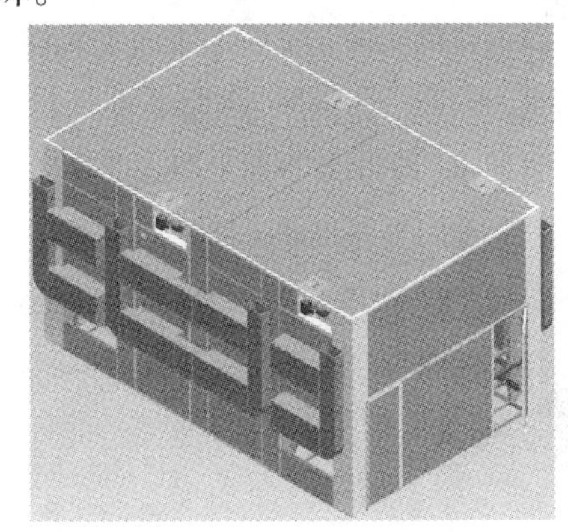

图7-67　垂直干燥机

7.4.3　门框喷涂设备

门框线条喷涂机由机身、输送装置、喷涂装置等几部分组成，如图7-68所示。其结构特点为：机身重要部件由钢板和钢管组成；前进料通过变频器调节速度，工件通过特殊防腐材料制成的输送带和钢辊传送；油漆工作间为整个工作区域提供完全防护，通过吸尘和过滤系统避免有害物质扩散至环境中去；前门宽敞，方便安装，维修保养简单，配有玻璃墙，可以观察喷枪工作；工作间内有工作台，配有独立支架摆放喷枪，不锈钢油漆桶可以收集和回收多余的油漆，油漆桶可移动便于清洗；大型号的吸尘箱可降低空气流通速度，促成蒸发油漆的析出，保证过滤系统的有效性；在出料边设有边门，方便更换过滤器、清洁和视察；盛放多余油漆的容器在吸尘区域前内侧，换气扇将过滤掉的空气输送到外界；喷枪根据进料速度可进行自动调节，这样可以减少油漆浪费，降低油漆粉尘和溶剂的排放；当吸尘系统不工作时，安全系统可以避免油漆飞溅。

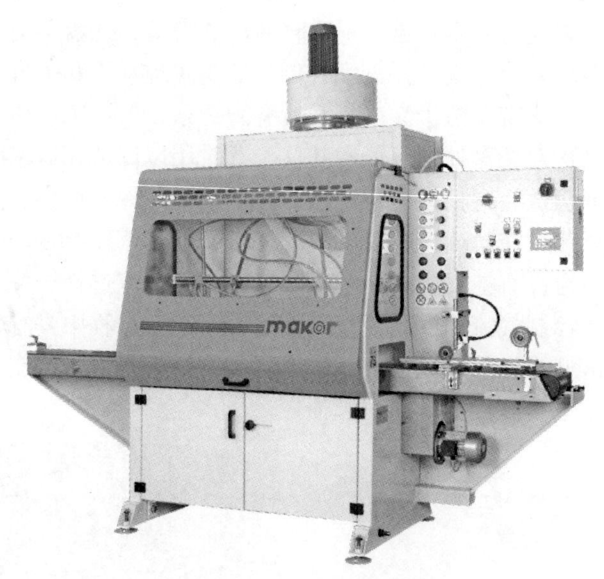

图 7-68 门框线条喷涂机

第 8 章　木质门涂饰

木质门涂饰是指对木质门表面进行着色、磨光、涂装涂料等一系列加工，形成一层漆膜，使木质门表面具有一定的色彩、质感、光泽以及耐磨性、耐水性、耐化学药品性等，从而延长木质门的使用寿命，提高木质门的附加值。

8.1　涂饰基础知识

8.1.1　涂料

涂料是涂于物体表面能形成具有保护、装饰或特殊性能的固态涂膜的一类液体或固体材料之总称。早期大多以植物油为主要原料，故有油漆之称。现合成树脂已大部或全部取代了植物油，故称为涂料。

8.1.1.1　涂料组成

绝大多数液体涂料是由固体份和挥发份组成，将液体涂料涂于制品表面形成薄膜时，涂料组成中的一部分将变成蒸汽挥发到空气中去，这一部分称为挥发份，其成分是溶剂；其余不挥发的成分留在表面干结成膜，这一成分就称作固体份，即能转变成固体漆膜的部分，它一般包括成膜物质，着色材料与辅助材料（助剂）三大部分。

1）成膜物质

成膜物质是液体涂料中决定漆膜性能的主要成分，也可称为主要成膜物质，是一些涂于制品表面能干结成膜的材料，当涂覆到物体表面时，经过物理或化学变化，能形成一层致密的连续的固体漆膜。可以作为涂料成膜物质的主要原料包括早年主要使用的油脂和近代涂料工业大量应用的各种树脂（尤其是合成树脂），有些涂料完全使用合成树脂。

2）着色材料

作为涂料组成成分以及涂饰木材时用于调制着色剂、填孔剂、腻子等着色材料，也可称为次要成膜物质，主要包括颜料和染料。

颜料是一种微细的粒状物，不溶于它所分散的介质中，具有良好的遮盖力、着色力、分散度和对光、热稳定性。颜料是制造色漆的重要组分，用于制造调和漆、磁漆等各种色漆，而且是木制品涂饰过程中不可缺少的原料，如调配各种填孔剂、着色剂和腻子。颜料的作用不仅仅是色彩和装饰性，更重要的作用是改善漆膜的物理化学性能、提高漆膜的机械强度、附着力、防腐性能、耐光性和耐候性。

颜料分着色颜料和体质颜料。着色颜料是指具有一定着色力与遮盖力，在色漆中主要起着色与遮盖作用的一些颜料，用于调制各种着色剂，能为木质基材表面着色，具有白色、黑色或各种彩色。体质颜料，又称填料，是指那些不具有着色力与遮盖力的白色和无色颜料，主要作用是能增加漆膜的厚度与体质，增加漆膜的耐久性，常用的品种有碳酸钙和滑石粉等。

染料是一些能使纤维或其他物料牢固着色的有机物质。大多数染料的外观形态是粉状的，少数有粒状、晶状、块状、浆状、液状等。一般可溶解或分散于水中，或者溶于其他溶剂（醇类、苯类或松节油等），或借适当的化学药品使之成为可溶性，因此也称作为可溶性着色物质。染料一般不作为涂料的组成成分，只有少数透明着色清漆中放入染料，但是在木材涂饰中却广泛使用染料溶液进行木材表层着色、深层着色以及涂层着色。

木质门涂饰常用的染料种类：直接染料、酸性染料、碱性染料、分散性染料、油溶性染料和水溶性染料。

3）辅助材料

助剂也称为涂料的辅助材料组分，但它不能单独形成涂膜，它在涂料成膜后可作为涂膜中的一个组分而在涂膜中存在，在涂料配方中用量很少，但能显著改善涂料或漆膜某一特定方面的性能，所以也可将其称为辅助成膜物质。涂料中加入某种辅助材料可以进一步改进涂料性能和漆膜性能。不同品种的涂料需要使用不同作用的助剂；助剂的使用要根据涂料和涂膜的不同要求而定。常用的辅助材料种类有催干剂、增塑剂、固化剂、防腐剂、流平剂、消泡剂、脱漆剂等。

4）溶剂

液体涂料除了固体份外的重要组成成分就是溶剂，其是一些能溶解和分散成膜物质，在涂料涂装之际使涂料具有流动状态，有助于涂膜形成的易挥发的材料。

8.1.1.2 常用涂料

1）硝基漆（NC）

硝基漆又称硝酸纤维素（Nitrocellulose Lacquer）漆，俗称硝基蜡克，是以硝化棉（硝酸纤维素）为主要成膜物质，并与醇酸树脂或丙烯酸树脂、松香树脂、增塑剂和混合溶剂等组成的一类溶剂挥发型涂料。

硝基漆以硝化棉为主体，加入合成树脂、增塑剂、溶剂与稀释剂即构成了硝基清漆，再加入颜料则组成色漆品种。其中硝化棉与合成树脂作为成膜物质，增塑剂可提高漆膜的柔韧性和附着力，颜料则使色漆品种具有某种色调与遮盖性。上述四种成分构成硝基漆的不挥发份，其质量仅占硝基漆的10%～30%。漆中溶剂与稀释剂用于溶解硝化棉与合成树脂，是硝基漆中的挥发份，占硝基漆的70%～90%。硝基漆是涂料中比较重要的一类，在我国应用历史较久，至今仍用于木质门涂饰。

硝基漆属挥发型漆，将其涂于木质门表面，其中的溶剂全部挥发后，涂层便固化成膜，因此干燥迅速。成膜过程中没有化学反应，涂饰作业效率高。硝基漆装饰性好，颜色浅、透明度高，可充分显现木材的天然纹理；漆膜坚硬，打磨、抛光性好，可获得光泽的表面，经久耐用；漆膜坚硬耐磨，具有较高的机械强度，但有时硬脆易裂；有一定的耐水和耐稀酸性能，但不耐碱，耐热、耐寒，耐候性也不高。

2）聚氨酯树脂漆（PU）

聚氨酯树脂（Polyurethane，pu）漆即聚氨基甲酸酯漆的简称，是由多异氰酸酯（主要是二异氰酸酯）和多羟基化合物（多元醇）反应生成，以氨基甲酸酯为主要成膜物质的涂料。

聚氨酯树脂漆根据涂料形态可分为两大类，即单组分型与双组分型。双组分型根据含羟基的不同可分为丙烯酸聚氨酯、醇酸聚氨酯、聚酯聚氨酯、聚醚聚氨酯、环氧聚氨酯等品种。根据化学组成与固化机理，聚氨酯树脂漆可分为聚氨酯改性油、湿固化型、封闭型、催化固化型与羟基固化型等五种。其中羟基固化型聚氨酯漆是目前我国木质门、木质家具与室内装修等普遍使用的涂料。

聚氨酯树脂漆由于含有相当数量的氨酯键，氨酯键的特点是在高聚物分子之间能形成非环或环形的氢键，在外力的作用下氢键可分离而吸收外来的能量，当外力除去后又重新形成氢键。氢键裂开，又再形成的可逆重复使聚氨酯漆膜具有高度机械耐磨性和韧性。漆膜具有优良的耐化学腐蚀性能，耐酸、碱、盐类、水、石油产品与溶剂等；具有较高的耐热耐寒性、耐温变性；具有良好的附着力。漆膜表面平滑、丰满、光亮，具有很高的装饰性并兼具有优良的保护性能，是木质门涂饰的常用涂料。

3）不饱和聚酯漆（PE）

由多元醇与多元酸缩聚而制得的产物称聚酯。聚酯的原料中含一定数量的不饱和二元酸，所得产物称为不饱和聚酯。改变各种醇类和酸类的品种和相对用量，可以得到一系列不同的高聚物。不饱和聚酯树脂有它独特的性能，而今已成为种类繁多，应用广泛的木质门用涂料。

不饱和聚酯漆是以不饱和树脂为成膜物质的一类漆，它是一种多组分漆。

其中有主剂为不饱和聚酯、苯乙烯单体。最普遍采用的二元醇是1，2—丙二醇；常用的不饱和二元酸是顺丁烯二酸酐及反丁烯二酸等；单体选择的是苯乙烯。不饱和聚酯与苯乙烯的成膜反应需要有辅助原料引发剂和促进剂、颜料、染料及阻聚剂等。

不饱和聚酯漆是独具特点的高级涂料，漆中的交联单体苯乙烯兼有溶剂与成膜物质的双重作用，使聚酯漆成为无溶剂型漆，成膜时没有溶剂挥发，漆的组分全部成膜，固体份含量为100%。涂饰一遍可形成较厚的涂膜，这样可以减少施工涂层数，而且施工中基本无有害气体的挥发，对环境污染小。漆膜的综合性能优异，漆膜坚硬耐磨，并耐水、耐湿热与干热，耐酸、耐油、耐溶剂、耐多种化学药品，且具绝缘性。漆膜外观丰满、充实、具有很高的光泽与透明度，清漆颜色浅，漆膜保光保色，有很强的装饰性。

4）光敏漆（UV）

光固化涂料也称光敏漆、紫外线固化涂料或UV涂料，其涂层必须在一定波长的紫外线照射下才能固化。光敏漆的主要成分有反应性预聚物（光敏树脂）、活性稀释剂与光敏剂；另外根据需要可加入其他添加剂，如填料、颜料、流平剂、促进剂等。光敏树脂是光敏漆的主要成膜物质，属聚合型树脂，含不饱和双键；活性稀释剂作用是降低涂料黏度，使之便于涂布，并在固化时产生交联，应用最多的是苯乙烯；光敏剂也称紫外线聚合引发剂，即能吸收特定波长的紫外线（250～400nm）并产生活性分子，从而引发聚合反应的添加剂。

光敏漆中的光敏树脂性能优异，用于涂饰中高档制品，其装饰保护性能很高，固体份含量高，属无溶剂型涂料。该漆漆膜平整丰满，光泽度高，耐磨、耐热、耐酸碱性强。涂层干燥速度快是其主要优点，涂层在几秒至几分钟内即可达实干，为组织机械化连续流水线创造了优越条件，大大提高了生产率。

5）酚醛树脂漆

酚醛树脂漆是指主要成膜物质中以酚醛树脂或改性酚醛树脂与干性植物油为主要树脂的一类涂料。涂料工业使用的酚醛树脂有醇溶性酚醛树脂、松香改性酚醛树脂、油溶性纯酚醛树脂。

木质门用酚醛树脂漆主要用松香改性酚醛树脂与干性油共同作为成膜物质制造的油性酚醛树脂漆。松香改性酚醛树脂是将酚与醛在碱性催化剂存在下生产的可溶性酚醛树脂，再与松香反应并经过甘油酯化而得到的红棕色透明的固体树脂。所用干性油主要是桐油和亚麻油，桐油可提高漆膜的耐光、耐水及耐碱性；亚麻油常以厚油（聚合油经初步热聚合黏度增加）的形式加入，它既改善漆膜性能，又在制漆时用来冷却，以防漆料过度聚合而胶化。

6）醇酸树脂漆

醇酸漆是以醇酸树脂为成膜物质的一类涂料。醇酸树脂是由多元醇、多元酸与一元酸经酯化缩聚反应制得的涂料用树脂。醇酸树脂本身是一个独立的涂料材料，其性能优异、附着力、光泽、硬度、耐久性、耐候性都是油性漆所远远不及的，因此醇酸树脂及所制漆在涂料工业中占有极为重要的地位。

木质门涂饰应用较多的是醇酸清漆和醇酸磁漆。醇酸清漆一般由醇酸树脂加入适量溶剂与催干剂制成，溶剂多用松香水、松节油和苯类，催干剂多用环烷酸钴、环烷酸锰、环烷酸铅等。磁漆是在清漆组成成分的基础上加入着色颜料与体质颜料。

7）水性漆

水性漆是指成膜物质溶于水或分散在水中的漆，是一种以水作为主要挥发分的涂料，主要有水溶性漆和乳胶漆两种。水溶性漆一般由水溶性树脂、水和各种助剂等组成，乳胶漆的主要组成是水分散聚合物乳液与各种添加助剂。水性漆由于用水作溶剂和稀释剂，代替了有机溶剂，因此它的生产成本低，施工过程中也不产生挥发性气体，不会对环境造成污染，且在贮存、运输或使用过程中无火灾或爆炸的危险。

8.1.2　涂饰的分类

目前最常用的木质门涂饰可按漆膜的透明度、光泽度及基材填孔状况进行分类。

1）按漆膜的透明度分类

按漆膜的透明度可以分为透明、半透明和不透明涂饰三类。透明涂饰是指完全使用透明涂饰材料（如透明清漆、透明着色剂等）涂饰木质门，在表面形成透明漆膜，保留并显现基材的真实质感，多用于木质门或实木单板贴面的人造板制品的涂饰；不透明涂饰是用含颜料的不透明色漆涂饰木质门，形成不透明彩色或黑白漆膜，遮盖了被涂饰基材表面，多用于材质花纹较差的实木表面或未贴面的人造板表面；半透明涂饰介于二者之间。

2）按漆膜的表面光泽度分类

按漆膜的表面光泽度可以分为亮光涂饰和哑光涂饰。亮光涂饰选用亮光面漆，漆膜丰满厚实、雍容华贵、光可鉴人，并且根据是否对漆膜进行抛光可再分为原光装饰和抛光装饰；哑光涂饰多为薄涂层，选用不同的哑光漆做成不同的光泽（金亚、半亚）的哑光效果，哑光漆膜具有柔和幽雅、质朴秀丽、安详宁静的装饰效果。

3）按基材填孔状况分类

按基材填孔状况可以分为填孔涂饰（全封闭）、半显孔涂饰（半开放）与显孔涂饰（全开放）。填孔涂饰是在涂饰过程中用专门的填孔剂与底漆将木材管孔（导管槽）全部填满填实填牢，主要做高光厚涂层，漆膜丰满厚实、表面平整光滑有利于高光并保光；显孔涂饰不填孔，多为薄涂层，管孔显露充分表现木材的天然质感。半显孔介于二者之间。

8.1.3 涂饰方法的分类

涂饰方法可以分为手工涂饰方法和机械涂饰方法。

8.1.3.1 手工涂饰方法

手工涂饰是用各种手工具（刷子、棉球、刮刀等）将涂饰材料涂布到木质门表面，这种方法操作简单、灵活方便，能获得较好的涂饰质量，但生产效率低，劳动强度大，施工环境与卫生环境条件差。常用的手工涂饰方法有刷涂、擦涂和刮涂法。

1）刷涂

刷涂是用不同的涂刷工具将各种涂料涂刷于家具表面，使形成一层薄而均匀的涂层。涂刷可以使涂饰的涂料更好地渗透入木材表面，增加漆膜的附着力，材料浪费少，可涂饰任何形状，适应性强，操作简单。但是这种涂饰方法生产效率低、劳动强度大、不适应快干涂料，如果操作不熟练漆膜会产生刷痕、流挂和涂刷不均等缺陷。

涂刷的一般规律是从左到右，从上到下，先里后外，先难后易。无论是涂饰水平面还是垂直面，起刷不能从被涂面的端头开始，应距离端头 100 ~ 200mm 处落刷，再轻轻将漆刷移向端头，然后再往回向前刷去，待漆刷快刷到终端时，应将漆刷稍微向上提起，以防止涂料在终端流挂。

2）擦涂

擦涂又称揩涂，是用棉球包或干净的棉布或棉纱在被涂表面擦涂多层涂料，而累积形成漆膜。棉布或棉纱主要用来涂饰木材着色剂等，棉球包主要用于硝基漆、虫胶等快干涂料的涂装。擦涂法能使漆膜结实丰满，厚度均匀，附着力强。擦涂法适用于挥发性涂料的施工，操作简单，但效率低，劳动强度大，在施工中须加强通风换气，及时排除所挥发的有机溶剂。

3）刮涂

刮涂法是用刮具把腻子、填孔着色剂、填平漆等刮到被涂物表面的纹孔、洞眼、缝隙中去，使表面平滑光整。刮涂工具有嵌刀、铲刀、牛角刮刀、橡皮刮刀和钢刮刀等，根据被刮涂的材料与部位选择。刮涂时应用力按刮刀，压力要均匀，刮刀与被刮涂面的角度最初保持 45°，随着不断移动逐渐倾斜，最后约为 15°。刮涂的方法基本有两种，即局部嵌刮与全面满刮。

局部嵌刮是表面的局部缺陷（如虫眼、钉眼、裂缝等）嵌平，不需要嵌刮到缺陷以外的地方，所以操作时要注意嵌刮部位周围不能有多余腻子。例如，嵌填钉眼时，用小号的刮刀一角挑少许腻子嵌入钉眼，然后顺钉眼回刮一次就能使表面平整又不残余腻子。

全面满刮是将填孔着色剂、填平漆等全面的刮涂在整个表面上，多用于粗管孔材。刮涂时一般从表面的一头搭刀刮至另一头边缘收刀，然后将刀上的余腻刮在第二刀搭刀部位，再继续刮。两刀刮完后随即将两刀之间的聚棱刮净，使表面始终光洁。

8.1.3.2　机械涂饰方法

1）空气喷涂

空气喷涂法是利用压缩空气的气流将涂料雾化，在气流的带动下涂料雾化粒迅速射向被涂物的表面，形成连续完整的漆膜。空气喷涂法的应用广泛，适应性强，几乎不受涂料品种和被涂物形状的限制，漆膜均匀，涂饰质量好，是机械涂饰中应用最广的一种方法。

表8-1　空气喷涂法的适用范围和特点

适用涂料	喷涂工件	特点
油性漆：挥发性漆；聚合型漆；染色溶液；稀薄腻子、填平漆	大面积的部件；直线型零部件；具有斜面和曲线形的零部件；凹凸不平的表面	优点：适应性强；漆膜均匀平滑，质量好；效率高 缺点：不适用高黏度的涂料；漆雾飞散对人体有害；涂料损耗大；空气中的杂质会影响涂饰质量须作处理

2）无气喷涂

无气喷涂也称高压无气喷涂，是用高压漆泵直接给涂料加压（10.0～30.0MPa），经软管送入喷枪，当高压涂料经喷枪喷嘴喷出时，涂料因失压体积剧烈膨胀，分散成极细的涂料微粒，喷到制品表面，形成涂层。无气喷涂主要有常温无气喷涂、加热无气喷涂和静电无气喷涂。

表8-2　无气喷涂的优缺点及操作注意事项

优点	缺点	注意事项
（1）涂装效率较气压喷涂高，一支喷枪每分钟可涂3.5～5.5m²； （2）涂料利用率高，漆雾损失小； （3）对涂料的黏度范围适应广，对黏度较高的涂料，一次喷涂就能获得较厚的漆膜，减少了喷涂次数； （4）由于不使用空气雾化，漆雾飞散少，减少了对环境的污染	（1）无气喷枪没有涂料喷涂量和喷雾图形幅宽调节机构，只能通过更换涂料喷嘴才能达到调节的目的； （2）无气喷涂漆膜的表面精细度、手感和装饰性不及空气喷涂，一般只能用来喷底漆，不能用作面漆涂装	（1）喷枪绝对不能朝向人体，枪头和枪嘴不应直接接触皮肤。因此无气喷涂时涂料喷速很高，有穿破皮肤的危险，并且涂料中含有对人体有害的物质； （2）输漆与涂料泵要接地。因为涂料喷射时会产生静电，放电会伤害操作人员，有时还会造成火灾和引起爆炸

3）静电喷涂

静电喷涂是利用电晕放电现象，将喷具接负极做电晕电极，而被涂工件接地做正极，当两者接上直流高压时，被喷具分散的涂料微粒带负电，在电场力作用下被吸引和附着沉积在工件表面上形成涂层。表 8-3 为静电喷涂的优缺点及操作注意事项。

表 8-3　静电喷涂的优缺点及操作注意事项

优点	缺点	注意事项
（1）涂料损失少（约为 5%～10%）； （2）涂饰质量好且稳定； （3）能实现自动化涂饰，减轻劳动强度，改善施工环境	（1）要求操作人员严格控制喷射距离，因为对于无自动控制电压装置的静电喷涂设备，当喷射距离过小时易引发火灾； （2）对涂料和溶剂有一定要求，对形状复杂的制品如凹陷、尖端、凸出大的部位难以获得均匀厚度的涂层	（1）控制喷距在 20～30cm，因为当喷距小于 20cm 时，就有可能产生火花放电的危险，当距离大于 40cm 时，涂料的涂着效率就非常差； （2）在静电喷涂时要保持木材的含水率在 8% 或以上，来达到静电喷涂的效果

4）淋涂

淋涂就是液体涂料通过淋涂机上方的机头流出，落下形成流体薄膜（漆幕），然后让被涂饰的零部件由传送带载送，从漆幕下通过，零部件的表面上就被淋上了涂层，这种涂饰方法在国内外木制品表面装饰上应用广泛。表 8-4 为淋涂的优缺点及操作注意事项。

表 8-4　淋涂的优缺点及操作注意事项

优点	缺点	注意事项
（1）涂饰效率高，由于漆幕下被涂饰零部件以较高的速度通过，一通过就完成涂漆，因为传送带的速度通常为 70～90m/min，因此淋涂是各类涂饰方法中效率最高的； （2）涂料损耗小，因为没有喷涂的漆雾，未淋到工件表面的涂料可以循环再用，除涂料循环过程中的溶剂蒸发外没有其他损失； （3）涂饰质量好，由于连续完整的漆幕厚度均匀，因此淋涂能获得漆膜厚度均匀平滑的表面，没有刷痕、喷涂不匀等现象； （4）淋涂设备简单，操作维护方便，不需要很高的技术	（1）只适宜板件平表面和形状变化极小的工件； （2）只能单面涂饰； （3）更换涂料品种时，清洗费时，适宜批量生产	（1）控制好传送带的速度。零部件的传送速度越快涂饰效率越高，但是涂料涂量越少。速度过快有可能会使漆膜不连续，因此传送带的速度一般控制在 70～90m/min； （2）控制好底缝宽度。底缝越宽自然淋涂量增多，但也不宜过宽。敞开式淋头，当底缝过大时，淋头内部的压力变低，涂料的流下速度太慢，若此时传送速度快的话可能出现断漆的现象； （3）注意清除涂料循环过程中夹带空气而形成的气泡与灰尘杂质，淋头到被涂表面的距离不宜过大，一般在 100mm 左右

5）辊涂

辊涂法式先在辊筒上形成一定厚度的湿涂层，然后将湿涂层部分或全部转涂到被涂饰的零部件表面上。表8-5为辊涂的优缺点及操作注意事项。

表8-5　辊涂的优缺点及操作注意事项

优点	缺点	注意事项
（1）辊涂的效率高； （2）涂料损失小； （3）可以用低黏度、高黏度的各种涂料涂装； （4）涂层可厚可薄	（1）只能辊涂平表面的板件； （2）对被涂表面的厚度尺寸精度要求较高，厚度偏差应小于0.2mm	一般涂漆辊与进料辊之间的距离需调至等于或略小于被涂饰板件的厚度，使涂漆辊对板件表面保持一定的压力，有利于涂料在板件表面上均匀地展开，可以得到平整均匀的涂层

8.2　涂饰作用

涂饰对木质门有很多作用，主要有保护作用、装饰作用及其他作用。

1）保护作用

木质门涂饰可以保护木质门，提高木质门的耐久性。木质材料容易吸收水分，如果吸水过多会引起木质门的翘曲、开裂、变形，影响外观效果和使用效果。另外木质材料是一种多孔性的材料，一旦落入灰尘等杂物就很难清除，并且木质材料的孔能存储大量的空气，有些木质材料又含有营养物质，常因菌类的腐蚀而腐朽。木质门表面的漆膜能防止水分、昆虫、菌类和化学药品等侵入，对木质门起到很好的保护作用。另外，漆膜还可以增加木质门表面的硬度和耐磨性，防止刮伤。

2）装饰作用

木质门的涂饰可以加强和渲染木材纹理的天然质感，木材在生长过程中，常受病虫和菌类的侵害而产生虫眼、节疤、色变等缺陷，经嵌补腻子、修色等涂饰方法，可以掩盖这些缺陷，提高装饰效果。对装饰性差的人造板如刨花板、纤维板等采用模拟木材纹理涂饰或着色等能大大提高木质门的装饰效果。

3）其他作用

除了保护和装饰作用外，有些木质门的涂饰还有其他的作用，比如防火等。另外，涂饰后的木质门便于擦净脏污，清洁卫生，而且漂亮的表面能调节人的生理心理，使人身心愉悦。

8.3 涂饰工艺

8.3.1 涂饰工艺过程

用涂料涂装木材表面的过程，包括基材表面处理（表面清净、去树脂、漂白、嵌补等）、涂饰涂料（填孔、填平、着色或染色、涂底漆、涂面漆等）、涂层固化和漆膜修整等一系列工序。由于漆膜质量要求的不同，以及基材情况和涂料品种等不同，涂装过程的内容和复杂程度有很大差别。木质门由于所使用的基材不同，具有美丽纹理的实木构成的木质门往往采用不遮盖纹理的透明涂饰，而用刨花板、中密度纤维板等材料表面不胶贴刨切薄木的，则常采用不透明涂饰方法，运用各种色彩来表现其装饰效果。

表 8-6 木材透明与不透明涂装工艺过程

工段	主要工序及工作内容	
	透明涂饰	不透明涂饰
表面准备	去污、除尘、去油迹、去树脂、脱色、去木毛	去污、除尘、去油迹、去树脂
腻平、砂磨	嵌补孔洞与缝隙、白坯砂磨	嵌补孔洞与缝隙、白坯砂磨
着色、填平	填孔着色、涂层着色、拼色、修色	填平表面
涂饰涂料	涂底漆、涂面漆	涂底漆、涂面漆
漆膜修整	砂光、抛光、上光	砂光、抛光、上光

注：1. 对某一种质量要求的漆膜来说，可据涂料和基材情况设计多种涂饰工艺，各工序的先后顺序、工序的重复次数也可以调整；

2. 为保证获得平整、光滑的漆膜，通常各涂层均进行干燥和漆膜磨光，但需灵活掌握，区别对待，漆膜的磨光与否需要根据具体情况而定。

8.3.2 主要工序的施工

8.3.2.1 表面处理

1）去污

作用：将木质门白坯面上的尘土、胶迹、油迹等清除干净，确保后续工序的顺利进行。

材料及施工方法：

（1）用压缩空气喷吹或用笤帚将制品白坯表面和孔槽中的尘土除净。

（2）胶迹用 50～70℃ 的热水润湿后再用铲刀铲除。油迹用汽油、酒精或其他溶剂揩擦，待干后用较细的木砂纸顺纹理砂磨，得到滑净表面。

（3）用玻璃、刨刀、刮刀、碎碗片等刮除表面粘附物。然后，再用细砂纸顺木纹方向磨平。

2）去树脂

作用：防止针叶材中的树脂渗到表面上，避免涂装时涂料固化不良、着色不均、漆膜回粘以及附着力降低等。

材料及施工方法：

（1）溶剂擦除法

用5%～6%的碳酸钠（碱）溶液，或用4%～5%的苛性钠（火碱）溶液涂擦木材表面，然后用热水将表面洗净。此法会使处理后的材色变深，应用较普遍。

（2）溶剂溶解法

①按丙酮与水1∶3～1∶4的比例配制，擦涂在有树脂处，可除去树脂，操作时应注意防火。②将火碱液和丙酮液按4∶1比例配制，去脂效果好。

（3）挖补填木法

用刀将集中大量树脂的节子、树脂囊部位挖去，并补上相同的木材，注意补木的纹理与材色。

（4）加热铲除法

用烧红的铁铲、烙铁或电熨斗反复铲、熨含松脂的部分，待松脂受热渗出后用铲刀马上铲除。

（5）漆膜封闭法

树脂去除后用与松脂不溶的漆类封闭，早年多用虫胶漆，近年多用PU类底漆。

3）脱色（漂白）

作用：除去木材的天然色素或加工中产生的污染变色，以消除表面上的色斑和不均匀的色调，使制品表面材色均匀一致，仅在透明涂饰中使用。

材料及施工方法：

（1）过氧化氢（H_2O_2）

①35%的过氧化氢与28%的氨水在使用前等量混合，用植物性刷子涂于木材表面，陈放时间约为40～50min。②先按比例配制两种液体。A液：无水碳酸钠10g与60ml的50℃的温水混合；B液：80ml浓度为35%的过氧化氢与20ml水混合。处理时，先将A液涂在木材表面，待均匀浸透后，用木粉或布擦去表面渗出物，然后涂B液。干燥3h以上，酌情延长干燥时间18～24h，漂白后充分水洗。A、B两种液体不能预先混合。③35%的过氧化氢加入有机胺或乙醇，涂于木材表面。④35%的过氧化氢与冰醋酸以1∶1的比例混合，涂于木材表面。⑤35%的过氧化氢加入无水顺丁烯二酸，待完全溶解后，涂于木材表面。⑥配制A液：过氧化氢5.9%～30.0%，胶态二氧化硅2%，过硫酸

氨2%，磷酸少量；B液：碳酸氨饱和溶液，肼5%。上述配方为质量比，使用前混合。

（2）亚氯酸钠（$NaClO_2$）

①亚氯酸钠3g与水100g混合。使用前加入用冰醋酸0.5g加水100g配成的溶液，然后涂于木材表面。在60~70℃下干燥5~10min即可漂白。②亚氯酸钠200g，过氧化氢20g，尿素100g，三者均匀混合生涂于木材表面即可。

（3）次亚氯酸钠（NaClO）

次亚氯酸钠5g加水95g，均匀混合。加热后迅速涂布木材表面，或加入少量草酸或硫酸后再涂布。

（4）草酸

将75g结晶草酸、75g硫代硫酸钠及25g结晶硼砂各溶于1000ml水中配成三种溶液。使用时先蘸取草酸溶液涂于表面上，干后再涂硫代硫酸钠，待褪色达到漂白效果再涂硼砂液以中和残留于木材上的酸性物质，最后用清水洗净表面，并进行干燥，此法对色木、柞木漂白效果好，胡桃楸、水曲柳材色可变浅。

4）去木毛

作用：清除已被切削但尚未脱离木材表面的细小木纤维或纤维束，以免产生着色不均，表面粗糙，木纹不清和不能将管孔孔槽充分填实等问题。

材料及施工方法：

（1）用40~50℃温水润湿木材表面，木毛吸湿竖起，干后轻轻砂磨掉。

（2）用3%~5%皮胶或骨胶溶液润湿木材表面，木毛竖起干后变硬变脆，再用砂纸轻磨除去。

（3）用稀的油性漆、虫胶漆、硝基漆、聚氨酯漆等漆液润湿木材表面，木毛竖起干后硬脆易于磨去。

8.3.2.2 *腻平砂磨*

1）嵌补

作用：将木材表面上所具有的节子、虫眼、钉眼、裂纹、缝隙等局部缺陷，用刮涂工具将腻子作嵌补填平，以保证木质门表面的平整度。

施工与处理方法：根据木质门表面所选用的涂料品种和质量要求等，使用不同的腻子，腻子有涂料厂生产的成品腻子，但多数是在施工中自行调配的。

（1）胶性腻子

胶性腻子的配比（质量份）见表8-7。胶性腻子在调配中应掌握胶水加入量，搅拌中感觉有一定黏度即可，胶水过量会影响制品着色均匀度。

表8-7　胶性腻子的配比

材料	碳酸钙	着色颜料	15%～20%胶液	水
质量比	90	10	适量	适量

（2）虫胶腻子

虫胶腻子的配比（质量份）见表8-8。虫胶腻子的特点是干燥迅速，附着力强，易于着色，硬度适中，施工方便。

表8-8　虫胶腻子的配比

材料	碳酸钙	着色颜料	虫胶清漆（15%～20%）
质量比	75	0.8	24.2

（3）硝基腻子

硝基腻子的配比（质量份）见表8-9。硝基腻子在调配前，先将前三种材料，按比例混合加入适量着色颜料搅匀，静置2～4h，按需用量取出放在容器中加入少许水搅拌，待石膏吸水膨胀达适宜稠度方可使用。此种腻子干燥慢，硬度大，不易磨平，但附着力好，可用于局部缺陷的嵌补和不透明涂饰的全面填平。

表8-9　硝基腻子的配比

材料	石膏	酚醛或醇酸清漆	松香水	着色颜料	水
质量比	65	16	19	适量	少许

2）白坯磨光

作用：消除嵌补腻平时造成的不平，构成平整光滑的基础表面，再进入着色和涂饰阶段，它是保证制品涂饰质量的重要一环。

材料及施工方法：采用先粗砂后细砂的方法，可用手工和机械磨光，以提高生产效率，降低劳动强度。砂磨后应清除尘屑达到平整、光洁、无砂痕的效果，如发现有些缺陷漏补的应及时再作嵌填腻平，干后砂磨平整。

8.3.2.3　填孔填平

1）填孔

作用：用填孔填塞木材管孔（导管槽），把基材表面填平，同时上底色，并凸显木纹。在此基础上再涂底漆和面漆，能获得厚实平滑的漆膜，提高其丰满度，减少底面漆消耗。本工序用于木材透明涂饰。

材料及施工方法：

（1）水性颜料填孔剂（水老粉）

施工时应根据色板要求选用相应的颜料，正确掌握好色调，用细刨花、竹花、棉纱等擦涂。配比见表8-10。

表8-10 水性颜料填孔剂的配比

材料	碳酸钙（水老粉）	水	着色颜料
质量比	1	粗孔材1 散孔材1.5	微量

（2）油性颜料填孔剂（油老粉）

调配时，先将体质颜料放入容器中倒入清漆，待松香水加入后再作充分搅拌，按色板加入适量着色颜料，施工操作时，应边搅拌边使用，防止着色颜料沉淀影响颜色均匀度，可擦涂或刮涂。配比见表8-11。

表8-11 油性颜料填孔剂的配比

材料	碳酸钙	硫酸钙	松香水	着色颜料	油性清漆
质量比	65	53	30	适量	5
			40	适量	3

（3）树脂色浆填孔剂

可填充着色，填孔效果好，色泽纯正，用擦涂法施工。配比见表8-12。

表8-12 树脂色浆填孔剂的配比

材料	滑石粉	聚氨酯乙组	二甲基甲酰胺	二甲苯	着色材料颜料、染料
质量比	100	50	5	100	适量

2）填平

作用：在粗管孔的木材表面或刨花板表面进行不透明涂饰时，需做全面填平工作，以获得平整和丰满的漆膜。在涂饰质量要求较高的不透明涂饰时，为了消除早晚材密度差异引起的不平度，增加底层的厚度和减少面漆的消耗，也需要对基材表面进行全面填平。

材料及施工方法：油性填平剂较稀薄，在已进行表面清洁的基底上满刮2~3遍填平剂，干后细磨平滑，再涂表面色漆。配比见表8-13。

表8-13 油性填平剂的配比

材料	质量比（一）	质量比（二）
石膏	33	30.2
清油	8	40.2
酚醛清漆	18	—
松香水	14	20
水	27	9.6

8.3.2.4 着色与染色

1）基材着色（涂底色）

在填孔的同时，通过使用填孔着色剂涂擦木材表面可使木材表面着色，为后续的涂层着色和拼色打下基础。

2）涂层着色（涂层染色）

作用：在填孔着色后，用底漆封闭，在此基础上涂各种染料溶液或加入相应染料的有色面漆，有色封闭底漆，进行涂层着色，可以对已涂的底色作加强和修整。

材料及施工方法：

（1）水性染料着色剂（水色）

热水溶解一定量的酸性染料或成品酸性染料调制而成，根据产品的色泽要求来选定染料的品种及其配比。水性染料渗透性好，着色力强，色泽鲜艳，木纹清晰，耐晒，耐光，可仿制贵重木材颜色。

（2）醇性染料着色剂（酒色）

将碱性染料或醇性染料溶于酒精可虫胶漆中调配而成，根据需要也可使用少量着色颜料或酸性染料。醇性染料着色剂干燥快，着色力强，渗透性好，色泽鲜艳，木纹清晰。

（3）聚氨酯有色封闭底漆

当前最普遍使用的涂层着色剂，兼有着色和封闭双重作用。

3）修色（拼色）

作用：木质门白坯表面经基础着色和涂层着色后，往往色泽不均，必须进行修色，使漆膜颜色均匀一致。

材料及施工方法：修色剂有各种颜色，不宜过深，若用颜料过多会影响木纹清晰度和装饰效果。拼色常在作完底色和面色后，涂上几遍底漆的基础上对色泽不均的部位进行。用排笔、毛笔顺纹理方向作仔细的修拼，现代生产中主要用喷涂进行修色，拼色后待涂层干燥用旧的细砂作轻轻打磨，清除浮尘后再涂底漆封闭保护。用有色聚氨酯漆修色时，不需另外涂封闭漆。

8.3.2.5 涂饰涂料

1）涂饰底漆

作用：对木质门表面的基础着色层加以封闭保护、固色，并起到防止面漆沉陷、增加漆层厚度和减少面漆消耗的作用。

材料及施工方法：

（1）涂封闭底漆

常用的底漆有虫胶漆、硝基封闭漆、聚氨酯封闭漆、不饱和聚酯漆及丙烯酸乳胶漆等。要求底漆与面漆配套，对基材表面和面漆均有很好的附着力，干燥快，体积收缩小，易于砂磨，便于涂饰施工。当前生产中广泛应用聚氨酯封闭底漆，其综合性能良好，施工性好，可与硝基漆、丙烯酸漆、聚氨酯漆等配套使用。

(2) 涂打磨底漆（二道底漆或称中层漆）

主要作用在于构成漆膜的主体，打磨底漆应具有良好的填充性、打磨性、透明性和快干性，干后涂膜易磨，可获得较为平滑的底漆层，再上涂面漆便可获得平整光滑的表面效果。

2）涂饰面漆

作用：涂面漆是整个涂饰阶段的最后工作，面漆品种的选择和涂饰质量决定着木质门的档次和产品的价值，面漆漆膜应具有良好的保护性和装饰性。

必须在底漆前的涂饰工序全部完成后再涂饰面漆，以使所形成的漆膜能达到装饰和保护效果，充分满足使用要求。

涂饰时一次涂层不宜过厚，一般分 1～2 遍涂饰，最后形成要求达到的漆膜厚度，这样使每一层涂层干燥快，涂层中的内应力小，不易发生漆膜的各种病态。

8.3.2.6 漆膜修整

涂饰的基本要求是漆膜表面高度的平整光洁，尽管在涂饰前基材表面都经过精细的加工，但在表面处理和涂饰涂料过程中，由于种种原因，涂饰表面还会出现若干的微观不平度，为了使最后固化成膜的漆膜表面质量能满足木质门品质标准的要求，必须对漆膜表面进行砂光、抛光和修饰等漆膜修整工作。

1）涂层砂光

作用：涂层砂光包括中间涂层砂光和面漆漆膜砂光，其作用是为了消除粗糙不平的部分，使漆膜获得较高的光洁度，平整度，提高制品表面的装饰效果。

材料及施工方法：主要有：干砂、湿砂、手工和机械砂光等砂光方法，其砂光要领是都要顺木纹方向砂，不宜横砂、斜砂，以免影响涂饰面漆及面漆抛光效果。中间涂层砂光常用干砂法，即木砂纸，手工砂磨。面漆磨光可用干砂、湿砂。

2）漆膜抛光

作用：提高高档木质门表面的光洁度、平整度及装饰效果，延长漆膜的使用寿命，还能起到防尘、防水、耐磨作用。

材料及施工方法：分为手工抛光和机械抛光，其操作要领是掌握抛光中的压力及抛光时漆膜的温度。抛光后的漆膜光泽应一致，不能有光泽不均匀、光度不够的现象。

3）漆膜修饰

作用：保证涂饰后的制品完美，故须对制品在涂饰过程中遗留的缺陷进行检查、修整。

材料及施工方法：漆膜修整是对涂饰后的制品作检查，发现有边、角现砂磨时露白，或处理不干净，色泽不均等问题须修补后再上光蜡，露白色着色常用小毛笔蘸取调配好的着色剂描涂，着色剂颜色要与制品颜色相同，修整面积大时，可在修整后再重涂面漆，抛光等。

8.4　涂层干燥

涂层干燥（或涂层固化）是液体涂层逐渐转化为固体漆膜的过程，涂层只有经过干燥之后，与基材表面紧密粘接，具有一定强度、弹性等物理性能，才能发挥其保护装饰作用。涂层干燥是一项重复而又最费时的工序。缩短涂层干燥时间是提高涂饰施工效率的重要措施，也是发展生产的重要问题。在现代化生产中，如何加速涂层干燥，不仅关系到缩短生产周期和节约生产面积，而且也是实现涂饰施工连续化和自动化必须解决的技术关键问题。

8.4.1　固化方法

涂层的干燥固化方法如图8-1所示。

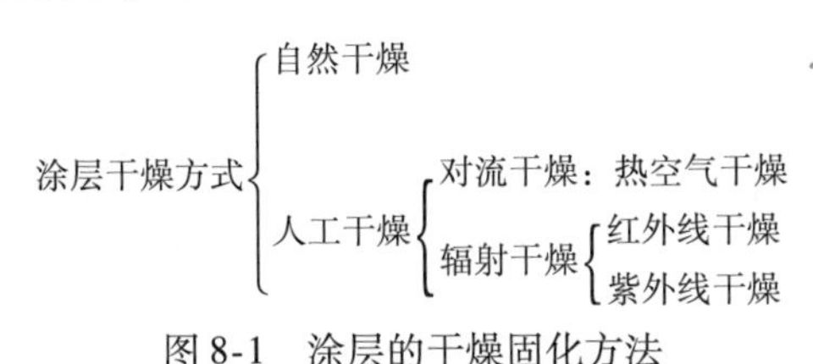

图8-1　涂层的干燥固化方法

8.4.1.1　自然干燥

原理：用自然流通的空气作介质，可适当控制温度和湿度条件，对涂层进行干燥。

特点：方法简便，不需任何干燥设备和能源；干燥涂层温度一般不低于10℃，相对温度不高于80%；涂层干燥缓慢，占用干燥场地面积大。

适用范围：干性快，干燥时不产生有害气体的涂料；慢干涂料也可使用此法干燥。

8.4.1.2　热空气对流干燥

原理：用蒸汽、热水等资源，加热的空气作介质，以对流换热方式干燥涂层。

特点：热空气温度应根据涂料确定，通常为40～80℃，其中干燥非挥发性漆涂层为60～80℃，挥发性漆为40～60℃；涂层干燥速度比自然干燥快得多；热空气对流干燥室设备投资大；温度控制不当会使涂层质量降低。

适用范围：可对各种形状、尺寸的工作表面涂层进行干燥；适用于各种涂层的干燥，干燥温度的范围大。

8.4.1.3　红外线干燥

原理：用红外线辐射器产生适合涂层吸收波长的红外线，直接照射涂层使其干燥。

特点：红外线被涂层吸收，使辐射能转化为热能，从而加热涂层，所以干燥速度快；干燥质量好；红外线未照到之处，涂层难以干燥。

适用范围：外形简单的小零件；平面型工件；热固性树脂涂料的涂层。

8.4.1.4 紫外线干燥

原理：光敏涂料在特定波长的紫外线照射下，使光敏剂分解出游离基，触发光敏树脂与活性基团产生反应而交联成膜。

特点：干燥时间短，一般涂层在几分钟内即可固化；光敏漆为无溶剂型，几乎100%转化成漆膜；施工周期短，生产效率高；未照射到紫外线的部位，涂层难以干燥；紫外线泄漏对人体有害，须加强防护。

适用范围：形状简单的零件；平面型部件；光敏涂料的涂层。

8.4.2 固化规程

涂层干燥（固化）规程指对其固化过程中各种条件如温度、空气相对湿度、气流速度、固化时间等所作的规定。固化工艺规程是否正确、合理与漆膜质量和涂饰效果密切相关。表8-14为涂层的固化规程举例。

表8-14 涂层的固化规程举例

涂料品种	涂层的固化规程
水性涂料	宜在60℃下固化，若超过60℃可能会引起颜色变化，30℃下固化时，约30～50min，红外线辐射固化时间约为12min
油性涂料	宜在80℃以下固化，涂层厚度增大，固化时间将大为延长，故油性漆涂层不宜厚，常温自然干燥，表干为4h，实干小于24h，45℃热空气干燥时，需干6h
虫胶漆	常温自然干燥时间，表干为10～15min，实干为50min
各色酚醛漆	常温自然干燥，表干为6h，实干为小于18h
聚氨酯清底漆	常温自然干燥，表干小于10min，可打磨小于2h
光敏涂料	辊涂20～25g，三支灯照射8～10s
不饱和聚酯	涂层厚宜150～300μm，起始阶段固化温度为15～20℃，固化时间25min

8.5 涂饰缺陷及消除方法

8.5.1 涂饰缺陷的影响因素

涂料在贮存过程中可能产生各种缺陷，在将涂料涂于制品表面的过程中以及涂层干燥前后甚至制品在使用一段时间后也可能产生一些缺陷，这些缺陷会严重影响木质门的表面装饰质量与装饰效果。造成涂饰缺陷的原因有很多，主要有涂料本身的性质和状态、基材的性质与状态、涂饰的施工工艺以及涂饰环境等。在涂饰后立即出现的缺陷主要是由涂饰技术原因造成的，而使用较长时间后出现的缺陷通常是由涂料的品质不良导致的。

8.5.1.1　涂料因素

涂料是形成涂膜的主体，涂料品质对涂膜质量影响较大。涂料是由成膜物质、溶剂、助剂与着色材料等多种成分多种原料组成，其性能由不同成分组合而成，通常所配成的涂料为准安定状态，因此易受外界种种不同条件的影响而产生缺陷。

涂料在贮存过程中可能因为温度、溶剂溶解能力、溶剂的品种和数量以及容器漏水漏气等原因造成混浊、增稠、沉淀与结皮等缺陷，如果没有处理这些缺陷就施工肯定会对涂饰质量造成影响。

所选涂料的黏度和干燥速度不适当时，会产生流挂等缺陷影响涂饰质量。因此涂料在调配时使用前先做小样混合实验，应选择能混合均匀而不发生漆膜缺陷的涂料。

8.5.1.2　基材因素

因为木材及木制材料有自己独特的性质，含水、多孔并且材质与材性不均匀，更容易产生缺陷；未修补的实木基材本身的缺陷（虫眼、裂缝、粗糙、含脂、含油等）直接会对涂饰的质量产生影响；木材的含水率过高以及木材中水分的继续移动进出不但会造成涂饰前后的种种缺陷并且是木质门使用后导致漆膜开裂损坏的主要原因。因此在涂饰前一定要做好基材的处理工作来减少缺陷的发生。

8.5.1.3　涂饰工具因素

涂饰工具对涂饰质量的影响既包括手工涂饰时用的棉花球、排笔、漆刷及涂料容器的清洁程度、使用和保管对涂饰作业和漆膜质量的影响，又包括涂饰设备如喷涂机、淋涂机、辊涂机和紫外固化机等的运行是否正常，使用是否得当对涂膜质量产生的影响。

8.5.1.4　涂饰工艺因素

涂饰工艺因素包括具体的涂饰过程、工序所采用的方法，尤其干燥打磨等重复工序的规格是否合理以及各工序的工艺条件、工艺参数是否准确等。例如涂料的选择、底面漆是否配套、调漆的比例、稀释剂的品种及稀释率是否合适、喷枪喷嘴空气的压力、油水分离器的功能是否正常等，特别是涂层固化条件（温度、湿度、通风、除尘、干燥时间与阶段）会对涂饰的质量产生很大的影响。

8.5.1.5　涂饰环境

木质门的涂饰属于精细工艺，需要良好的环境。如果车间采光不足势必影响操作人员的视力，可能辨色不准、喷涂的薄厚掌握不均；喷涂与干燥场地的卫生条件差、空气除尘净化不够会对涂饰造成污染，影响涂饰质量。

8.5.2 涂饰缺陷的消除方法

木质门涂饰缺陷可以分为三类：

（1）涂饰作业时产生的缺陷，如流挂、气泡、咬底和泛白等；

（2）涂饰后在干膜上形成的缺陷，如针孔、橘皮、缩孔、变色、木纹不清晰和刷痕等；

（3）在木质门使用过程中涂膜可能出现的缺陷有龟裂和剥落等。

各种缺陷产生的原因和解决方法，如表8-15所示。

表8-15 涂饰缺陷的原因和解决方法

缺陷	现象	产生原因	解决方法
流挂	一般是在垂直面刷涂或喷涂时，涂料在重力作用下出现漆液挂楞的现象，造成漆膜厚度不均的现象	（1）稀释剂用量过多，黏度低； （2）涂料用量过多、过厚； （3）喷涂的距离、角度、移动速度不当，使涂料分布不均匀； （4）涂饰车间湿度高、温度低	（1）调节涂料的黏度； （2）调节涂布量； （3）调整喷枪的操作方式； （4）使被涂表面与环境温度应与涂料温度一致
气泡	在涂饰过程中及流平干燥过程中涂膜面上出现大小不等的气泡	（1）基材砂磨不均匀，有木刺； （2）大孔径基材面填孔不密实，孔隙多； （3）木材及木制品基材含水率高； （4）喷涂时气压高，枪口距被涂表面近； （5）喷涂时空压机里的压缩空气含水多	（1）做好基材预处理工作，砂磨均匀； （2）对封闭型涂饰要填孔严密，对开放型涂饰要预涂底漆； （3）做好干燥工作，基材的含水率控制在18%以下； （4）喷涂作业时调节好气压和距离，勤排水，尤其是潮湿天气
咬底	上层涂料中的溶剂把底层漆膜软化、膨胀，导致底层漆膜的附着力小，而起皮、揭底的现象	（1）底漆未完全干燥就涂面漆； （2）涂刷面漆时操作不迅速，反复涂刷次数过多； （3）前后两层涂料品种不配套	（1）待底层涂料完全干燥后再涂刷面层涂料； （2）涂刷溶剂型涂料时，要技术熟练、操作准确迅速，防止反复涂刷； （3）底层涂料和面层涂应配套
泛白	涂膜表面呈白色雾状	天气潮湿，环境湿度大，硝基漆或虫胶漆施工时组分的低沸点溶剂挥发快，溶剂挥发吸热，使膜面周围温度下降，湿气凝结于膜面上使之变白	（1）调节空气温湿度； （2）使基材表面温度大于或等于室温； （3）适当加入防潮剂（化白水、防白水）

续表

缺陷	现象	产生原因	解决方法
针孔	在漆膜表面上出现的一种凹陷透底的针尖细孔现象	（1）与气泡产生的原因相同； （2）干膜面上原针孔未砂磨除去就涂饰下一道漆，在原针孔处仍可出现针孔	（1）同气泡的解决方法； （2）将上道漆膜上的针孔用透明底漆或原子灰填平，经砂磨平整后再涂饰下一道漆
橘皮	漆膜表面出现许多半圆形凸起，形似橘皮斑纹	（1）挥发性溶剂急剧挥发，产生强对流，使膜层破裂成小穴，未等二级流平时表面已干结而形成橘皮； （2）涂料黏度过高； （3）温度高、通风强； （4）面不清洁，附着蜡、油等不纯物	（1）保证涂料涂饰后有一定的流平时间，溶剂不能挥发过快； （2）调节施工黏度； （3）温度过高或过低时不宜施工； （4）橘皮的涂层，可以用水砂纸将凸起部分磨平，凹陷部分抹补腻子，在涂刷一遍漆层
缩孔	涂饰后或过段时间后涂膜失去平整光滑状态，形成凹陷失光	（1）基材本身油脂含量高或表面有油污； （2）喷涂时压缩空气中有油； （3）涂料中含硅油流平剂、消泡剂过多； （4）封闭型涂饰时底层填孔不严，前几道涂膜上以木孔方向呈缩孔状	（1）做好基材的预处理：高油脂含量的木材应先去除油脂，并予封底处理； （2）填孔密实； （3）用溶剂擦有油污污染的表面； （4）更换涂料； （5）定期清洗管路，勤放油水
变色	涂膜在干燥过程中变黄，或者涂膜在使用过程中逐渐变黄	（1）基材本身变色； （2）漂白剂残存在基材上与涂料发生反应； （3）阳光直接照射在木质门上； （4）不同性质的涂料混在一起使用	（1）选用不宜变色的木材； （2）清除基材表面的漂白剂等残留物； （3）使用耐光性良好的涂料； （4）避免使用不相容的涂料
透明涂饰木纹不清晰	木质门表面的木纹不清晰	（1）底漆中加入的填料成分过多，造成基材纹理显示不清； （2）涂饰时底擦色不干净； （3）填充剂品质不良，树脂填料多，渗透性较差；	（1）底漆最好选择固体含量高、黏度低、透明度高的； （2）填充剂树脂含量不宜过高，以免干燥过慢影响下层涂饰； （3）使用的填充剂要求填充性强，黏度合适，擦涂要先转擦，待鬃眼填满后再顺木纹理擦；

续表

缺陷	现象	产生原因	解决方法
透明涂饰木纹不清晰	木质门表面的木纹不清晰	(4) 填充剂干燥不充分，干燥不充分的填充剂与其上层涂料之间产生离层、污浊现象； (5) 喷涂面漆的修色过重	(4) 填充剂完全干燥后再涂饰底漆； (5) 涂饰前的基材应选择深浅一致、树种一致，基础色要调准，可在上面漆前修色时再略加修饰，不影响木材纹理的清晰度
刷痕	在漆膜上留有刷毛痕迹，干后出现一丝丝高低不平的刷纹，使漆膜薄厚不均	(1) 涂料的黏度过高、稀释剂的挥发速度过快； (2) 涂刷中没有顺木纹方向平行操作； (3) 由于保管不善使刷毛过硬、不齐	(1) 调节涂料的黏度，调整低沸点溶剂含量比例，使挥发速度适宜； (2) 顺木纹方向涂刷； (3) 妥善使用和保养漆刷
龟裂	涂膜表面出现龟甲状或松叶状的细小裂纹，多见于硝基漆膜面上	(1) 底漆未干透就涂覆面漆；或第一层面漆过厚未干透就涂第二层面漆，使两层漆内外伸缩不一致； (2) 木制基材内含有的树脂未经清除和处理，日久渗出漆膜，造成局部龟裂； (3) 环境温差大，漆膜受冷热伸缩，引起龟裂； (4) 基材含水率过高，干燥过程中基材开裂； (5) 催干剂加入量过多，施工温度极低，涂装聚酯漆时引发剂、促进剂加入过量	(1) 第一层漆干透后再涂第二层； (2) 做好基材的预处理，将木制基材的树脂铲除，用酒精揩干净，并用封闭底漆作封闭处理，干燥基材到适当含水率； (3) 在适宜的环境下施工； (4) 适量加入催干剂，按配方规定加入引发剂和促进剂
剥落	在线脚、凹槽、榫结合、安装五金件等处管孔涂膜浮起，呈模糊状	(1) 基材含水率高、表面有灰尘、裂纹； (2) 基材树脂含量高或表面有蜡质、油污； (3) 下层涂膜干硬平滑，使上层粘膜失去粘附力； (4) 一次涂饰太厚，尤其在凹槽处	(1) 做好基材的预处理工作，干燥到合适的含水率并且做好表面的清洁工作； (2) 控制下层涂膜干燥程度，适当对下层涂膜研磨； (3) 凹槽、线角处不宜涂厚

8.6　涂饰工艺示例

8.6.1　不透明涂饰工艺示例

不透明色漆涂饰是用各种色漆涂布于由针叶树材或色彩纹理较差的细孔阔叶树材以及刨花板和中密度纤维板制成的木质品表面的一种施工工艺过程，漆膜赋予木质品色彩。其工艺如表8-16～表8-24所示。

表8-16　油性调和漆不透明涂饰工艺流程

涂饰阶段	序号	工序名称	材料与配比	施工要点
基材处理	1	白坯打磨	180～240号砂纸	清理、砂光毛刺
	2	嵌补	虫胶腻子、油性石膏腻子、色漆腻子	局部刮稠腻子，不能漏嵌，干燥4～8h
	3	干砂磨	240号砂纸	砂磨腻子部位
填孔找平	4	刮涂腻子	油性腻子	全面满刮，干燥8～12h
	5	干砂磨	240～320号砂纸	全面砂磨平滑
底漆	6	刷涂第一道底漆	白色酯胶底漆、白色虫胶底漆、白色调和底漆	封闭底层，干燥12～24h
	7	干砂磨	320～400号砂纸	全面砂磨平滑
	8	刷涂第二道底漆	白色酯胶底漆、白色虫胶底漆、白色调和底漆	至漆膜平整，干燥12～24h
	9	干砂磨	320～400号砂纸	全面砂磨平滑，不磨穿底色
面漆	10	刷涂第一道面漆	各色油性调和漆	干燥24～48h
	11	干砂或湿砂	400～600号砂纸	砂磨平滑
	12	刷涂第二道面漆	各色油性调和漆	干燥24～48h
表面修整	13	漆膜修整	各种材料	部件或整件产品修补

表8-17　硝基白漆显孔哑光涂饰工艺流程　（基材：水曲柳）

涂饰阶段	序号	工序名称	材料与配比	施工要点
基材处理	1	白坯打磨	180～240号砂纸	清理、砂光毛刺
	2	嵌补	虫胶腻子、油性石膏腻子、硝基腻子	局部刮稠腻子，不能漏嵌，干燥4～8h
	3	干砂磨	240号砂纸	砂磨腻子部位

续表

涂饰阶段	序号	工序名称	材料与配比	施工要点
封闭、着色	4	喷涂硝基底漆	硝基头度底漆	薄喷，干燥2~4h
	5	干砂磨	240号砂纸	砂磨毛刺
	6	擦涂着色	白色格丽斯，白色浆	全面擦涂，干燥2~4h
	7	干砂磨	320号砂纸	轻度砂磨
底漆	8	喷涂底漆	白色硝基底漆	干燥4~8h
	9	干砂磨	320号砂纸	全面砂磨，不磨穿底色
面漆	10	喷涂第一道面漆	白色硝基哑光漆	干燥4~8h
	11	干砂或湿砂	320~400号砂纸	砂磨
	12	喷涂第二道面漆	白色硝基哑光漆	干燥24h
表面修整	13	漆膜修整	各种材料	部件或整件产品修补

表8-18　聚氨酯树脂（PU）磁漆填孔亮光涂饰工艺流程

涂饰阶段	序号	工序名称	材料与配比	施工要点
基材处理	1	白坯打磨	180~240号砂纸	清理、砂光毛刺
	2	嵌补	油性PU腻子或硝基腻子或PE腻子	局部刮稠腻子，不能漏嵌，干燥4~8h
	3	干砂磨	240号砂纸	砂磨腻子部位
填孔找平	4	刮涂腻子	PU腻子	物面均要满刮，干燥8~12h
	5	干砂磨	240号砂纸	全面砂磨平滑
底漆	6	刷涂第一道底漆	PU封闭底漆	封闭底层，干燥5~8h
	7	干砂磨	240~320号砂纸	全面砂磨平滑
	8	刷涂（或喷涂）第二道底漆	聚氨酯白色底漆	遮盖底色，干燥8~12h
	9	干砂磨	320~400号砂纸	全面砂磨平滑
	10	刷涂（或喷涂）第三道底漆	聚氨酯白色底漆	达到漆膜厚度，干燥8~12h
	11	干砂磨	320~400号砂纸	全面砂磨至无亮点，不磨穿
面漆	12	喷涂（刷涂）面漆	各色聚氨酯磁漆（实色面漆）	干燥24~48h
	13	抛光	砂蜡、煤油、上光蜡	抛光压力不宜过大
表面修整	14	漆膜修整	各种材料	部件或整件产品修补

表8-19　硝基漆不透明亮光涂饰工艺流程

涂饰阶段	序号	工序名称	材料与配比	施工要点
基材处理	1	表面处理	180~240号砂纸	清理、砂光毛刺
	2	嵌补	虫胶腻子，油性石膏腻子，硝基腻子	局部刮稠腻子，不能漏嵌，干燥4~8h
	3	干砂磨	240号砂纸	砂磨腻子部位
填孔找平	4	刮涂油性腻子	硝基腻子，猪血腻子	物面均要满刮，干燥8~12h
	5	干砂磨	240号砂纸	全面砂磨平滑
底漆	6	刷涂第一道底漆	硝基封固底漆	封闭底层，干燥3~5h
	7	干砂磨	240~320号砂纸	全面砂磨平滑
	8	刷涂第二道底漆	白色硝基底漆	遮盖底色，干燥4~8h
	9	干砂磨	240~320砂纸	全面砂磨平滑
	10	刷涂第三道底漆	白色硝基底漆	达到漆膜厚度，干燥4~8h
	11	干砂磨	240~320号砂纸	砂磨平滑，不磨穿底色
面漆	12	喷涂（刷涂）第一道面漆	各色硝基磁漆∶香蕉水=1∶适量	干燥8~12h
	13	干砂磨	400~600号砂纸	砂磨至无光
	14	喷涂（刷涂）第二道面漆	各色硝基磁漆∶香蕉水=1∶适量	干燥8~12h
	15	湿砂磨	600~1000号水砂纸	砂磨至暗光，干燥1~2h
	16	抛光	砂蜡，煤油，上光蜡	抛光压力不宜过大
漆膜修整	17	漆膜修整	各种材料	部件或整件产品修补

8.6.2　透明涂饰工艺示例

透明清漆涂饰是用各种清漆涂饰于由优质阔叶树材或薄木贴面制成的木制品表面的一种施工工艺过程。

表8-20　醇酸树脂清漆透明涂饰工艺流程

涂饰阶段	序号	工序名称	材料与配比	施工要点
基材处理	1	表面处理	180~240号木砂纸	清理、砂磨平滑
	2	嵌补	虫胶腻子、油性石膏腻子、硝基腻子	局部刮稠腻子，不能漏嵌，干燥4~8h
	3	干砂磨	240号砂纸	砂磨腻子部位
	4	填孔	水性填充剂、油性填充剂	反复揩擦，干燥4~8h
	5	干砂磨	240号砂纸	全面砂磨平滑

续表

涂饰阶段	序号	工序名称	材料与配比	施工要点
底漆、涂层着色	6	刷涂第一道底漆	浓度为25%的虫胶清漆、着色颜料、酸性染料、碱性染料	封闭底层，干燥30~45min
	7	干砂磨	240号砂纸	全面砂磨平滑
	8	刷涂第二道底漆	浓度为28.6%的虫胶清漆，酸性染料或碱性染料	干燥30~45min
	9	干砂磨	320号砂纸	全面砂磨平滑，底漆不能磨白
	10	刷涂第三道底漆	浓度为28.6%的虫胶清漆	封闭底层，干燥30~45min
	11	干砂磨	320号砂纸	全面砂磨平滑，底漆不能磨白
	12	调整色差	水色，酒色	色彩均匀一致，干燥4~8h
	13	干砂磨	600号砂纸	轻度砂磨平滑
	14	刷涂第四道底漆	浓度为28.6%的虫胶清漆	封闭底色，干燥12~24h
	15	干砂磨	320号砂纸	砂磨非常平滑，底漆不能磨白
面漆罩光	16	刷涂（喷涂）第一道面漆	醇酸清漆	干燥24h
	17	湿砂磨	360~400号砂纸	砂磨非常平滑
	18	刷涂（喷涂）第二道面漆	醇酸清漆	干燥3~5天
漆膜修整	19	湿砂磨	600~800号砂纸	砂磨非常平滑，干燥2~4h
	20	抛光	砂蜡、煤油、上光蜡	抛光压力不宜过大
	21	漆膜修整	各种材料	部件或整件产品修补

表8-21　硝基漆透明显孔哑光涂饰工艺流程

涂饰阶段	序号	工序名称	材料与配比	施工要点
基材处理	1	表面处理	180号砂纸	全面砂磨光滑
	2	嵌补	虫胶腻子，油性石膏腻子，水性腻子，硝基腻子	局部嵌补，干燥4~8h
	3	干砂磨	240号砂纸	砂磨腻子部位
素材着色材面胶固	4	喷涂着色剂	不起毛（NGR）着色剂	调整素材色差，干燥15min
	5	封闭	硝基头度底漆	均匀薄喷，黏度10~11s
	6	干砂磨	320号砂纸	砂磨毛刺，底色不能磨白

续表

涂饰阶段	序号	工序名称	材料与配比	施工要点
底着色、底漆	8	擦涂着色	NC 透明格丽斯	均匀擦拭，干燥 2～3h
	9	喷涂底漆	硝基透明底漆	干燥 3～5h
	10	干砂磨	320 号砂纸	全面砂磨平滑，底色不能磨白
	11	修色	修色剂	颜色均匀一致，干燥 4～8h
面漆罩光	12	喷涂第一道面漆	硝基哑光清漆，香蕉水	黏度 12～15s，干燥 4～8h
	13	干砂磨	320～400 号砂纸	轻度砂磨，不磨穿底色
	14	喷涂第二道面漆	硝基哑光清漆，香蕉水	黏度 12～15s，干燥 12h
漆膜修整	15	漆膜修整	各种材料	部件或整件产品修补

表 8-22　光敏漆透明亮光涂饰工艺流程

涂饰阶段	序号	工序名称	材料与配比	施工要点
基材处理砂光吸尘	1	表面处理	180 号砂纸	清理、砂磨光滑
	2	嵌补	水性腻子	局部刮稠腻子，不能漏嵌，干燥 4～8h
	3	干砂磨	定厚砂光机	全面砂磨
	4	吸尘	吸尘机	全面吸尘
基材着色	5	着色	海绵着色辊涂机，水性着色剂	隧道烘干机（90～95℃）
底漆	6	填充	腻子辊涂机，UV 腻子	光固化，一支汞灯，半固化
	7	底漆	双辊涂机，UV 底漆	光固化，三支汞灯，全固化
	8	砂磨	精确砂光机	全面砂磨平滑，底色不能磨白
	9	第二次着色	海绵着色辊涂机，水性着色剂	隧道烘干机
面漆罩光	10	淋涂第一道面漆	UV 面漆，淋涂	光固化机，三支灯，全固化
	11	湿砂磨	320～400 号水砂纸	砂磨平滑，干燥 1～2h
	12	淋涂第二道面漆	UV 面漆，淋涂	光固化机，三支灯，全固化
漆膜修整	13	湿砂磨	600～800 号水砂纸	砂磨非常平滑，干燥 3～5h
	14	抛光	砂蜡、煤油、上光蜡	抛光压力不宜过大
	15	漆膜修整	各种材料	部件或整件产品修补

表 8-23　聚氨酯树脂漆透明填孔哑光涂饰工艺流程

涂饰阶段	序号	工序名称	材料与配比	施工要点
基材处理	1	表面处理	180～240 号砂纸	清理、砂磨光滑
	2	嵌补	PU 腻子、硝基腻子	局部刮稠腻子，不能漏嵌，干燥 4～8h
	3	干砂磨	240 号砂纸	砂磨腻子部位
基础着色	4	填充上色	易施宝填木剂	全面刮擦均匀，表面多余部分擦拭干净，干燥 30～60min
	5	干砂磨	320 号砂纸	表面轻砂清理
底漆	6	喷涂第一道底漆	聚氨酯封闭底漆	封闭底色，干燥 5～8h
	7	干砂磨	320 号砂纸	砂磨清理毛刺
	8	喷涂第二道底漆	聚氨酯透明底漆	干燥 8～12h
	9	干砂磨	320 号砂纸	全面砂磨平滑，底色不能磨穿
	10	喷涂第三道底漆	聚氨酯透明底漆	填平鬃眼，干燥 8～12h
	11	干砂磨	320 号砂纸	全面砂磨平滑，底漆不能磨穿
	12	修色	修色剂（聚氨酯调色基料加色精，黏度调至 9s）	颜色符合要求，干燥 3～5h
	13	干砂磨	800～1000 号砂纸	轻砂颗粒、灰尘
面漆	14	喷涂面漆	聚氨酯哑光清漆	干燥 24h
漆膜检查、修整	15	目视检查	小胶纸	局部贴示缺陷部位
	16	局部轻砂	800～1000 号水纸	轻砂颗粒、灰尘
	17	漆膜修整	各种材料	部件或整件产品修补

表 8-24　聚氨酯树脂漆透明显孔哑光涂饰工艺流程（基材：水曲柳）

涂饰阶段	序号	工序名称	材料与配比	施工要点
基材处理	1	表面处理	180 号砂纸	清理、砂磨光滑
	2	嵌补	聚氨酯腻子、硝基腻子	局部刮稠腻子，不能漏嵌，干燥 4～8h
	3	干砂磨	180 号砂纸	砂磨腻子部位
基材着色	4	擦涂着色	各色 PU 透明格丽斯	均匀揩擦，不能出现擦痕，干燥 3～5h
	5	清理	棉纱布	顺木纹将表面多余部分擦拭干净
底层封闭、修色	6	封闭底色	聚氨酯封闭底漆	干燥 5～8h
	7	干砂磨	320 号砂纸	全面砂磨，清除毛刺
	8	调整色差	修色剂（聚氨酯调色基料加色精，黏度调至 9s）	底色均匀一致，干燥 3～5h

续表

涂饰阶段	序号	工序名称	材料与配比	施工要点
底漆	9	喷涂第一道底漆	聚氨酯开放透明底漆	干燥 8～12h
	10	干砂磨	320 号砂纸	全面砂磨，底色不能磨穿
	11	喷涂第二道底漆	聚氨酯开放透明底漆	干燥 8～12h
	12	干砂磨	320 号砂纸	全面砂磨平滑
修色、面漆	13	面层修色	修色剂（聚氨酯调色基料加色精，黏度调至 9s）	颜色符合要求，干燥 3～5h
	14	干砂磨	600～800 号砂纸	轻砂颗粒、灰尘
	15	喷涂哑光漆	聚氨酯开放哑光清漆	干燥 24h
	16	漆膜修整	各种材料	部件或整件产品修补

以上涂饰工艺由汇龙涂料实业有限公司提供。

第9章　特种功能木质门

随着人民生活水平的不断提高，人们对普通木质门从基本的装饰和安全要求逐渐向多功能要求发展。普通木质门针对具体的使用场所还应附加一些特定的功能，因此出现了特种功能木质门的概念，这也是木质门发展趋势之一。

特种功能木质门是具有某种特定功能的木质门，强调木质门的特殊用途，所述的功能不仅指木质门内的木质单元具备某种功能，而且更重要地要求在木质门的整体上具有这种功能。例如在热、电、光、磁、声等物理学方面以及在防水耐潮、防菌抗虫、安全防盗等性能方面表现出的特殊功能。

特种功能木质门是由具有特种功能木质材料制备的，可适用于特殊用途，与普通木质门相比，具有附加值高、品种多、应用前景广阔的特点，经济和社会效益显著。按照功能来分，特种功能木质门可以分为：木质防火门、电磁屏蔽木质门、隔声木质门、木质防盗门等。

9.1　木质防火门

随着我国建筑业和城市化进程的快速发展，公共场所人口密度急剧增加，在火灾发生时防火门既作为受灾人群自救、疏散和救援的通道，也是火焰和烟雾蔓延的通道，因此防火门的耐火性能、密封性能和启闭性能对保障生命和财产安全十分重要。

9.1.1　防火门的定义和分类

防火门是指在一定时间内能满足耐火稳定性、完整性和隔热性要求的门，它是设在防火分区、疏散楼梯、垂直竖井等要求具有一定耐火性设施之间的防火分隔物，除了具有普通门的作用外，还兼具有阻止火势蔓延和烟气扩散的作用，能够在一定时间内隔绝火源扩散和高温辐射，确保受灾和消防人员安全疏散和撤离。

《防火门》（GB 12955—2008）中规定，防火门按照材质分类，分为木质防火门、钢质防火门、钢木质防火门和其他材质防火门四种。用难燃木材或难燃木材制品做门框、门扇骨架、门扇面板，门扇内若填充材料，则填充对人体无毒无害的防火隔热材料，并配以防火五金配件所组成的具有一定耐火性能的门，称之为木质防火门。用钢质和难燃木质材料或难燃木材制品制作门框、门扇骨架、门扇面板，门扇内若填充材料，则填充对人体无毒无害的防火隔热材料，并配以防火五金配件所组成的具有一定耐火性能的门，称为钢木质防火门。采用除钢质、难燃木材或难燃木材制品之外的无机不燃材料或部分采用钢质、难燃木材、难燃木材制品制作门框、门扇骨架、门扇面板，门扇内若填充材料，则填充对人体无毒无害的防火隔热材料，并配以防火五金配件所组成的具有一定耐火性能的门称为其他材质防火门。

《防火门》（GB 12955—2008）中规定，根据耐火性能分为 A 类防火门、B 类防火门 C 类防火门三类。A 类防火门，又称完全隔热防火门，在规定的时间内能同时满足耐火隔热性和耐火完整性要求，耐火性能等级分别为 0. 5h、1. 0h、1. 5h、2. 0h 和 3. 0h。为兼顾传统习惯，在 A 类防火门中，耐火性能等级不低于 1. 5h 的防火门又称为甲级防火门，耐火性能等级不低于 1. 0h 的防火门称为乙级防火门，耐火性能等级不低于 0. 5h 的防火门称为丙级防火门。B 类防火门，又称部分隔热防火门，其耐火隔热性要求为 0. 5h，耐火完整性等级分别为 1. 0h、1. 5h、2. 0h、3. 0h；C 类防火门，又称非隔热防火门，对其耐火隔热性没有要求，在规定的耐火时间内仅满足耐火完整性的要求，耐火完整性等级分别为 1. 0h、1. 5h、2. 0h、3. 0h，见表 9-1。

表 9-1　根据耐火性能分类的防火门

<table>
<tr><th>名称</th><th colspan="2">耐火性能</th><th>代号</th></tr>
<tr><td rowspan="5">A 类（隔热）
防火门</td><td colspan="2">耐火隔热性≥0. 50h
耐火完整性≥0. 50h</td><td>A0. 50（丙级）</td></tr>
<tr><td colspan="2">耐火隔热性≥1. 00h
耐火完整性≥1. 00h</td><td>A1. 00（乙级）</td></tr>
<tr><td colspan="2">耐火隔热性≥1. 50 h
耐火完整性≥1. 50h</td><td>A1. 50（甲级）</td></tr>
<tr><td colspan="2">耐火隔热性≥2. 00h
耐火完整性≥2. 00h</td><td>A2. 00</td></tr>
<tr><td colspan="2">耐火隔热性≥3. 00h
耐火完整性≥3. 00h</td><td>A3. 00</td></tr>
<tr><td rowspan="4">B 类（部分隔热）防火门</td><td rowspan="4">耐火隔热性
≥0. 50h</td><td>耐火完整性≥1. 00h</td><td>B1. 00</td></tr>
<tr><td>耐火完整性≥1. 50h</td><td>B1. 50</td></tr>
<tr><td>耐火完整性≥2. 00h</td><td>B2. 00</td></tr>
<tr><td>耐火完整性≥3. 00h</td><td>B3. 00</td></tr>
<tr><td rowspan="4">C 类（非隔热）
防火门</td><td colspan="2">耐火完整性≥1. 00h</td><td>C1. 00</td></tr>
<tr><td colspan="2">耐火完整性≥1. 50h</td><td>C1. 50</td></tr>
<tr><td colspan="2">耐火完整性≥2. 00h</td><td>C2. 00</td></tr>
<tr><td colspan="2">耐火完整性≥3. 00h</td><td>C3. 00</td></tr>
</table>

此外，木质防火门按门扇数量可分为单扇防火门、双扇防火门和多扇防火门。按照结构形式还可分为门扇上带防火玻璃的防火门、带亮窗防火门、带玻璃带亮窗防火门、无玻璃防火门等。防火门按使用状态分为两种：一是平时成开敞状态，火灾时自动关闭，称为常开式防火门；二是平时关闭，有人员走动时，需要推动门才开启，这种门称之为常闭式防火门。

9.1.2 木质防火门设计、安装与使用要求

防火门既是保持建筑防火分隔完整的主要物体之一，又是人员疏散经过疏散出口或安全出口时需要开启的门，不仅满足门的使用需要，还要求防火门设计、安装与使用具有一定的耐火性、密封性和启闭性。

9.1.2.1 木质防火门设计与安装要求

《建筑设计防火规范》（GB 50016—2006）和《高层民用建筑设计防火规范》（GB 50045—2005）中规定了防火门的耐火极限和开启方式，以保证建筑物防火和防烟性能符合相应构件耐火要求以及人员疏散需要。防火门的开启方式、方向等应满足紧急情况下，人员迅速开启、快捷疏散的需要，因此，防火门应为向疏散方向开启的平开门，并在关闭后应能从任何一侧手动开启。为避免火灾时烟气或火势通过门洞蹿入疏散通道内，保证受灾人员的安全疏散，用于疏散的走道、楼梯间和前室的防火门，应具有自行关闭的功能。双扇和多扇防火门还应具有按顺序关闭的功能，常开的防火门当发生火灾时应具有自行关闭和信号反馈的功能。设在变形缝处附近的防火门，应设在楼层数较多的一侧，且门开启后不应跨越变形缝。

《建筑设计防火规范》（GB 50016—2006）中规定，防火墙上不应开设门、窗、洞口，当必须开设时，应设置固定的或火灾时能自动关闭的甲级防火门或防火窗。在防火墙上设置的防火门，其耐火极限一般与相应的防火墙的耐火极限一致。

9.1.2.2 木质防火门质量要求

采用不同材质材料制造的防火门，其外观质量有不同的要求，对于木质防火门的割角、拼缝应严实平整；胶合板不允许刨透表层单板和戗槎；表面应净光或砂磨，并不得有刨痕、毛刺和锤印；涂层应均匀、平整、光滑，不应有堆漆、气泡、漏涂以及流淌等现象。对于钢木质防火门除了要求木质防火门的外观质量外，还要求钢质材料外观应平整、光洁、无明显凹痕或机械损伤；涂层、镀层应均匀、平整、光滑，不应有堆漆、麻点、气泡、漏涂以及流淌等现象；焊接应牢固、焊点分布均匀，不允许有假焊、烧穿、漏焊、夹渣或疏松等现象，外表面焊接应打磨平整。

使用钢质材料、难燃木材及难燃人造板材料，或其他材质材料制作防火门的门框、门扇骨架和门扇面板，门扇内若填充材料，则应填充对人体无毒无害的防火隔热材料，其阻燃性能按照国家标准《建筑材料及制品燃烧性能分级》（GB 8624—2006）中的规定检验其燃烧性能，达到A1级要求；其产烟毒性危险分级按照《材料产烟毒性危险分级》（GB/T 20285—2006）中的规定检验，达到安全2级（ZA2级）要求，经国家认可授权检测机构并出具有效的检验报告。

《防火门》（GB 12955—2008）中规定，木质防火门门扇、门框的尺寸极限偏差应符合表9-2的规定；形位公差应符合表9-3的规定。配合公差的要求是门扇与门框的搭接尺寸不应小于12mm，门扇与上框的配合活动间隙不应大于3mm，双扇、多扇门的门扇之间缝隙不应大于3mm，门扇与下框或地面的活动间隙不应大于9mm，门扇与门框有合页一侧、有锁一侧及上框的贴合面间隙均不应大于3mm。门扇与门框有合页一侧的配合活动间隙不应大于设计图纸规定的尺寸公差。门扇与门框有锁一侧的配合活动间隙不应大于设计图纸规定的尺寸公差。防火门正面上门框与门扇的平面高低差不应大于1mm。

表9-2　尺寸极限偏差

名称	项目	极限偏差（mm）
门扇	高度 H	±2
	宽度 W	±2
	厚度 T	+2 −1
门框	内裁口高度 H'	±3
	内裁口宽度 W'	±2
	侧壁宽度 T'	±2

表9-3　形位公差

名称	项目	公差
门扇	两对角线长度差 $\lvert L_1 - L_2 \rvert$	≤3mm
	扭曲度 D	≤5mm
	宽度方向弯曲度 B_1	<2‰
	高度方向弯曲度 B_2	<2‰
门框	内裁口两对角线长度差 $\lvert L_1' - L_2' \rvert$	≤3mm

9.1.2.3　木质防火门防火性能要求

木质防火门由门扇、门框、骨架、面板、内填充隔热材料、防火五金配件等部件组成。根据需要，也可以在门扇上安装A类复合防火玻璃及门扇上方设有由门框及A类复合防火玻璃构成的亮窗。

国外一些国家也同样颁布了加强消防措施的公告。美国国家消防协会NFPA 80规定了防火门以及外部建筑所要达到的消防等级。英国国家标准也出台了BS 476以及BS EN 1634—12000等防火等级测试实验标准。国际标准也同样出台了ISO 3008，规定了门和卷帘组件的耐火实验，以此来保证阻燃性能。

防火门的关键技术指标是其耐火极限。防火门作为一种建筑构件，其耐火极限按照《建筑构件耐火试验方法》（GB/T 9978.1～9—2008）通过燃烧试验炉来实现。试验中判断防火门达到耐火极限的三个条件是门垮塌失去支撑能力、门发生穿透裂缝或孔洞完整性被破坏和门失去隔火作用，其背火面温度超过实验室的室温180℃。当这三个条件中的任意一个条件出现时，就表明构件达到了耐火极限。根据以上判定耐火极限的要求，影响木材耐火极限的因素有木材的含水率、木材的种类及密度、木材阻燃处理的效果。

9.1.3 木质防火门使用的材料

木质防火门是用难燃木材、难燃人造板材料或钢质材料或其他材质材料制作门框、门扇骨架和门扇面板，门扇内一般有填充材料与防火五金配件等共同装配成的门，因此，制造木质防火门使用的材料有阻燃木材、阻燃人造板、钢材、无机材料、防火锁、防火闭门器、防火玻璃、防火插销等。

9.1.3.1 阻燃木材

木质防火门门框和门扇骨架材料一般采用针叶材或阔叶材。阔叶材硬杂木硬度、密度高，具有一定的耐火性能，但由于新的防火门标准耐火极限的提高，一般需要阻燃处理。目前我国高层建筑内安装的木质防火门大多结构和材料基本相同，门扇为三层胶合板结构，骨架材质为红松或白松，门框材料为红松，均需要经过阻燃处理。高档的木质防火门和普通的木质防火门的区别体现在门框和门扇的表层材料采用较珍贵的装饰材料。

木质防火门所用木材的材质应符合《建筑木门、木窗》（JG/T 122—2000）中第5.1.1.1条对Ⅱ（中）级木材的有关标准。阻燃性能应按照《建筑材料难燃性试验方法》（GB/T 8625—2005）检验达到该标准第7章判定条件要求的合格产品，具体为试件燃烧的剩余长度平均值应不小于150mm，其中没有一个试件的燃烧剩余长度为零；每组试验的5支热电偶所测得的平均烟气温度不超过200℃。阻燃木材的含水率不应大于12%，木材在制成防火门后的含水率不应大于当地的平衡含水率。

目前国内外常用的木材及其制品阻燃处理方法主要有：常压法和加压法。前者有涂刷法、喷淋法、浸渍处理法、冷热槽法、双扩散法等；后者又称真空—加压法，包括满细胞法、半细胞法、频压法、循环法等。薄型透明防火涂料能保留天然木材的纹理及花纹，但500g/m^2 以上的涂刷量，制品的木质感明显降低，经过一段时间后涂层产生龟裂，降低了防火和装饰效果，3 次以上的涂刷或喷涂工作，增加了现场施工的工作量和难度，水溶型防火涂料防水和防潮性差，溶剂型防火涂料对环境造成污染。阻燃浸渍处理木材需要进行二次干燥，干燥周期为15～45 天，生产周期较长。

为了提高浸透性和浸透深度，要求阻燃剂均匀分布于木质材料内部，国内外研究人员提出了木材激光刻痕、低压水蒸气爆破、压缩前处理、热水（汽）处理、震荡加压、声波和超声波处理等技术和方法。

木材阻燃剂主要以磷氮系为主，处理工艺必须考虑阻燃效果、抗流失性、降低吸湿率和毒性等因素。选择合适的助剂、乳化剂，将非水溶性阻燃剂配成水溶液或乳液用于木质材料的阻燃处理，降低阻燃木质材料的吸湿性、流失率，以及阻燃剂对木质材料强度的影响。采用双重扩散法，在木质材料内部生成不溶于水的化合物。树脂型阻燃剂，不仅赋予木质材料阻燃效果，而且可以提高木质材料的物理力学性能。

9.1.3.2　阻燃人造板

随着天然林木材资源的逐渐减少，特别是优质装饰用材资源的日渐枯竭，人们开始重视木材的合理使用。木质防火门一般先生产阻燃人造板（阻燃胶合板、阻燃刨花板和阻燃中密度纤维板），然后用刨切微薄木或阻燃浸渍装饰纸对阻燃人造板进行饰面，在刨切微薄木表面涂刷阻燃剂。

1）难燃胶合板

《难燃胶合板》（GB 18101—2000）对难燃胶合板的规格、外观质量、理化性能和燃烧性能作了规定。

难燃胶合板的规格如表9-4 所示。

厚度尺寸：2.7、3.0、5.0、7.0、9.0、12.0、15.0、18.0mm 等，特殊尺寸由供需双方协议。

表9-4　难燃胶合板的幅面尺寸

宽度（mm）	长度（mm）				
915	915	1220	1830	2135	—
1220	—	1220	1830	2135	2440

注：特殊尺寸由供需双方协议。

难燃胶合板的质量要求包括外观质量、物理力学性能和燃烧性能。

（1）外观要求：难燃普通胶合板的外观等级分为特等、一等、二等及三等四个等级，各等级的允许缺陷应符合《胶合板》（GB/T 9846.5—2004）第4部分普通胶合板外观分等技术条件的要求。其中难燃胶合板表板对阻燃剂的渗析应符合表9-5的要求。

表9-5 难燃胶合板表板对阻燃剂渗析要求

名称与等级		要求
难燃普通胶合板	特等、一等	不允许
	二等、三等	轻微
难燃装饰单板贴面胶合板	优等品、一等品	不允许
	合格品	轻微

（2）难燃胶合板物理力学性能：各等级难燃胶合板出厂时的物理力学性能应符合表9-6的规定。

表9-6 难燃胶合板物理力学性能

项目	各项性能指标值
含水率（%）	6~14
胶合强度（MPa）	≥0.70

（3）燃烧性能：难燃胶合板的燃烧性能应符合GB 8624中难燃材料B1级的要求。

2）难燃中密度纤维板

《难燃中密度纤维板》（GB/T 18958—2003）对难燃中密度纤维板的定义、技术要求、试验方法、检验规则及标志、包装、运输、贮存等进行了规定。

难燃中密度纤维板的规格为，长度（mm）：2440、2135、1830，宽度（mm）：1220、915，厚度（mm）：6、8、10、12、14、16、19、22、25、30等。

难燃中密度纤维板质量要求：

（1）通用技术要求：难燃中密度纤维板出厂时，产品外观、规格尺寸、理化性能等通用技术要求应符合《中密度纤维板》（GB/T 11718—1999）中第5章的规定，其中甲醛释放量应符合《室内装饰装修材料、人造板及其制品中甲醛释放限量》（GB 18580—2001）中的规定。

（2）燃烧性能：难燃中密度纤维板的燃烧性能应符合GB 8624中难燃等级的规定，具体指标如表9-7所示。

表9-7　难燃中密度纤维板燃烧性能测试

检测项目		依据标准	指标
可燃性试验		GB/T 8626	达到规定指标，且不允许有燃烧滴落物引燃滤纸的现象
难燃性试验	平均燃烧剩余长度	GB/T 8625	≥15cm（其中任一试件的剩余长度>0）
	平均烟气温度	GB/T 8625	≤200℃
烟密度等级（SDR）		GB/T 8627	≤75

注：对于特殊技术要求由供需双方协商确定。

3）防火刨花板

刨花板是以低价值和特性差的木材、制造厂的下脚料与用过的木材，以及其他植物原料制造的木质材料，其导热性与天然干燥木材接近。在耐火极限范围内确保门扇的刚性是解决耐火失效的主要矛盾，理想情况下材料选用添加防火剂的刨花板，但价格较高。有些制造商采取的方法是将门体加厚，例如，以刨花板为基材耐火极限120min的防火门其门扇厚度达到80mm以上。

中华人民共和国公共安全行业标准《防火刨花板通用技术条件》（GA 87—1994）中规定以木材或非木材植物制成的刨花材料（如木材刨花、木屑、亚麻屑、甘蔗渣等）为原料，施加粘接剂、阻然剂和辅料经压制成型具有一定防火性能的板材称为防火刨花板。

防火刨花板的规格有，长度（mm）：915、1220、1830、2000、2440，宽度（mm）：915、1000、1220，厚度（mm）：6、8、10、12、14、16、19、22、25、30等。

（1）防火刨花板的外观质量要求如表9-8所示。

表9-8　防火刨花板外观质量

缺陷名称	要求
断裂、透痕	不允许有局部断裂或断裂痕迹
金属夹杂物	不允许有金属夹杂物
压痕	不允许有深度>0.6mm、面积>12cm^{2}的压痕
	深度≤0.6mm，面积≤12cm^{2}的压痕允许每平方米出现2处
污染斑点（胶斑、石蜡斑、油污斑等）	不允许有面积>40mm^{2}的斑点
	面积10~40mm^{2}的斑点允许出现2处
	面积<10mm^{2}的斑点不计
边角残缺	在公称尺寸内不允许有

（2）防火刨花板的尺寸偏差应符合9-9的要求。

表9-9　防火刨花板尺寸偏差要求

<table>
<tr><td rowspan="3">厚度偏差</td><td colspan="2">公称厚度（mm）</td><td colspan="2">≤13</td><td colspan="2">>13～20</td><td>>20</td></tr>
<tr><td rowspan="2">允许值（mm）</td><td>未砂光</td><td colspan="2">+1.2
0</td><td colspan="2">+1.6
0</td><td>+2.0
0</td></tr>
<tr><td>砂光</td><td colspan="5">±0.3</td></tr>
<tr><td colspan="3">长度偏差（mm）</td><td colspan="5">+5
0</td></tr>
<tr><td colspan="3">宽度偏差（mm）</td><td colspan="5">+5
0</td></tr>
<tr><td colspan="3">边缘不直度（mm/mm）</td><td colspan="5">1/1000</td></tr>
<tr><td rowspan="2">两对角线之差</td><td colspan="2">公称长度（mm）</td><td>≤1200</td><td>>1200～1830</td><td>>1830～2440</td><td colspan="2">>2440</td></tr>
<tr><td colspan="2">允许值（mm）</td><td>≤3</td><td>≤4</td><td>≤5</td><td colspan="2">≤6</td></tr>
<tr><td rowspan="2">翘曲度</td><td colspan="2">公称厚度（mm）</td><td colspan="2">≤10</td><td colspan="3">>10</td></tr>
<tr><td colspan="2">允许值（mm）</td><td colspan="2">不测</td><td colspan="3">≤1.0</td></tr>
</table>

（3）防火刨花板的物理力学性能应符合表9-10的要求。

表9-10　防火刨花板物理力学性能要求

<table>
<tr><td colspan="3" rowspan="2">项目</td><td rowspan="2">单位</td><td colspan="6">公称厚度（mm）</td></tr>
<tr><td>≤13</td><td colspan="2">>13～20</td><td>>20～25</td><td>>25～32</td><td>>32</td></tr>
<tr><td colspan="3">静曲强度</td><td>MPa</td><td>≥15.0</td><td colspan="2">≥14.0</td><td>≥13.0</td><td>≥11.0</td><td>≥9.0</td></tr>
<tr><td colspan="3">内结合强度</td><td>MPa</td><td>≥0.35</td><td colspan="2">≥0.30</td><td>≥0.25</td><td>≥0.20</td><td>≥0.20</td></tr>
<tr><td colspan="3">吸水厚度膨胀率</td><td>%</td><td colspan="6">≤12</td></tr>
<tr><td colspan="3">含水率</td><td>%</td><td colspan="6">5.0～11.0</td></tr>
<tr><td colspan="3">密度</td><td>g/cm³</td><td colspan="6">0.50～0.85</td></tr>
<tr><td colspan="3">密度偏差</td><td>%</td><td colspan="6">≤±5.0</td></tr>
<tr><td rowspan="3">握螺钉力</td><td colspan="2">板面</td><td>N</td><td colspan="6">≥1100</td></tr>
<tr><td rowspan="2">板边</td><td>公称厚度</td><td>mm</td><td colspan="2"><16</td><td colspan="4">≥16</td></tr>
<tr><td>允许值</td><td>N</td><td colspan="2">不测</td><td colspan="4">≥700</td></tr>
</table>

（4）防火刨花板防火性能应符合表9-11的要求。

表 9-11 防火刨花板防火性能要求

项目	单位	防火性能	
		F_1	F_2
燃烧性能	级	B_1	B_2
烟密度	等级	≤50	≤60
氧指数		≥35	≥26
烟气毒性	mg/L	≥10.0	

9.1.3.3 防火无机材料

为了提高防火门耐火性和防火等级，在防火门内通常填充对人体无害的防火隔热材料，中华人民共和国国家标准《防火门》（GB 12955—2008）中规定，所用的填充材料应经国家认可授权检测机构检验达到《建筑材料及制品燃烧性能分级》（GB 8624—2006）规定燃烧性能 A1 级要求和《材料产烟毒性危险分级》（GB/T 20285—2006）规定产烟毒性危险分级 ZA2 级要求的合格产品。所使用的五级填充材料包括防火玻璃、膨胀珍珠岩、玻镁板和防火棉等。

1）防火玻璃

防火玻璃是一种新型防火材料，具有良好的透光性能和耐火、隔热、隔声性能。防火玻璃是设有防火分隔要求的工业及民用建筑的防火门、窗和防火隔墙等范围的理想防火材料。常见的防火玻璃有夹层复合防火玻璃、夹丝防火玻璃、中空防火玻璃和特种防火玻璃等。夹层复合防火玻璃是目前国内外市场常见而畅销的防火玻璃。它由两层或两层以上的平板玻璃中间夹以透明的防火胶粘剂组成。夹丝防火玻璃是在两层玻璃中间的有机胶片或无机胶粘剂的夹层中再加入金属丝、网物而制成的复合玻璃体。加入了丝或网后，不仅可提高防火玻璃的整体抗冲击强度，而且能与安全报警系统相连接起到多种功能的作用。中空防火玻璃集隔声降噪、隔热保温及防火功能于一身。它是在制作中空玻璃的基础上，考虑到有可能接触火灾或火焰的一定温度、湿度下干燥后，在加工成形状各异的中空玻璃门、窗、隔断、隔墙等用的中空防火玻璃。特种防火玻璃是指采用的玻璃基片为特种成分的玻璃，主要有硼硅酸防火玻璃、铝硅酸盐防火玻璃、微晶防火玻璃等。由于成分不同，玻璃软化点较高，一般均在 900℃ 以上，热膨胀系数低，在强火焰下一般不会因高温而炸裂或变形，尤其是微晶防火玻璃，除具有上述特点外，还具有机械强度高，抗折、抗压强度高及良好的化学稳定性和物理力学性能。

防火门常用的防火玻璃规格有：38mm、28mm、20mm 等。防火玻璃的外观质量应符合《建筑用安全玻璃 第一部分：防火玻璃》（GB 15736.1—2009）的规定，具体见表 9-12。

表 9-12 防火玻璃的外观质量要求

玻璃类型	缺陷名称	要求
复合防火玻璃	气泡	直径 300mm 圆内允许长 0.5 ~ 1.0mm 的气泡 1 个
	胶合层杂质	直径 500mm 圆内允许长 2.0mm 以下的杂质 2 个
	裂痕	不允许
	爆边	每米边长允许有长度不超过 20mm、自边部向玻璃表面延伸深度不超过厚度一半的爆边 4 个
	叠差	由供需双方商定
	磨伤	
	胶脱	
单片防火玻璃	爆边	不允许存在
	划伤	宽度≤0.1mm，长度≤50mm 的轻微划伤，每平方米内不超过 4 条
		0.5mm > 宽度 > 0.1mm，长度≤50mm 的轻微划伤，每平方米面积内不超过 1 条
	结石、裂纹、缺角	不允许存在
	波筋	不低于 GB 11614 建筑级的规定

2）膨胀珍珠岩

平板型膨胀珍珠岩的规格有长度 400 ~ 600mm，宽度 200 ~ 400mm，厚度 40 ~ 100mm。优等品尺寸允许偏差为：长度 ±3mm；宽度 ±3mm；厚度 −1mm ~ +3mm。合格品尺寸允许偏差：长度 ±5mm；宽度 ±5mm；厚度 −2mm ~ +5mm。

按照产品密度不同分为 200 型、250 型和 350 型等类型。

外观质量要求是不允许有裂纹和缺棱掉角。优等品垂直度偏差≤2mm；合格品垂直度偏差≤5mm。优等品弯曲度≤3mm，合格品弯曲度≤5mm。

平板型膨胀珍珠岩物理力学性能应符合《膨胀珍珠岩绝热制品》（GB/T 10303—2001）中建筑物用膨胀珍珠岩绝热制品的规定，见表 9-13。

表 9-13　膨胀珍珠岩物理力学性能指标

项目		指标				
		200 型		250 型		350 型
		优等品	合格品	优等品	合格品	合格品
密度（kg/m^3）		≤200		≤250		≤350
导热系数［W/(m·K)］	298K ±2K	≤0.060	≤0.068	≤0.068	≤0.072	≤0.087
抗压强度（MPa）		≥0.40	≥0.30	≥0.50	≥0.40	≥0.40
抗折强度（MPa）		≥0.20	—	≥0.25	—	—
质量含水率（%）		≤2	≤5	≤2	≤5	≤10

3）玻镁平板

玻镁平板又称氧化镁防火复合板，通过中碱性玻璃纤维网为增强材料，以氧化镁、氯化镁和水为三元体系，加改性剂而制成的镁质胶凝材料，具有耐高温、阻燃、吸声、防震、防虫、防腐、无毒无味无污染、可直接上油漆、直接贴面，可用气钉直接上瓷砖，表面有较好的着色性，强度高、耐弯曲有韧性、可钉、可锯、可粘、装修方便等特点。用作防火门的填充材料，还可以与多种保温材料复合制成复合保温材料，用途广泛。

玻镁平板的外观质量应表面平整、边角整齐，不应有影响使用的破损、波纹、沟槽、裂纹、分层等缺陷。尺寸允许偏差：长度 -4 ~ 0mm。宽度 -4 ~ 0mm；厚度（e）<6mm 时厚度允许偏差为 ±0.20mm；6≤厚度≤10mm 时厚度允许偏差为 ±0.30mm；厚度 >10mm 时厚度允许偏差为：±0.50mm；两对角线差≤5mm。

表观密度偏差应不超过 ±10%。返卤性应无水珠、无返潮。出厂含水率应不大于 8%，干缩率应不大于 0.3%，湿胀率应不大于 0.6%，氯离子含量应不大于 10%。玻镁平板的燃烧性能应符合 GB 8624—2006 中 A1 级要求。

玻镁平板握螺钉力应符合表 9-14 的规定。

表 9-14　玻镁平板握螺钉力的要求

厚度 e(mm)	$e<6$	$6\leq e\leq 10$	$e>10$
握螺钉力［N/m］	≥25	≥20	≥15

4）防火棉

防火门门扇填充材料一般采用防火棉，防火棉主要原料是涤纶纤维，经梳理铺网成型后，利用低熔点粘合纤维混合而成，具有防火性能强、弹性好的特点。除用于防火门、家具制造材料外，还用于防火衣料和玩具等。火灾发生时，防火棉不仅可以有效阻碍和孤立烟尘、火焰，而且还可以抑制燃烧，增强防火功效，延长救援时间。防火门所用的防火棉主要有硅酸铝纤维或岩棉。硅酸铝纤维又叫陶瓷纤维，是一种新型轻质耐火材料，具有容重轻、耐高温、热稳定性好、热传导率低、隔热性能好等优点，可制成硅酸铝纤维板、硅酸铝纤维毡等产品，如图 9-1 所示。

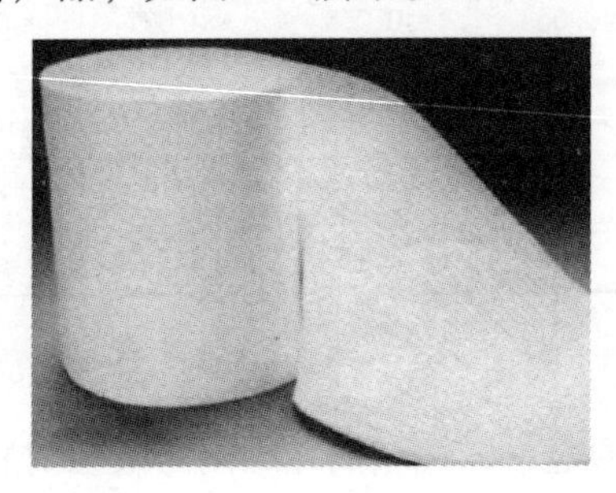

图 9-1　硅酸铝纤维毡和硅酸铝纤维板

9.1.3.4　防火膨胀密封件

门缝是影响耐火极限的主要因素之一。由于门缝处有风洞效应，能够不断获得氧气，促使该处燃烧强度增大，温度急剧升高，加速了木材的炭化过程，使门缝间隙进一步扩大，造成火焰和烟气向背火区扩散。防火膨胀密封件具有较好的隔火、隔烟、隔热及防火性能和装饰性，从而解决了防火门窗的完整性、启闭灵活性和装饰性等问题，在耐火建筑构（配）件的缝隙中得到广泛应用。随着防火技术和阻燃新材料的出现，防火门使用的膨胀密封件由传统的石棉绳和硅酸铝纤维绳发展为以高精细石墨、阻燃装饰材料、膨胀剂等为主要原材料，经高温加压成型的膨胀密封条，在 300～400℃其线性膨胀倍数大约为原膨胀体厚度的 2～3 倍，具有较好的密闭效果。目前，有些防火门在隔火状态下，门缝密闭采用的防火膨胀密封条，明装于门框的门口侧边，对产品的外观稍有影响，如图 9-2所示。也有部分防火门在门的边部采取密闭和装饰处理。

图 9-2　加入防火膨胀密封件的防火门

防火门膨胀密封件的基本规格如表 9-15 所示、尺寸允许偏差如表 9-16 所示。

表9-15　防火膨胀密封件的基本规格

类型	规格（mm）	
	膨胀体宽度	膨胀体厚度
A型	10、15、20、25	1、1.5、2、3、4
B型	规格根据需要自行确定	

表9-16　防火膨胀密封件尺寸允许偏差

类型	尺寸允许偏差（mm）	
	膨胀体宽度	膨胀体厚度
A型	±1.0	±10%
B型	±10%	

防火膨胀密封件的外观质量要求是密封件的外露面应平整、光滑，不应有裂纹、压坑、厚度不匀、膨胀体明显脱落或粉化等缺陷。防火膨胀密封件烟气毒性的安全级别不应低于GB/T 20285—2006规定的ZA2级、烟密度等级（SDR）不大于35。用玻璃棒按压进行耐空气老化性能、耐冻融循环性试验后的防火膨胀密封件膨胀体表面，应无明显粉化、脱落现象；试验后膨胀体的膨胀率应不小于初始膨胀率。耐水性、耐酸性、耐碱性试验后，防火膨胀密封件应无明显溶蚀、溶胀、粉化、脱落等现象；质量变化应不大于5%；试验后膨胀体的膨胀率应不小于初始膨胀率。将防火膨胀密封件按其使用说明书规定的安装方法安装到防火门上，进行防火密封性能试验，防火膨胀密封件使用部位的耐火完整性应符合国家标准《门和卷帘的耐火试验方法》（GB 7633—2008）中的规定。

9.1.3.5　防火闭门器

《建筑设计防火规范》（GB 50016—2006）中规定，为避免火灾时烟气或火势通过门洞蹿入疏散通道内，防火门应具有自行关闭的功能，需要使用防火闭门器，安装在平开门扇上部，由金属弹簧和液压阻尼组合作用装置组成，如图9-3所示。防火门闭门器规格如表9-17所示。

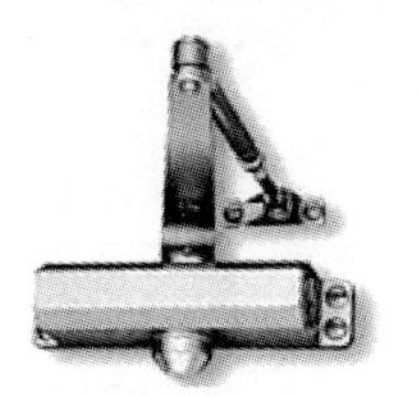

图9-3　防火闭门器

表 9-17　防火闭门器的规格

规格代号	开启力矩（N·m）	关闭力矩（N·m）	适用门扇质量（kg）	适用门扇最大宽度（mm）
2	≤25	≥10	25～45	830
3	≤45	≥15	40～65	930
4	≤80	≥25	60～85	1030
5	≤100	≥35	80～120	1130
6	≤120	≥45	110～150	1330

防火门闭门器质量要求是使用时应运转平稳、灵活，其贮油部件不应有渗漏油现象。中华人民共和国公共安全行业标准《防火门闭门器》（GA 93—2004）中要求常温下的最大关闭时间不应小于20s，最小关闭时间不应大于3s，常温下的闭门复位偏差不应大于0.15°。

防火门闭门器使用寿命应符合表9-18的规定，且寿命试验过程中，防火门闭门器应无破损和漏油现象。高温下（温度大于40℃）的开启力矩应符合表9-19的规定，高温下（温度大于40℃）的关闭力矩应符合表9-20的规定。

表 9-18　防火闭门器的使用寿命

等级	代号	使用寿命（万次）
一等品	Ⅰ	≥30
二等品	Ⅱ	≥20
三等品	Ⅲ	≥10

表 9-19　高温下防火闭门器的开启力矩

规格代号	开启力矩（N·m）
2	≤20
3	≤36
4	≤64
5	≤80
6	≤96

表9-20　高温下的防火闭门器关闭力矩

规格代号	关闭力矩（N·m）
2	≤7
3	≤10
4	≤18
5	≤24
6	≤32

9.1.3.6　防火门锁

在燃烧中，随着门炭化层的增厚，门扇失去抗变特性而变形。单开启门表现在锁具侧上、下两角向外弯曲、逐渐脱离门框内口，使火焰窜出。双开启门表现在锁具位置向外鼓起，火焰从门中间缝上端蹿出。防火门锁最大特点就是可以防风，锁体插嵌在门梃中，具有双舌、单锁头或双锁头结构，在900℃高温下照常开启，耐腐蚀性高。

防火门锁的质量要求是牢固度、灵活度和外观质量应符合《弹子插芯门锁》（QB/T 2474—2000）的规定。防火门锁的耐火时间应不小于其安装使用的防火门耐火时间。耐火试验过程中，防火门锁应无蹿火现象、无明显变形和熔融现象，应能保证防火门门扇处于关闭状态。

9.1.3.7　防火五金件

防火五金件包括防火合页和防火插销。

为保证防火要求，防火合页铰链板厚度应不小于3mm。耐火试验过程中，防火合页（铰链）应无明显变形，耐火时间应不小于其安装使用的防火门耐火时间，防火合页铰链处应无蹿火现象，且应能保证防火门门扇与合页（铰链）安装处无位移，并处于良好关闭状态。

防火插销的耐火时间应不小于其安装使用的防火门耐火时间。耐火试验过程中，防火插销应无明显变形和熔融现象，防火插销处应无蹿火现象，应能保证防火门门扇与插销安装处无位移，并处于良好关闭状态。

9.1.4　防火门生产工艺

9.1.4.1　木质防火门生产工艺

木质防火门按结构形式可分为实心木质防火门和空心木质防火门，完整的一樘防火门由门扇和门框组成，门扇主要由边梃、上下帽头、门芯、防火填料、防火板、装饰面板、防火密封件和五金件等构成。

实心木质防火门门扇是由边梃、上梃、下梃、中梃、竖梃与门芯通过胶合形成一个完整的门胆，两侧用防火板封闭，外贴装饰面板，门芯木与门梆需经过阻燃处理，各部粘接需使用耐高温、稳定性好的聚氨酯胶粘剂。装饰面板层可根据需要制成平板面、镶嵌池板等多种形式。因门胆为实木整体构造，故整门坚固耐用，防盗性能好，多用于建筑外门、单元入户门或消防通道门。空心木质防火门：门梆与门芯组成的空心框架结构，在其中空部分装填防火填料，两侧用防火板封闭，外贴装饰面板。其中门梆与门芯大多需经阻燃处理，以提高隔热、耐火时间；防火填料以选用防火棉居多，主要起隔热作用，真正起阻火作用的防火板一般是使用价格低廉的硅酸铝板居多。胶粘剂使用及贴面特点与实心防火门相同。

在木质防火门试验检测中，由于防火门中间有无机填充材料，具有隔火作用，而通常是门扇和门框局部烧损，出现初始破坏，发生孔洞穿火，随之整体垮塌。所以木质防火门的门框和门扇骨架必须要经过阻燃处理。木材常用的阻燃方法有：喷涂法、浸泡法、蒸煮法、真空法、真空加压法等。喷涂法和浸泡法一般应用于不再进行刨削加工的木材表面，以及厚度低于10mm的薄板阻燃处理，不适用于木质防火门的生产。真空法和真空加压法虽然阻燃效果好，但设备昂贵，生产成本价高。

木质防火门生产工艺流程如图9-4所示，木质防火门门框生产工艺如图9-5所示。

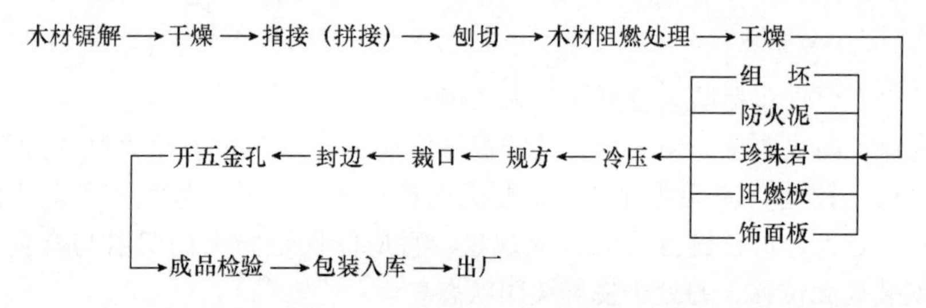

图9-4　木质防火门生产工艺流程图

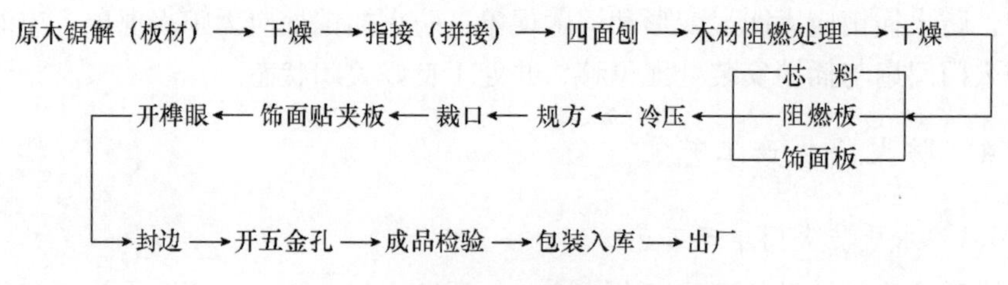

图9-5　木质防火门门框生产工艺流程

图9-6和图9-7是一般木质防火门的结构图，以供参考。

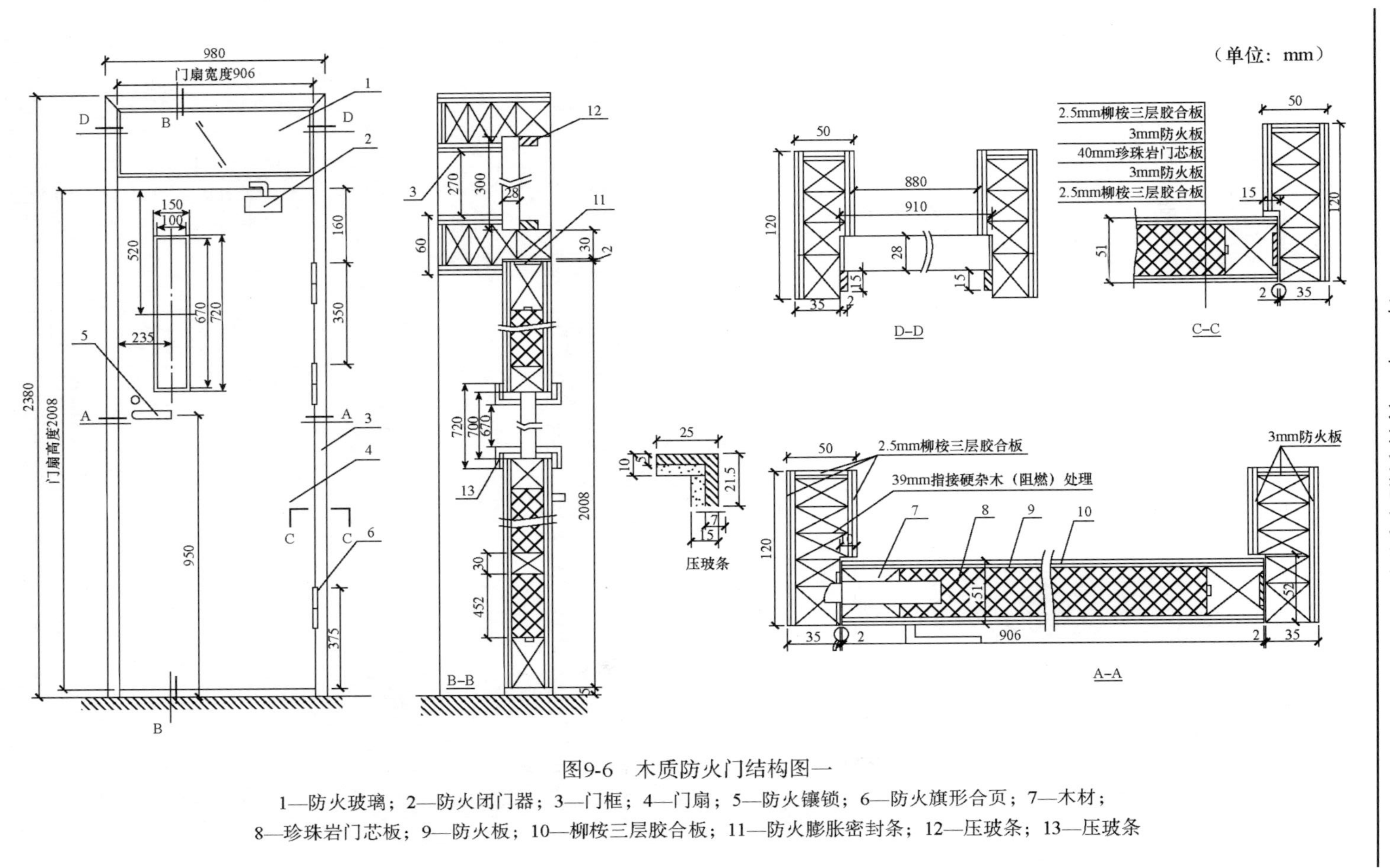

图9-6　木质防火门结构图一

1—防火玻璃；2—防火闭门器；3—门框；4—门扇；5—防火镶锁；6—防火旗形合页；7—木材；

8—珍珠岩门芯板；9—防火板；10—柳桉三层胶合板；11—防火膨胀密封条；12—压玻条；13—压玻条

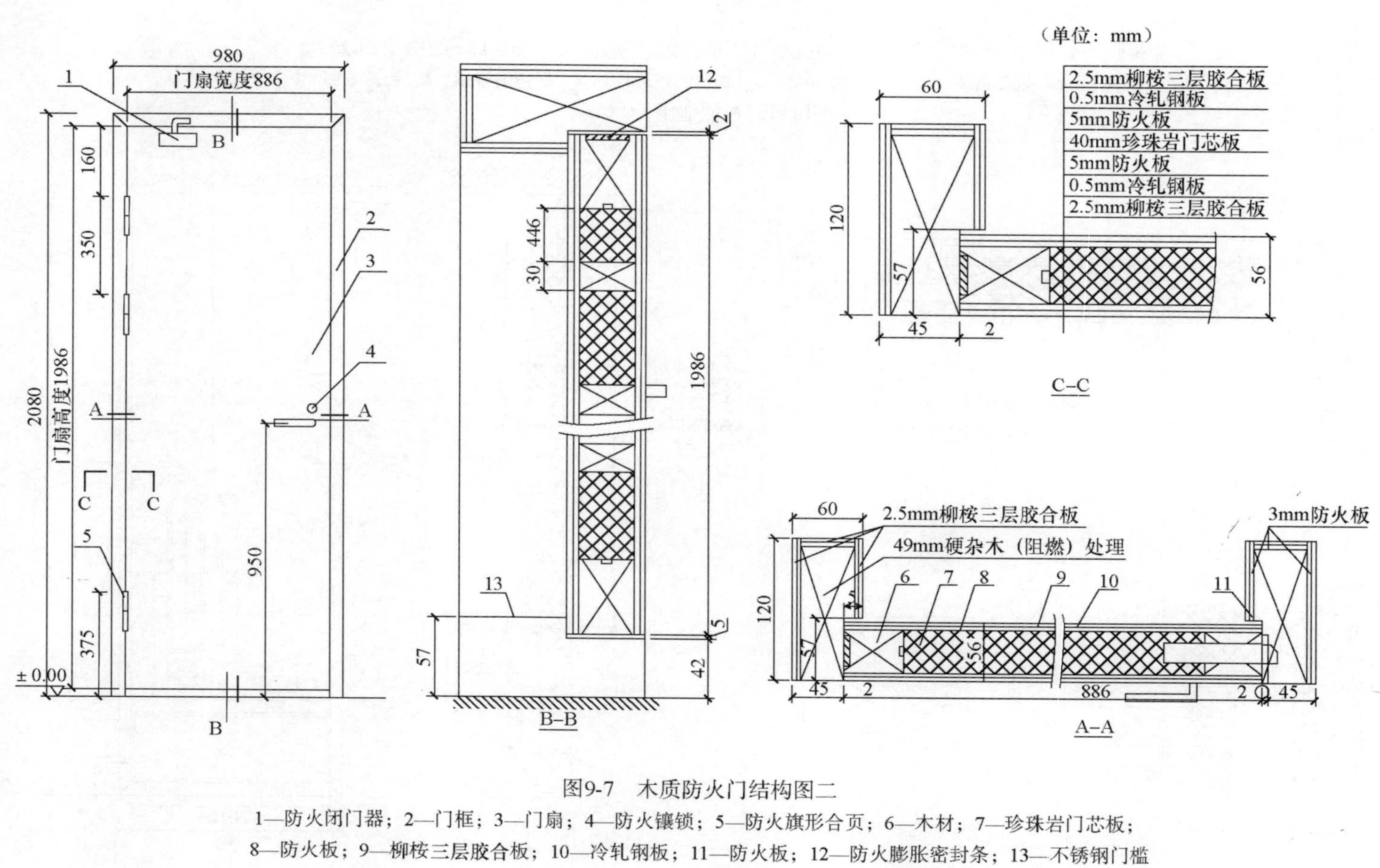

图9-7 木质防火门结构图二

1—防火闭门器；2—门框；3—门扇；4—防火镶锁；5—防火旗形合页；6—木材；7—珍珠岩门芯板；8—防火板；9—柳桉三层胶合板；10—冷轧钢板；11—防火板；12—防火膨胀密封条；13—不锈钢门槛

9.1.4.2　钢木防火门生产工艺

钢质防火门主要采用冷轧薄钢板，每道工序都应该有准确详细的工艺卡，零件图上的尺寸公差标志要清晰，不仅计量器具而且工装夹具都要经过校订。用于组装检验的检测平台应该经过研磨校正以保证平整度。应注意门扇骨架的焊接技术，如果焊接时间过短，骨架强度不够易脱落；反之焊接时间过长，则易造成门扇变形，影响外观平整度甚至出现烧穿的情况。钢质防火门在经过必要的防锈处理后，还要进行喷漆或喷塑处理；在这一过程中要保证钢质防火门外观光亮平整，漆层吸附牢固，不得有气泡和剥落现象。

具体工艺如图9-8所示。

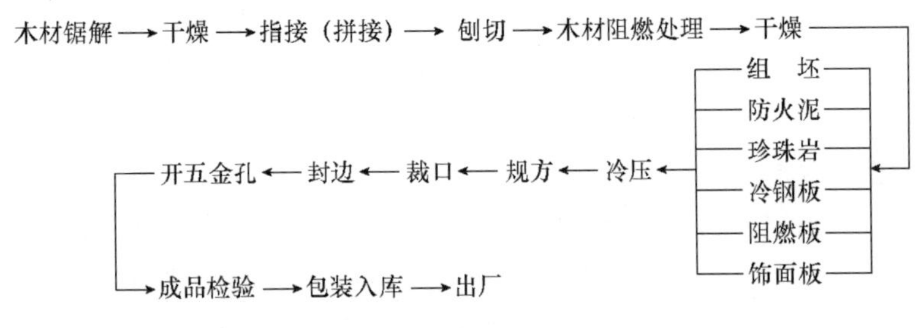

图9-8　钢木防火门工艺流程

9.2　其他功能木质门

9.2.1　电磁屏蔽木质门

随着现代科学技术突飞猛进的发展，电子技术得以广泛应用，各种电器、电子设备极大普及，电子电气设备的使用越来越频繁和广泛，信息的交换也成级数式增长，所有这些不可避免地以电磁波的形式向环境辐射能量，产生电磁辐射。目前随着业界对电子产品的电磁兼容的重视，以及国家或组织的电磁兼容标准的出台，通讯产品、医疗设备、家用电器等，尤其是防止信息泄漏和增强抗干扰的军用设备，必须对设备进行电磁屏蔽，以减少环境对设备或者设备对环境的辐射干扰，使设备适应复杂工作环境，确保设备正常实现设计功能，提高设备的可靠性、安全性。

电磁屏蔽木质门是使用木质材料开发的一类电磁屏蔽门，主要应用在电磁兼容要求一般的家庭室内装修。电磁屏蔽木质门主要使用的材料是电磁屏蔽木质材料。电磁屏蔽木质材料是由木材单板、木粉或者木纤维与各种导电或磁性材料以均匀分散复合、叠层复合或形成导电膜等方式制成的一种功能复合材料。关于电磁屏蔽木质材料的研究国外主要集中在美国和日本，国内主要集中在中国林科院木材工业研究所、北京林业大学和东北林业大学。电磁屏蔽木质材料主要包括四大类：表面导电型、高温炭化型、填充型以及叠层型。

表面导电型是使木材表面金属化来反射电磁波。

高温炭化型是指木质材料经过高温炭化后形成碳化物，作为屏蔽材料使用。

填充型则通过在木基复合材料中填充导电或磁性材料，达到屏蔽效果。国内外学者大多采用不锈钢纤维（网）、铜纤维（网）、磁性材料与木纤维复合压制中密度纤维板，板材具有较好的屏蔽性能。该类材料具有较好的应用前景，但目前仍处于研究开发阶段。

叠层型主要是木质单元与导电功能层叠层制备导电复合材料，是电磁屏蔽木基复合材料一个重要的研究方向，具有以下几个优势：导电（金属）单元内置保持了木质生物材料的天然特点，具有其他类型材料所不具备的绿色优势；导电（金属）单元内置不容易受到外界因素的破坏，屏蔽性能稳定；采用叠层方法容易实现功能化的转换和增强。该类产品的研究主要集中在国内，中国林科院木材工业研究所采用石墨、铜纤维和钢纤维为导电填料加入脲醛树脂胶粘剂中压制胶合板，胶合板电磁屏蔽效能达到35dB。中国林科院木材工业研究所采用“铺撒模压”的方法制备导电膜片，然后将其与落叶松单板“叠层复合”制备新型电磁屏蔽胶合板，大大提高了电磁屏蔽胶合板的屏蔽性能。叠层型电磁屏蔽木质材料由于其表面是木质材料，保持了木质生物材料的天然特点，具有其他类型材料所不具备的绿色优势，它将是未来电磁屏蔽木质门研究和开发所使用的最主要材料。

电磁屏蔽木质门制备的关键技术在于如何抑制门缝之间产生的电磁泄漏。中国林业科学研究院木材工业研究所采用搭接技术解决了木质材料在使用中所形成缝隙产生的电磁泄漏问题。将电磁屏蔽木质材料中的导电层采用导电铜箔或导电材料单独连接出来后与门框（包含插槽和铜簧片）进行电连接，由此使电磁屏蔽门和门框、电磁屏蔽木质材料形成整体的有效电连接（图9-9），防止电磁泄漏。

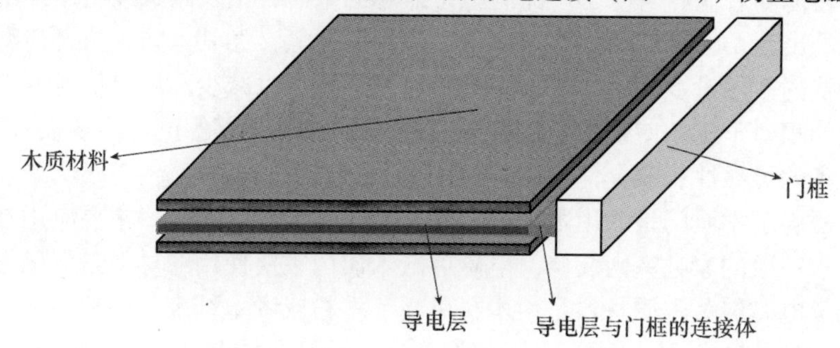

图9-9　电磁屏蔽木质门制备结构示意图

目前国内外市场上的电磁屏蔽木质门的产品还比较少见。电磁屏蔽木质门是一类新型的防电磁辐射绿色功能木质门，具有广阔的市场前景。

9.2.2　隔声功能木质门

现在装修市场中的木质门多为实木门或木质复合门，它们虽然具有美观、大方等优点，但是隔声效果较差，在室与室之间或者室与厅之间不能达到阻隔声音的功能，尤其不能使用在隔声性要求较高的办公室、会议室、影剧院或录音棚等地方，因此限制了这些木质门的使用范围。

隔声功能木质门指对木质材料进行声学结构设计或者将吸声材料与木质纤维混合压制具有吸声、隔声功能的木质门。目前主要通过对木质材料进行声学结构设计来达到吸声的效果，通常分为槽木吸声和孔木吸声两种（图9-10）：槽木吸声是在纤维板的正面开槽、背面穿孔的狭缝共振吸声；孔木吸声是在纤维板的正面、背面都开圆孔的结构吸声。还有的是在两层木材中间填充吸声棉或PU，或采用纸板隔成所谓的蜂巢结构，一方面增加门板的强度，一方面以其所形成的密闭空气层作某一程度的隔声。

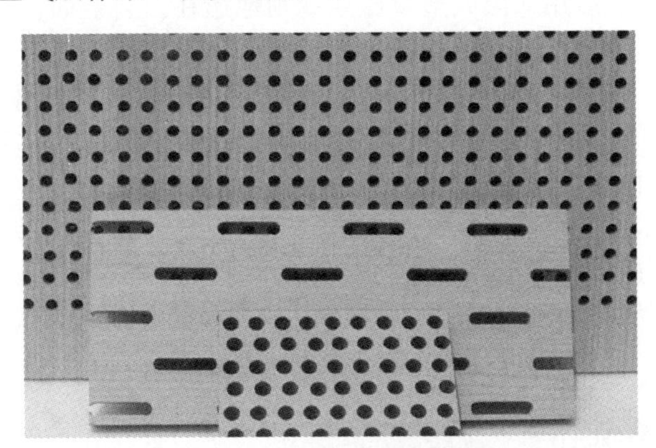

图9-10　隔声功能木质门

隔声功能木质门所使用的另一类材料是将废旧橡胶颗粒和木纤维、木屑或刨花混合压制的木质-橡胶复合材料，该材料具有吸声隔声的优点，将声学结构设计和材料本身吸声功能结合起来是该类材料发展的方向。

通常材料越重，隔声效果越好，但是往往隔声效果达到了，门板材料的重量会超过门铰链的负荷要求，导致门扇无法打开或铰链损坏。在设计隔声门时，通常会在能达到所需隔声效果的同时尽量降低门扇材料的重量。隔声功能木质门主要采用木质材料制备而成，在减轻重量方面具有明显的优势。目前常见的隔声功能木质门主要有下列三种。

（1）结构型隔声功能门：采用声学结构设计（开槽和开孔）的木质材料

制造的木质门。

（2）组合型隔声功能门：采用一些隔声（吸声）材料填充或者包覆木质材料制造的木质门。

（3）复合型隔声功能门：采用声学结构设计和吸声功能相结合制造的木质门。

隔声功能木质门的“接缝”处理也至关重要，直接影响到隔声效果，小小缝隙和孔洞可能导致隔声性能的大大降低，以下是几点具体的处理措施：

（1）通常门缝要用海绵橡胶条等具有弹性的材料封严。

（2）门扇与门框的缝隙，应该使用弹性材料嵌入门框上的凹槽中，保证门扇关闭后能将缝隙处挤紧。

（3）门扇与门扇的接缝，通常设置成 L 或者 T 型，在此中间填充弹性材料，门扇关闭时保证弹性材料挤紧。

（4）门扇与地面的缝隙设置弹性材料。

（5）需用合适的五金件。

（6）外包声功能木质门宜用人造革进行包裹。在人造革与木质门扇之间应填塞岩棉毯，然后用双层人造革压条规则地压在门扇表面，再用泡钉钉牢，人造革表面应包紧、绷平。

（7）在隔声功能木质门扇底部与地面间应留 5mm 宽的缝隙，然后将 3mm 厚的橡皮条用通长扁铁压钉在门扇下部，与地面接触处橡皮条应伸长 5mm，封闭门扇与地面间的缝隙。

（8）有防水要求的隔声防火门，门扇可用耐火纤维板制作，两面各镶钉 5mm 厚的石棉板，再用 26 号镀锌铁皮满包，外露的门框部分亦应包裹镀锌铁皮。

（9）隔声功能木质门的五金件，应与隔声门的功能相适应，如合页应选用无声合页等。

9.2.3 防盗木质门

现有技术中的木质结构门，虽然给人以天然和柔和的感觉，但由于其强度不高，不适合作防盗门，而钢结构的门虽然被用于作防盗门，但许多人认为金属门具有冰冷、呆板和式样单一的弊端，并且保暖及装饰性较差。钢木结构门是采用木质材料和钢材结合制造的一类防盗木质门，它既具有木质门天然、柔和的优点，又具有钢质门的防盗抗冲击的强度。

防盗木质门一般分为两种，一种是外层使用钢板，里面使用木架的套门。另一种是钢板位于门的中间，外面是木材包覆的套门。生产厂家可根据用户要求选用不同颜色、木材、线条和图案等与室内装修融为一体。以上两种门都是由防盗门发展而来，大部分的生产工艺都是借鉴防盗门，结构都为钢板与木材的混合结构，因此也称为钢木质门。

第 10 章　木质门质量与标准

木质门是由木质材料为主体进行加工而成且需要安装后才能正常使用的一种木制产品。影响木质门质量的因素很多，既有原料质量的原因，又有加工质量和安装质量的原因。因此影响木质门质量的原因是复杂和综合的，需要根据具体问题进行分析。国内外有关木质门的标准较多，有木质门的产品标准，又有木质门的检测方法标准。木质门标准重点关注木质门的产品性能、使用性能和特定功能性能的要求，其质量要求包括对门扇、门框以及整体的质量要求。

10.1　木质门质量

10.1.1　木质门外观质量

1）实木门和实木复合门的外观质量

实木门和实木复合门的表面为木材或薄木，实木门是在木材上面直接涂刷油漆，而实木复合门是在装饰单板上进行油漆，按照这两类门的制造工艺，它们的外观质量缺陷包括两个部分，一部分为木材或薄木本身的缺陷，一部分为油漆的缺陷。

（1）变色

在木质门上，木材的变色也是木质门的缺陷之一。凡木材正常颜色发生改变的，即叫做变色，有化学变色和真菌性变色两种。

（2）腐朽

腐朽是木质门的一种缺陷。木材由于木腐菌的侵入，逐渐改变其颜色和结构，使细胞壁受到破坏，物理、力学性质随之发生变化，最后变得松软易碎，呈筛孔状或粉末状等形态，这种状态即称为腐朽。

（3）透胶和鼓泡

透胶和鼓泡是单板贴面木门主要缺陷。

透胶指微薄木热压胶合后，胶粘剂从微薄木的孔隙中渗漏出其外表面从而形成胶斑。

鼓泡是薄木在胶合后出现鼓胀和气泡。

（4）油漆流挂

油漆流挂是指在垂直物体的表面或线角的凹槽处，油漆产生流淌。若是较轻的则形成泪痕状像一串珠子；严重的如帐幕下垂，形成突出油漆面的倒影山峰状态。用手摸明显地感到流坠处的漆膜比其他部分凸出。

（5）漆膜沙粒

涂饰在物体上的油漆干燥后，漆膜中出现较多的小颗粒，使其表面粗糙。这不但影响美观，而且还会引起粗粒凸出，使部分漆膜提前损坏。

（6）光泽度不佳

油漆成膜后表面色泽暗淡无光称为失光。若漆膜干燥后，表面先有光泽而后变得无光泽，或表面浑浊或半透的乳色等，这种现象称之为倒光。此弊端常在涂刷后立即产生或几小时后出现。

（7）漆膜皱缩

在涂刷完面漆的短时间内，由于面漆溶剂将底漆膜软化，影响底漆与基层的附着力，使底漆的膜自动膨胀、移位、收缩、发皱、鼓起、甚至脱皮，缩短使用寿命。

（8）漆膜脱落

漆膜干透后，发生局部或全部与物体表面脱落的现象称为漆膜脱皮或脱落。

2）木质复合门外观质量

由于木质复合门通常采用 PVC、装饰纸及装饰胶膜纸等进行饰面，因此，其外观质量可从以下指标进行评价：

（1）色泽不均

木质复合门表面的花纹、图案的色泽变化应均匀，颜色搭配应协调。一般木质复合门的外观质量，仅允许有轻微的、不明显的色泽不均，不允许有明显的色泽差异。

（2）颜色不匹配

颜色不匹配指某一图案的颜色与给定图案的颜色不一致。一方面，木质复合门的表面图案通常是采用油墨印刷实现，印刷质量在一定程度上影响着木质复合门的颜色匹配性。另一方面，木质门是一种特殊的商品，通常是消费者先选订样式，然后商家上门量尺寸并根据尺寸和消费者选订的样式制作木质门。因此，在实际生活中，木质复合门这种特殊的加工工艺和供应方式，可能会造成商家最终提供的木质复合门的颜色或图案与消费者最初选订的不一致现象。一般木质复合门仅允许有不明显的颜色不匹配缺陷。

（3）鼓泡和鼓包

鼓泡是指由于内部有空气存在，使得木质复合门表面装饰层与基材之间形成鼓起的腔体；鼓包则是指由于装饰层与基材之间内含固体实物而引起的装饰层局部异常突起。鼓泡与鼓包都是木质复合门表面的常见缺陷，《室内木质门》（LY/T 1923—2009）规定门扇不允许有鼓泡和鼓包缺陷，门框允许任意 $1m^2$ 的门框内最多有 1 个鼓泡缺陷。

（4）皱纹

由于 PVC、装饰纸及装饰胶膜纸等装饰层通常不能完全平整地展开，木质复合门在压贴装饰层时，表面装饰层可能会出现局部皱纹的缺陷，影响木质复合门的外观质量。一般木质复合门表面仅允许含有轻微的、不明显的皱纹缺陷。

（5）疵点、污斑

木质复合门通常采用油墨印刷纹理或图案来模拟木材纹理，并通过热压等方式将装饰层黏贴到基材表面。在纹理印刷和压贴过程中，由于原纸质量（如含有尘埃）、工艺、设备以及压贴过程中的杂物等原因，可能会造成疵点、污斑等表面缺陷，影响木质复合门的外观质量。一般木质复合门的门扇和门框表面允许含有少量、轻微和小面积的疵点、污斑，不允许有明显的、大面积的疵点、污斑。

（6）其他指标

木质复合门的外观质量还包括局部缺损、崩边、表面撕裂、干花、湿花、压痕、划痕、透底、透胶等指标。一般，木质复合门的门扇和门框均不允许有局部缺损、崩边、表面撕裂、干花、湿花、表面空隙的缺陷，门扇还不允许含有划痕、透底和透胶缺陷，门框仅允许含有轻微的压痕、划痕、透底和透胶缺陷。

10.1.2　木质门的开裂和变形

实木门整体变形、表面开裂是实木门的一大缺陷。造成木材变形开裂的原因虽然比较复杂，但归纳起来主要有两点：①木材变形开裂的发生与木材构造有密切关系。因为木材在构造上是一种非均一的有机体，既具有向异性，又具有多孔性。木材的这种性质，是由构成木材细胞的形状、构造和排列方式造成的。②导致木材发生翘曲、干裂的原因，除与木材本身的特点有关，还与一定外界环境条件的温湿度等有很大的关系。

10.1.3　加工精度和安装质量要求

木质门的加工精度有门扇的加工精度和门框的加工精度两部分。木质门的加工精度直接影响木质门的安装和使用。

影响木质门的加工精度因素主要有：机械的加工精度、员工的技术水平、木质门组件间的配合、胶合性能等。

木质门的安装质量是指门扇和门框安装后的尺寸偏差和安装缝隙是否满足使用要求和长期的稳定性要求。

影响木质门的安装质量因素主要有：门洞的形状和大小、木质门的加工精度、安装人员的技术水平、木质门的种类、连接件的质量、辅助材料的质量等。

10.1.4 木质门的理化性能质量

1）含水率

含水率偏高或偏低都会对木质门的使用带来影响，木材具有吸湿膨胀、干燥收缩的特性，含水率过高或过低会导致木质门产生变形、开裂等缺陷，直接影响木质门的外观质量和安装及使用。

2）浸渍剥离

实木复合门和木质复合门是由木材或人造板胶合而成，因此胶合性能的好坏直接影响木质门的质量，胶合性能不好的木质门在时间长或者潮湿情况下往往会出现胶层开裂现象。

3）表面耐磨性能

表面耐磨是木质门表面装饰层抵抗磨损的能力。油漆饰面的木质门的表面耐磨主要是油漆层的抗磨损能力；非油漆饰面木质门的表面耐磨主要体现的是表面装饰花纹的抗磨损能力。木质门的表面耐磨的好坏取决于表面油漆的品种和涂饰工艺的水平以及表面装饰材料的质量水平的高低。

4）漆膜附着力

漆膜附着力是木质门表面油漆抵抗剥落的能力。油漆层与木质门表面形成了物理结合，其结合强度的大小决定了漆膜在木质门表面的附着能力。影响木质门的漆膜附着力的因素很多，包括油漆本身的质量、涂饰工艺的水平、木质门的含水率、木质门的表面材料种类和状况、使用条件等等。

5）漆膜硬度

漆膜硬度反映了木质门表面抵抗物体冲击而发生损坏的性能。木质门的漆膜硬度高，其表面耐刮擦，在硬物的划擦后不易发生漆膜破损等现象。影响木质门的漆膜硬度的因素主要有油漆本身的性能，涂饰工艺水平高低、漆膜固化程度、使用的环境条件等。

6）表面耐污染能力

表面耐污染是指木质门表面抵抗污染物质的能力。表面污染物有指甲油、墨水、酱油、洗涤液、污水、脏物、印油、鞋油等等，表面耐污染指标反映木质门在使用过程中经受这些污染物质的能力。在经历一段时间与污染物接触后，污染物能够轻易擦拭掉，则反映出木质门表面耐污染性能良好，反之较差。影响木质门的表面耐污染的因素主要有木质门表面装饰材料的质量、木质门表面的装饰工艺类型（如开放漆或封闭漆工艺）等。

7）表面抗冲击

表面抗冲击反映了木质门的抵抗硬物冲击的能力。木质门的表面抗冲击性能与漆膜硬度性能有共同之处，但也体现了不同的性能差异之处。木质门的表面抗冲击不但表现了油漆饰面门的表面性能，而且也表现了非油漆饰面门的表面性能。表面抗冲击性能反映的是在硬物冲击下，木质门表面的破损情况，以木质门表面是否发生凹坑及其大小等来反映木质门表面的优劣。影响木质门表面抗冲击好坏的因素主要有表面装饰材料的质量、木质门结构和构造、木质门的骨架材料质量、木质门的不同部位等。

8）表面胶合强度

表面胶合强度指标反映木质门的表面材料与基材的结合强度的好坏。表面材料与基材的结合有木质单板与基材的结合，装饰纸与基材的结合，PVC与基材的结合等形式，两者的良好结合是木质门质量的根本保障。表面材料与基材结合不牢固的木质门，易发生表面鼓泡、剥离、脱离、撕裂、开胶等缺陷。影响木质门的表面胶合强度因素主要有胶粘剂的种类和质量、胶合工艺的好坏、表面材料和基材的质量、含水率、表面状况、胶粘剂与两者的浸润情况、使用的环境条件等等。

10.1.5　木质门主要功能质量

1）隔声性能

噪声的强度可用声级表示，单位为分贝（dB）。噪声级在35～45dB是比较安静正常的环境；超过50dB就会影响睡眠和休息；70dB以上干扰谈话，造成心烦意乱，精神不集中；长期工作或生活在90dB以上的噪声环境，会严重影响听力和导致心脏血管等其他疾病的发生。同时，噪声还会产生心理效应，在高频率的噪声下，一般人都有焦躁不安、容易激动的情形。长期生活在高噪声的环境中，容易使人感到烦躁、萎靡不振，影响工作效率。

要了解木质门的隔声首先要了解隔声原理：隔声是利用质密的材料将声音隔绝于某个空间。隔声材料所具有的降噪作用叫做隔声性能。除隔声材料外，密度大的物质隔声效果就好，但是隔声的前提是要断绝噪声的传播途径。噪声的传播途径有两种，一种是空气传播，另一种是物体传播，即建筑物传播。隔声材料在使用的过程中，不要留缝隙，否则噪声会通过缝隙传播，隔声效果就会下降，材料的接合处可重叠一块，使用环保树脂胶粘贴，避免留有空隙。一般来说，木质门的隔声效果由以下三个因素组成。

（1）门的重量

隔声性能和材料的密度有直接关系，因此密度大的隔声相对较好。但是不能为追求隔声效果而过分增加门的重量，否则门的合页和铰链都会负担过重而无法轻松开关，影响使用功能。

（2）门的厚度和填充物

木质门越厚隔声效果一般也越好。木质门门芯的填充物种类不同，对其的隔声效果有较大的影响。一般模压隔声门内芯填充的是蜂窝状结构的纸板，它形成的密闭空气层能起到隔声作用。劣质的门扇，仅在木质门的空芯中简单地打几个隔断，隔声效果必定很差。门芯使用刨花板或纤维板的门隔声性能更佳，刨花板和纤维板的密度和质量明显比纸板要高，优质的刨花板或纤维板门隔声效果能达到32dB，明显高于国家规定的22～25dB的要求。至于价格相对较高的实木门和实木复合门，则要看木材本身的密度、重量及门板的厚度来定，越是密度高、重量沉、门板厚的门隔声效果越好。

（3）安装要求

门扇和门框之间的安装也是决定隔声效果的关键。即使是很好的隔声木质门也需要严丝合缝地安装，否则即使是非常细的缝隙也会令隔声性能大大降低。因此，建议门扇和门框都应由有经验的专业人员完成安装。门扇和门框的结合越好，配合的缝隙越小，且门扇和门框之间有挡条的话，隔声效果就越好。不管是什么结构，只要产生较大的缝隙，木门隔声效果就会产生很大影响。

2）反复起闭可靠性

林业行业标准《室内木质门》（LY/T 1923—2010）中，规定家庭用木质门的反复启闭可靠性大于等于25000次，公共场所用木质门的反复启闭可靠性大于等于100000次，对木质门的反复启闭可靠性有了明确的要求。木质门的松动有以下几种原因。

（1）门扇的质量

螺丝钉的松动一定程度上也取决于木质门的质量，门越重，对五金铰链的承重要求越高。因此，虽然木质门的选材范围较广，但一般不建议用硬木。

（2）门铰五金件

除了木门本身的制作工艺外，五金件的质量也影响着木门的使用寿命。合页和螺钉是连接木扇与门框的一类五金件，好的合页和螺钉具有防腐蚀性能和良好的传动性，能够确保合页受力均匀，不因门的自重而造成损坏。

（3）木质门门铰结合处木材的质量

门扇和门框的门铰结合处的木材质量和材性也是影响木质门反复启闭可靠性的原因之一。有时，木质门的门扇还是完好无损的，但门扇与门框结合处却已经松动，因为随着木门开启次数的增加，螺丝钉就会慢慢松动，门扇逐渐下沉，造成开关不畅。所以，结合处的木材的握螺钉力要高，这样木质门才不易脱落。

一般规定：外门的反复启闭性能应不少于10万次，主要五金件的使用寿命不少于8万次，易更换的五金件不少于2.5万次。内门的反复启闭性能应不少于2.5万次，五金件也应达到不少于2.5万次。

3）阻燃性

阻燃是指在火源去除后，被燃烧物不蔓延燃烧的能力。经过阻燃剂、表面或加工技术处理后的木质门，具有一定的防火能力，叫做防火门，防火门分为木质防火门、钢质防火门和不锈钢防火门。防火门的门扇与门框均应阻燃处理。

在防火与环保之间寻找平衡点，是未来阻燃产品发展的重要节点。阻燃剂在现代社会中的重要性不容忽视，如何在保障人员和财产免受火灾威胁的同时，又能使阻燃剂对人体和环境存在的潜在危害降到最低，是国内外木质门行业共同关注的焦点。

影响木质门的阻燃效果的因素：

（1）阻燃剂的种类

阻燃剂的不同将影响木质门的防火效果，阻燃剂的种类主要有锑阻燃剂、溴系阻燃剂、磷系阻燃剂、非卤化无机阻燃剂、膨胀型阻燃剂等。

（2）木质门组件的阻燃性

构成木质门的门扇及组件（木梃、表面材料、门芯材料、辅助材料如玻璃、塑料等）、门框及其组件的阻燃效果将直接决定了整樘门的阻燃性能；木质门组件之间的配合的紧密程度，如门扇和门框的结合好坏等均影响木质门的阻燃效果。

4）保温性

保温隔热是木质门的一项功能要求，木质门热传导的快慢决定了室内环境的温度变化，因此木质门尤其是木质外门的保温隔热性能应满足一定的要求。通常我们以热传导率来判定木质门的热传递能力的强弱。

木质门热传递的方式有两种：热传导和热辐射。

热传导：热量从系统的一部分传到另一部分或由一个系统传到另一系统的现象叫做热传导。热传导是固体中热传递的主要方式。各种物质的热传导性能不同，一般金属都是热的良导体，玻璃、木材、棉毛制品、羽毛、毛皮以及液体和气体都是热的不良导体。

热辐射：物体因自身的温度而具有向外发射能量的本领，这种热传递的方式叫做热辐射。它能不依靠媒质把热量直接从一个系统传给另一系统。热辐射以电磁辐射的形式发出能量，温度越高，辐射越强。辐射的波长分布情况也随温度而变，如温度较低时，主要以不可见的红外光进行辐射，在500℃以至更高的温度时，则顺次发射可见光以至紫外辐射。

影响木质门的保温隔热性能的因素主要有以下几方面。

（1）木质门的结构：内部的紧密程度如实心、中空，带单层玻璃或中空玻璃等等。

（2）木质门的材料：实木门、实木复合门、木质复合门等，门上的金属材料是热的良导体，传热快，热量损失快。木质材料传热慢，具有保温作用。

（3）木质门的大小：薄型门和厚型门、木质门的大小等。木质门的厚度影响能量的传递，木质材料是热的不良导体，门越厚，热量散失越缓慢，反之越快。在相同条件下，面积大的木质门比面积小的木质门产生的热量损失大。

（4）木质门的环境条件：木质门放置的环境温度、湿度和压强、木质门内外空间的温度差、空气流动速度等等。

5）防潮防霉性能

用于室外的木质门及室内用于厨房、卫生间的木质门应有防潮防霉性能的要求。目前，木质门防潮防霉性能普遍较差，有关木质门不耐潮、发生霉变方面的投诉较多。导致木质防潮防霉性能不佳的因素很多，主要有以下几方面。

（1）木质门使用环境条件

木质门使用的环境越恶劣，其防潮防霉性能也相应较差。长期浸泡在水中的木质门的底部很容易产生湿胀变形，继而导致霉变发生。因此，在卫生间或厨房使用的木质门应避免地面明水的长期存在。

（2）木质门的防潮防霉处理

经过专门的防潮防霉处理的木质门，其防潮防霉性能要优于普通木质门。防潮防霉处理有木质门组件中加入防潮防霉剂处理、木质门整体防潮防霉处理、木质门表面封闭处理、木质门边部密封处理等方式。

（3）木质门种类和安装处理

不同种类、不同材料、不同含水率、不同树种的木质门防潮防霉性能也不同；此外，木质门安装时根据现场的门洞高度通常要锯掉一部分门扇或门框高度，锯切面如不进行表面封闭处理，其防潮防霉性能则较差。

6）木质门整体强度

木质门整体强度，通常通过沙袋撞击试验来反映。沙袋撞击试验是指木质门承受一定重量和形状的沙袋撞击而生产变化的情况。

用30kg沙袋，与木门形成65°，放手后，沙袋沿弧线撞击木质门。木质门应包括门扇和门框并按照使用状态安装好，至少要经受三下撞击，试验后木质门无损坏变形。沙袋撞击是模拟人体与木质门发生碰撞后，观察木质门的门扇的表面破损情况、门框的破坏情况、门铰链的破损程度等来评价木质门的质量好坏。沙袋撞击实际上是考核整樘门的安全性。

影响木质门抗沙袋撞击性好坏的因素：木质门的结构、厚度、材料、整樘门的安装质量、连接件的质量等。

10.1.6　木质门的环保质量

1）甲醛释放量

进入21世纪以后，我国住宅的建筑和装修水平有了质的飞跃，室内装修已经不再停留在满足人们日常的使用功能上，而是开始强调室内环境的健康、舒适和科技化。但是随之而来的室内空气质量的严重下降，给人们的生活带来了极大的危害。近年来，关于室内环境污染的投诉和污染报道频频出现。甲醛对人体健康的影响主要表现在嗅觉异常、刺激、过敏、肺功能异常、免疫异常等方面。长期接触低浓度甲醛气体，可出现头痛、头晕、乏力，两侧不对称感觉障碍和排汗过剩以及视力障碍，而且能抑制汗腺分泌，导致皮肤干燥皲裂；浓度较高时，对黏膜、上呼吸道、眼睛和皮肤具有强烈刺激性，对神经系统、免疫系统、肝脏等产生毒害。

室内板材产生游离甲醛的原因：①热压时未完全固化产生的甲醛。在人造板芯层存在着一些未发生固化反应的线型结构树脂分解出甲醛向外界散发。②人造板在使用过程中结构降解释放出甲醛。人造板在各种不同的使用条件下，往往会受到温度、湿度、酸碱、风化、光照等环境条件的影响，使原来未完全固化的树脂发生降解而释放出甲醛。③木材自身降解产生少量甲醛。在人造板生产过程中，木材中的半纤维素会发生水解而释放出少量甲醛，即木材自身产生甲醛向外界散发。

在木质门产品中，能产生甲醛的原材料很多，如刨花板，纤维板、胶合板、单板层积材、集成材以及饰面人造板等都有可能释放出来游离甲醛。

2）重金属含量

重金属主要指木质门基材中的重金属和表面涂饰材料中的重金属。化学上根据金属的密度把金属分成重金属和轻金属，常把密度大于5g/cm^{3}的金属称为重金属，如：金、银、铜、铅、锌、镍、钴、铬、汞、镉等大约45种。

其中，对人体危害最大的有5种：如铅、汞、铬、砷、镉等。这些重金属在水中不能被分解，与水中的其他毒素结合生成毒性更大的有机物。其他对人体有危害的还有：铝、钴、钒、锑、锰、锡、铊等。

重金属对人体的伤害常见如下几种。

（1）铅：伤害人的脑细胞，致癌致突变等。

（2）汞：食入后直接沉入肝脏，对大脑神精视力破坏极大。天然水每升水中含0.01mg，就会引起强烈中毒。

（3）铬：会造成四肢麻木，精神异常。

（4）砷：会使皮肤色素沉着，导致异常角质化。

（5）镉：导致高血压，引起心脑血管疾病；破坏骨钙，引起肾功能失调。

3）有机挥发物和总有机挥发物（VOC 和 TVOC）

VOC（Volatile Organic Compound）是有机挥发物。大部分 VOC 会严重损害人的肝、肾和中枢神经系统，刺激呼吸道和口腔黏膜，有些还有致癌和致畸作用。VOC 对动植物的危害也是十分严重的，主要表现在对空气和水的污染、光化学反应产物的危害，以及地球臭氧层的破坏导致太阳辐射危害等。挥发性有机物种类多、成分复杂，除醛类物质外，还包括苯、甲苯、二甲苯、三氯甲烷等，主要来自各种涂料、黏合剂及人造材料。

TVOC（Total Volatile Organic Compounds）是总挥发性有机化合物。其分类主要有烃类、卤代烃、氧烃和氮烃，它包括：苯系物、有机氯化物、氟里昂系列、有机酮、胺、醇、醚、酯、酸和石油烃化合物等。

VOC 和 TVOC 主要来源于木质门的材料，如人造板、表面涂料、胶粘剂、PVC、浸渍纸、密封胶等。

10.2 木质门标准

10.2.1 我国木质门标准现状

10.2.1.1 我国木质门产品标准现状

目前，已经颁布实施的木质门国家和行业标准有三部，分别是建设部的《建筑木门、木窗》（JG/T 122—2000）、国家发改委的《木质门》（WB/T 1024—2006）和国家林业局的《室内木质门》（LY/T 1923—2010）。

（1）《建筑木门、木窗》（JG/T 122—2000）的主要内容

JG/T 122—2000 从原材料（分为木材、人造板和辅助材料三类）性能、加工工艺质量（包括结构、零部件拼接与胶贴、表面粗糙度、修补、成品的形位公差、其他等 7 方面要求）和物理力学性能（包括表面胶合强度、浸渍剥离、顺纹抗剪强度、沙袋冲击撞击、承受机械力、风压变形、保温、空气声隔声性能等指标）3 个方面进行了规定。

《建筑木门、木窗》（JG/T 122—2000）规定了木质门零部件所用的木材应符合表 10-1 的要求。

表10-1　木门窗用木材的材质要求

缺陷名称		允许限度	门窗框			木板门扇（纱门窗）					
			上框、边框（立边及坎）			上梃、中梃、下梃、边梃（立边、帽头）			门芯板		
			Ⅰ（高）级	Ⅱ（中）级	Ⅲ（普）级	Ⅰ（高）级	Ⅱ（中）级	Ⅲ（普）级	Ⅰ（高）级	Ⅱ（中）级	Ⅲ（普）级
节子	活节	不计算的节子尺寸不超过或材宽的	1/4	1/3	2/5	1/5	1/4	1/3	10mm	15mm	30mm
		计算的节子尺寸不超过材宽的	2/5	1/2	1/2	1/3	1/3	1/2	—		
		计算的节子的最大直径不超过（mm）	40	—	—	35	—	—	25	30	45
		大面表面贯通的条状节在小面的直径不超过；小面表面贯通的条状节在大面的直径不超过	1/4	1/3	2/5	不许有	1/5	1/4	不许有		
	死节	不计算的节子尺寸不超过或材宽的	1/4	1/4	1/3	1/5	1/4	1/3	5mm	15mm	30mm
		计算的节子尺寸不超过材宽的	1/3（2/5）	2/5（2/5）	2/5（1/2）	1/4（1/4）	1/3（2/5）	2/5（1/2）	—		
		计算的节子的最大直径不超过（mm）	35（40）	—	—	30（35）	—	—	20（25）	25（30）	40（45）
		大面表面贯通的条状节在小面的直径不超过；小面表面贯通的条状节在大面的直径不超过	1/5	1/4	1/3	不许有	1/5	1/4	不许有		
	贯通节	大面贯通至小面不超过大面的或不超过；小面贯通至小面不超过小面的或不超过	1/3	2/5	2/5	1/4	1/3	2/5	不许有		

续表

缺陷名称		允许限度	门窗框			木板门窗（纱门窗）					
			上框、边框（立边及坎）			上梃、中梃、下梃、边梃（立边、冒头）			门芯板		
			Ⅰ（高）级	Ⅱ（中）级	Ⅲ（普）级	Ⅰ（高）级	Ⅱ（中）级	Ⅲ（普）级	Ⅰ（高）级	Ⅱ（中）级	Ⅲ（普）级
节子	允许个数	每米长的个数（门芯板为每平方米个数）	6	7	8	4	6	7	5	5	7
裂纹		贯通裂长度不超过（mm）	60	80	100	不许有			不许有		
		未贯通的长度不超过材长的	1/5	1/3	1/2	1/6	1/5	1/4	不许有		
		未贯通的深度不超过材厚的	1/4	1/3	1/2	1/4	1/3	2/5	不许有		
斜纹		不超过（%）	20	25	25	15	20	20	20	25	25
变色		不超过材面的（%）	25	不限		25	不限		20	不限	
夹皮		长度不超过（mm）	50	不限		50	不限		不许有	同死节	
		每米长的条数不超过	1			1					
腐朽		正面不许有，背面允许有面积不大于20%，其深度不得超过材厚的	1/10	1/5	1/4	不许有			不许有		
树脂囊（油眼）			同死节			同死节			同死节		
髓心			不露出表面的允许			不露出表面的允许			不露出表面的允许		
虫眼		直径3mm以下的其深度不超过5mm者不计；直径3.1～8mm的（包括长度在35mm以下者），每100cm²内的允许数：Ⅰ级3个，Ⅱ级的4个，Ⅲ级5个；直径8.1mm以上的（包括长度在35mm以上者）同死节									

续表

缺陷名称		允许限度	窗扇（纱窗扇）亮窗扇 上梃、中梃、下梃、边梃			夹板门及模压门内部零件			横芯、竖芯、斜撑等小零件		
			Ⅰ（高）级	Ⅱ（中）级	Ⅲ（普）级	Ⅰ（高）级	Ⅱ（中）级	Ⅲ（普）级	Ⅰ（高）级	Ⅱ（中）级	Ⅲ（普）级
节子	活节	不计算的节子尺寸不超过或材宽的	1/4	1/4	1/3	—			1/4	1/4	1/3
		计算的节子尺寸不超过材宽的	1/3	1/3	1/2	1/2	1/2	不限	1/3	1/3	2/5
		计算的节子的最大直径不超过（mm）	—			—			—		
		大面表面贯通的条状节在小面的直径不超过； 小面表面贯通的条状节在大面的直径不超过	不许有	1/4	1/4	1/3	1/3	1/3	不许有		
	死节	不计算的节子尺寸不超过或材宽的	1/5	1/4	1/3	—			1/5	1/4	1/4
		计算的节子尺寸不超过材宽的	1/4（1/4）	1/3（2/5）	2/5（1/2）	1/3（1/3）	1/3（1/2）	1/2（1/2）	1/4	1/3	1/3
		计算的节子的最大直径不超过（mm）	—			—			—		
		大面表面贯通的条状节在小面的直径不超过； 小面表面贯通的条状节在大面的直径不超过	不许有	1/5	1/5	1/4	1/4	1/4	不许有		
	贯通节	大面贯通至小面不超过大面的或不超过； 小面贯通至小面不超过小面的或不超过	不许有	1/4	1/3	1/3	1/3	1/3	不许有	5mm	7mm

续表

缺陷名称		允许限度	窗扇（纱窗扇）亮窗扇 上梃、中梃、下梃、边梃			夹板门及模压门内部零件			横芯、竖芯、斜撑等小零件		
			Ⅰ（高）级	Ⅱ（中）级	Ⅲ（普）级	Ⅰ（高）级	Ⅱ（中）级	Ⅲ（普）级	Ⅰ（高）级	Ⅱ（中）级	Ⅲ（普）级
节子	允许个数	每米长的个数（门芯板为每平方米个数）	4	6	7	不影响强度者不限			4	5	6
裂纹		贯通裂长度不超过（mm）	不许有			不许有			不许有		
		未贯通的长度不超过材长的	1/7	1/5	1/5	1/3	1/3	不限	1/8	1/6	1/4
		未贯通的深度不超过材厚的	1/4	1/3	2/5	1/2	1/2	不限	1/4	1/3	1/3
斜纹		不超过（%）	15	15	20	20	20	20	10	15	15
变色		不超过材面的（%）	25	不限		不限			25	不限	
夹皮		长度不超过（mm）	30	不限		不限			同死节		
		每米长的条数不超过	1								
腐朽		正面不许有，背面允许有面积不大于20%，其深度不得超过材厚的	不许有			不许有			不许有		
树脂囊（油眼）			同死节			胶接面不许有，其余不限			同死节		
髓心			不露出表面的允许			允许			不许有		
虫眼		直径3mm以下的其深度不超过5mm者不计；直径3.1～8mm的（包括长度在35mm以下者），每100cm^{2}内的允许数：Ⅰ级3个，Ⅱ级的4个，Ⅲ级5个；直径8.1mm以上的（包括长度在35mm以上者）同死节									

《建筑木门、木窗》（JG/T 122—2000）还规定了木质门的含水率要求，见表 10-2 的要求。

表 10-2　木质门用材的含水率　　　　%

零部件名称		Ⅰ（高）级	Ⅱ（中）级	Ⅲ（普）级
门窗框	针叶材	≤14	≤14	≤14
	阔叶材	≤12	≤14	≤14
拼接零件		≤10	≤10	≤10
门扇及其余零部件		≤10	≤12	≤12

注：南方高温地区含水率的允许值可比表内规定加大 1%。

《建筑木门、木窗》（JG/T 122—2000）规定了木质门用材料的等级，见表 10-3 所述。

表 10-3　木质门用人造板的等级

材料名称	Ⅰ（高）级	Ⅱ（中）级	Ⅲ（普）级
胶合板	特、1	2、3	3
硬质纤维板	特、1	1、2	3
中密度纤维板	优、1	1、合格	合格
刨花板	A 类优、1	A 类 1、2	A 类 2 及 B 类

此外，该标准还对木质门的加工工艺要求有详细的要求，对木质门的结构、零部件的拼接与胶贴、表面粗糙度、修补等工艺环节做了详细的规定。

该标准规定木质门成品的尺寸允许偏差见表 10-4。

表 10-4　木质门成品的尺寸允许偏差　　　　单位：mm

成品名称	Ⅰ（高）级			Ⅱ（中）级 Ⅲ（普）级			备注
	高	宽	厚	高	宽	厚	以里口尺寸计算
木门窗框	±2	+2 -1	±1	±2	±2	±1	以外口尺寸计算
木门扇 （含装木围条的夹板门扇）	+2 -1	+2 -1	±1	±2	+2 -1	±1	以外口尺寸计算
用于人造板门的 木门框及人造板门框	+2 0	+1 0	±1	+2 0	+1 0	±1	以外口尺寸计算
人造板门扇	0 -1	0 -1	0 -1	0 -1	0 -1	0 -1	以外口尺寸计算

该标准还规定了木质门的形位公差如表 10-5 所示。

表 10-5 木门窗成品的形位公差

项目	门窗框		门扇		窗扇		落叶松门窗框	落叶松门窗扇
	Ⅰ(高)级	Ⅱ(中)级 Ⅲ(普)级	Ⅰ(高)级	Ⅱ(中)级 Ⅲ(普)级	Ⅰ(高)级	Ⅱ(中)级 Ⅲ(普)级	Ⅱ(中)级 Ⅲ(普)级	Ⅱ(中)级 Ⅲ(普)级
侧弯（%）	≤1.0	≤1.5	≤1.5	≤2.0	≤1.5	≤1.5	≤2.0	≤3.0
扭曲（mm）	≤2.0	≤3.0	≤2.5	≤2.5	≤2.0	≤2.0	≤5.0	≤3.0
对角线差（mm）	≤2.0	≤2.0	≤1.5	≤2.0	≤1.5	≤2.0	≤2.5	≤2.0

注：门框和窗框连接在一起的应分别计算形位公差。

标准中规定了物理力学性能：单板贴面的表面胶合强度、浸渍剥离、集成材部件的顺纹抗剪强度、沙袋撞击试验等。外门还应符合表 10-6 所示的外门性能要求。

表 10-6 外门的性能要求

项目	风压变形性能	空气渗透、雨水渗漏性能	保温性能	空气声隔声性能
标准编号	GB/T 13685—1992	GB/T 13686—1992	GB/T 16729—1997	GB/T 16730—1997
允许等级（不低于）	Ⅲ	空气渗透性Ⅱ、雨水渗漏性Ⅲ	Ⅴ	Ⅵ

此外，该标准因制定时间较早，标准内容没有涉及甲醛释放量等环保性能、安全性能、阻燃性能、功能性能等的要求。

2)《木质门》(WB/T 1024—2006) 的主要内容

WB/T 1024—2006 主要是从原材料（分为木材、胶合板材、胶粘剂、油漆、玻璃、饰面材料、密封材料、五金件、附件、紧固件等）性能、偏差、留缝限值、表面外观要求（分为装饰贴面和漆饰表面两类）、甲醛释放量、其他有害物质限量等 6 个方面对木质门质量进行了规定。

该标准规定了木质门允许偏差和检验方法，见表 10-7 的要求。

表 10-7 木质门允许偏差和检验方法

项目	允许偏差（mm）	检验方法
框、扇厚度	±1.0	用千分尺检查
框高度与宽度	+3.0 +1.5	用钢尺检查
扇高度与宽度	−1.5 −3.0	用钢尺检查

续表

项目	允许偏差（mm）	检验方法
框、扇对角线长度差	3.0	用钢尺检查，框量里角，扇量外角
框、扇截口与线条结合处高低差	1.0	用钢直尺和塞尺检查
扇表面平整度	2.0	用 1m 靠尺和塞尺检查
扇翘曲	3.0	在检查平台上，用塞尺检查
框正、侧面安装垂直度	1.0	用 1m 垂直检测尺检查
框与扇、扇与扇接缝高低差	1.0	用钢直尺和塞尺检查

该标准规定了木质门的留缝限值和检验方法，见表 10-8 要求。

表 10-8　木质门留缝限制和检验方法

项目		留缝限值（mm）	检验方法
门扇与上框间留缝		≥1.5	用塞尺检查
		≤4.0	
门扇与侧框间留缝		≥1.5	
		≤4.0	
门扇与地面间留缝	外门	≥4.0	
		≤6.0	
	内门	≥6.0	
		≤8.0	
	卫生间	≥8.0	
		≤10.0	

该标准还规定了装饰面贴面表面外观要求，见表 10-9 要求。

表 10-9　装饰面贴面表面外观质量

缺陷名称	缺陷范围	公称范围		
		框	门扇	
			纵横框	门芯板
麻点	直径 1mm 以下（距离 300mm）	不限	2 个	5 个
麻面	均匀颗粒，手感不刮手	不限		
划伤	宽度≤0.5mm，深度不划破 PVC 饰面长 100mm	3 条	1 条	2 条
压痕	凹陷深度≤1.5mm、宽度 2mm 以下，不集中	8 个	3 个	6 个
浮贴	粘贴不牢	不允许		
褶皱	饰面重叠	不允许		

续表

缺陷名称	缺陷范围	公称范围		
		框	门扇	
			纵横框	门芯板
缺皮	面积不超过 $5mm^2$	5个	3个	不允许
翘皮	凸起不超过2mm	不限	5个	不允许
亮影/暗痕	面积不超过 $50mm^2$	不限	2处	3处
离缝	拼接缝隙	≤1mm	≤0.5mm	≤1mm

此外，还规定了漆饰表面外观要求，见表10-10要求。

表10-10　漆饰表面外观要求

名称	要求
漆膜划痕	不明显
漆膜鼓泡	不允许
漏漆	不明显
污染（包括凹槽线型套色部分）	不许有
针孔	色漆，直径≤0.3mm，每片门表面≤8个；面漆，不允许
表面漆膜皱皮	≤门板总面积的0.2%
透砂	不明显
漆膜粒子及凹槽线型部分	手感光滑
套色线型结合部分塌边	套色线型分界线流畅，均匀，一致
色差	一般允许

另外，《木质门》（WB/T 1024—2006）还规定了以下物理、化学性能要求。

含水率要求：不小于6%，不大于当地平衡含水率。

甲醛释放量要求：应符合GB 18580—2001中 E_1 级的要求。

有害物质限量：应符合GB 18584中的要求。

该标准的附录A还规定了全实木榫拼门用材的质量要求，见表10-11要求。

表10-11　全实木榫拼门用木的质量要求

木材缺陷		门扇的立梃冒头，中帽头	压条、线条	门芯板	门框
活节	不计个数，直径（mm）	<15	<5	<15	<15
	计算个数，直径	≤材宽的1/3	≤材宽的1/3	≤30mm	≤材宽的1/3
	任一延米个数	≤3	≤2	≤3	≤5

续表

木材缺陷	门扇的立梃帽头，中帽头	压条、线条	门芯板	门框
死节	允许，计入活节总数	不允许	允许，计入活节总数	
髓心	不露出表面的，允许	不允许	不露出表面的，允许	
裂缝	深度及长度≤厚度及材长的1/5	不允许	允许可见裂缝	深度及长度≤厚度及材长的1/4
斜纹的斜率（%）	≤7	≤5	不限	≤12
油眼	非正面，允许			
其他	浪形纹理、原形纹理、偏心及化学变色，允许			

3）《室内木质门》（LY/T 1923—2010）主要内容

国家林业局于2010年发布了林业行业的木质门标准《室内木质门》（LY/T 1923—2010）。该标准以木质门的门扇和门框，以及两者之间的连接作为一个产品的整体进行考虑，避免了重视门扇检测而忽视门框的检测。此外，该标准从木质门外观质量、门扇和门框加工精度、两者间的组合精度、基本物理力学性能、功能性性能、环保性能等方面对木质门进行了详细的指标设置、检测方法、取样和判定等描述。该标准可操作性、实用性、完整性等较强。

《室内木质门》（LY/T 1923—2010）的主要内容如下：

对木质门进行了实用可行的分类，主要分类以按材料构成分为：实木门、实木复合门、木质复合门；三者的定义如下。

实木门：门扇、门框全部由相同树种或性质相近的实木或者集成材制作的木质门。

实木复合门：以装饰单板为表面材料，以实木拼板为门扇骨架，芯材为其他人造板复合制成的木质门。

木质复合门：除实木门、实木复合门外，其他以木质人造板为主要材料制成的木质门。

标准中规定了门扇和门框作为单独的部件需要满足的允许偏差见表10-12。

表 10-12 门扇、门框允许偏差

项目	允许偏差
门框、门扇厚度	±0.5mm
门扇宽度	±1.0mm
门扇高度	±1.0mm
门框部件连接处高低差	≤0.5mm
门扇部件拼接处高低差	≤0.5mm
门框、门扇垂直度和边缘直度	≤1.0mm/1m
门扇表面平整度	≤1.0mm/500mm
门扇翘曲度	≤0.15%

木质门的门扇和门框的连接后的组装精度应符合表 10-13 的规定。

表 10-13 木质门的组装精度

项目		留缝限值
门扇与上框间留缝		1.5~3.5mm
门扇与边框间留缝		1.5~3.5mm
门扇与地面间留缝	卫生间门	8.0~10.0mm
	其他室内门	6.0~8.0mm
门框与门扇、门扇与门扇接缝高低差		≤1.0mm
门扇厚度大于 50mm 时，门扇与边框间留缝限值应符合设计要求。		

实木门及实木复合门都为木材饰面，应有相同的表面外观质量要求，两者的外观质量应符合表 10-14 的规定。

表 10-14 实木门及实木复合门的外观质量

检验项目			门扇	门框
装饰性		视觉	材色和花纹美观	
		花纹一致性	花纹近似或基本一致	
材色不匀、变褪色		色差	不明显	
死节、孔洞、夹皮、树脂道等	半活节、死节、孔洞、夹皮和树脂道、树胶道	每平方米板面上缺陷总个数	4	
	半活节	最大单个长径（mm）	10，小于5不计，脱落需填补	20，小于5不计，脱落需填补
	死节、虫孔、孔洞	最大单个长径（mm）	不允许	5，小于3不计，脱落需填补
	夹皮	最大单个长径（mm）	10，小于5不计	30，小于10不计
	树脂道、树胶道、髓斑	最大单个长径（mm）	10，小于5不计	30，小于10不计

续表

<table>
<tr><th colspan="2">检验项目</th><th>门扇</th><th>门框</th></tr>
<tr><td colspan="2">腐朽</td><td colspan="2">不允许</td></tr>
<tr><td rowspan="2">裂缝</td><td>最大单个宽度（mm）</td><td colspan="2">0.3，且需修补</td></tr>
<tr><td>最大单个长度（mm）</td><td>100</td><td>200</td></tr>
<tr><td rowspan="2">拼接离缝</td><td>最大单个宽度（mm）</td><td>0.3</td><td>0.3</td></tr>
<tr><td>最大单个长度（mm）</td><td>200</td><td>300</td></tr>
<tr><td>叠层</td><td>最大单个宽度（mm）</td><td>不允许</td><td>0.5</td></tr>
<tr><td colspan="2">鼓泡、分层</td><td colspan="2">不允许</td></tr>
<tr><td rowspan="2">凹陷、压痕、鼓包</td><td>最大单个面积（mm^2）</td><td rowspan="2">不允许</td><td>100</td></tr>
<tr><td>每平方米板面上的个数</td><td>1</td></tr>
<tr><td>补条、补片</td><td>材色、花纹与板面的一致性</td><td>不易分辨</td><td>不明显</td></tr>
<tr><td colspan="2">毛刺沟痕、刀痕、划痕</td><td>不明显</td><td>不明显</td></tr>
<tr><td>透砂</td><td>最大透砂宽度（mm）</td><td>3，仅允许在门边部位</td><td>8，仅允许在门边部位</td></tr>
<tr><td colspan="2">其他缺损</td><td colspan="2">不影响装饰效果</td></tr>
<tr><td colspan="2">加工波纹</td><td colspan="2">不允许</td></tr>
<tr><td colspan="2">漆膜划痕*</td><td colspan="2">不明显</td></tr>
<tr><td colspan="2">漆膜流挂*</td><td colspan="2">不允许</td></tr>
<tr><td colspan="2">漆膜鼓泡*</td><td colspan="2">不允许</td></tr>
<tr><td colspan="2">漏漆*</td><td colspan="2">不明显</td></tr>
<tr><td colspan="2">污染（包括凹槽线型部分）</td><td colspan="2">不允许</td></tr>
<tr><td colspan="2">针孔*</td><td colspan="2">色漆，直径小于等于0.3mm，且少于等于8个/门</td></tr>
<tr><td colspan="2">表面漆膜皱皮*</td><td colspan="2">不能超过门扇或门框总面积的0.2%</td></tr>
<tr><td colspan="2">漆膜粒子及凹槽线型部分*</td><td colspan="2">手感光滑</td></tr>
<tr><td colspan="2">框扇线型结合部分</td><td colspan="2">框扇线型分界线流畅、均匀、一致</td></tr>
<tr><td colspan="2">色差</td><td>不明显允许</td><td>一般允许</td></tr>
<tr><td colspan="2">颗粒、麻点*</td><td>不允许</td><td>直径小于等于1.0mm，且少于等于8个/框</td></tr>
</table>

注：1. 实木门不测叠层、鼓包、分层、拼接离缝；
2. 素板门不测油漆涂饰项目；
3. 表面为不透明涂饰时，只测与油漆有关的检验项目。打“*”号为油漆涂饰项目。

木质复合门为非油漆饰面门，其饰面材料主要为装饰纸、浸渍胶膜纸、PVC 塑料等，因此外观质量应符合这些材料的质量要求。

木质复合门（PVC、装饰纸及浸渍胶膜纸饰面）的外观质量应符合表 10-15 的要求。

表 10-15　木质复合门（PVC、装饰纸、浸渍胶膜纸饰面）外观质量

缺陷名称	门扇	门框
色泽不均	轻微允许	不明显
颜色不匹配	明显的不允许	
鼓泡	不允许	任意 $1m^2$ 内小于等于 $10mm^2$ 允许 1 个
鼓包	不允许	
皱纹	轻微允许	不明显
疵点、污斑	任意 $1m^2$ 板面内 小于等于 $3mm^2$ 允许 1 处	任意 $1m^2$ 板面内 $3mm^2$ ~ $30mm^2$ 允许 1 处
压痕	轻微	最大面积不超过 $15mm^2$， 每平方米板面不超过 3 处
划痕	不允许	宽度不超过 0.5mm，长度不超过 100mm， 每平方米板面总长不超过 300mm
局部缺损、崩边	不允许	
表面撕裂	不允许	
干、湿花	不允许	
透底、透胶	不允许	轻微允许
表面孔隙	不允许	

注：1. 轻微指正常视力在距离板面 0.5m 以内可见，不明显指在距板面 1m 可见，明显指在 1m 以外可见；
2. 干、湿花是对浸渍胶膜纸饰面门的要求。

采用各种材料饰面的门扇、门框，表面理化性能应符合表 10-16 要求。

表 10-16　木质门表面理化性能

项目	单位	指标值
表面胶合强度	MPa	≥0.4
表面抗冲击	—	凹痕直径小于等于 10mm，且试件表面无开裂、剥离等
漆膜附着力	—	≥3 级
漆膜硬度	—	≥HB
表面耐洗涤液	—	无褪色、变色、鼓泡和其他缺陷

注：1. 非油漆涂饰的门不检测漆膜附着力、漆膜硬度；
2. 实木门不测表面胶合强度；
3. 木蜡油、开放漆等涂饰的门不测漆膜附着力、漆膜硬度。

该标准规定了木质门的其他性能应符合以下指标要求。

含水率：木质门含水率要求为 6% ~14% 。

浸渍剥离要求：单个试件的浸渍剥离率应小于等于 25% 。

门扇整体抗冲击强度：经撞击试验后，门扇应该保持完整，无变形、开裂等。

空气声隔声性能：为非必检项目，需方有要求时检测。门的空气声隔声性能应符合 GB/T 8485 中的Ⅵ级以上要求。

阻燃性能：为非必检项目，需方有要求时检测。阻燃性应达到 GB 8624—2006 中规定建材制品的 C 级以上级要求。

反复启闭可靠性：为非必检项目，需方有要求时检测。门经过规定次数的启闭试验后，无松动、脱落、启闭不灵活，门扇与门框缝隙无变化、螺钉未松动等。门的启闭次数要求见表 10-17。

表 10-17　门的启闭次数

适用范围	启闭次数
家庭用	≥25000
公共场所用	≥100000

有害物质限量应符合表 10-18 的规定。

表 10-18　有害物质限量要求

项　　目	限量指标值	备注
甲醛释放量（mg/m^3）	按 GB 18580—2001 中相应要求	—
重金属含量（mg/kg）	按 GB 18584—2001 中相应要求	仅不透明涂饰木质门要求重金属含量

该标准不但规定了门扇的质量要求，同时门框作为整樘门的一部分，该标准还规定了门框的质量要求，同时还规定了门扇和门框的取样部位和试件数量和尺寸要求，如表 10-19 所示，因此该标准更易于操作和使用。

表 10-19　门扇试件制作、试件尺寸和数量

检验项目	制取位置	试件尺寸（mm）	试件数量（块）	备注
含水率	左、右边梃位置各 1 块，上梃或下梃位置 1 块，其他部位 3 块	50×50	6	试件之间相距至少 100mm 以上、去除表面装饰层
表面胶合强度	板面任意，但应相隔 100mm 以上	50×50	6	应砂去漆膜
表面抗冲击	任意	230×230	1	
漆膜附着力	任意	250×100	1	
漆膜硬度	任意	200×100	1	
表面耐洗涤液	任意	250×250	1	
浸渍剥离	左、右边梃、下梃位置各 2 块	75×边梃宽度	6	试件之间相距至少 100mm 以上

本标准对门框试件制作、试件尺寸和数量等有具体的规定，门框试件按表

10-20 要求。

表 10-20 门框试件的制作、试件尺寸和数量

检验项目	制取位置	试件尺寸(mm)	试件数量(块)	备注
含水率	板面任意，但应相隔 100mm 以上	50×50	6	去除表面装饰层
表面胶合强度	板面任意，但应相隔 100mm 以上	50×50	6	应砂去漆膜
表面抗冲击	任意	230×230	1	
漆膜附着力	任意	250×100	1	
漆膜硬度	任意	200×100	1	
表面耐洗涤液	任意	250×250	1	
浸渍剥离	板面任意，但须相隔 100mm 以上	75×75	6	

其他功能性检测项目样品如表 10-21 所示。

表 10-21 功能检测样品数量

检验项目	样品数量
整体抗冲击	1 樘门
空气声隔声	1 樘门
阻燃性	1 樘门
反复启闭可靠性	1 樘门

最后，该标准还规定了抽样规则和检验结果的判定规则。

10.2.1.2 我国其他木质门相关标准主要内容

1)《整樘门 软重物体撞击试验》(GB/T 14155—2008)

该标准规定了门扇、门框和五金配件安装后的软重物体撞击试验方法。

基本试验方法：在门扇一侧表面预定的一个或几个薄弱的部位上，用一个总重 30kg，直径约 350mm 的球状布袋（袋中装有表观密度约 1500kg/m^3 的砂子）垂直于门扇平面进行撞击试验，检验整樘门是否损坏。球状布袋可以根据门扇的不同撞击部位进行高度调节。

2)《建筑门窗空气声隔声性能分级及检测方法》(GB/T 8485—2008)

该标准规定了建筑门空气声隔声性能的分级、检测方法等内容。检测装置由实验室和测量设备两部分组成。实验室由两间相邻的混响室（声源室和接收室）组成，两室之间为测试洞口。测量设备包括声源系统和接收系统。根据声源室内平均升压级和接收室平均声压级的差值，试件洞口面积，接收室内吸声量等计算出隔声量值。

3）《建筑外门保温性能分级及其检测方法》（GB/T 8484—2008）

该标准规定了建筑外门保温性能分级及检测方法。检测装置主要由热箱、冷箱、试件框、控湿系统和环境空间五部分组成。本标准基于稳定传热传质原理，采用标定热箱法检测建筑外门的传热系数和抗结露因子。

4）《住宅建筑设计规范》（GB 50096—2011）

该规范对门的规定主要是关于各种类别的门（如阳台门、户门、厨房门等）的尺寸等设计的要求。

5）《建筑装饰装修工程质量验收规范》（GB 50210—2001）

（1）一般规定

包括门窗验收时的各种文件和记录材料，门窗材料的检验，隐蔽工程的验收，批次的划分，检验数量的规定，门窗安装前的门洞尺寸检查，门窗的防腐和防潮要求等内容。

（2）木门制作与安装工程

主控项目要求：对木材树种、材质等级、规格、尺寸、框扇的线型及人造板的甲醛含量应符合要求；木门窗应采用烘干的木材，含水率应符合《建筑木门、木窗》（JG/T 122—2000）的规定；木门窗的防火、防腐、防虫处理应符合设计要求。木门窗的结合处和安装配件处不得有木节或已填补的木节。门窗框和厚度大于50mm的门窗扇应用双榫连接，榫槽应采用胶料严密嵌合，并应用胶楔加紧。胶合板门、纤维板门和模压门不得脱胶。胶合板不得刨透表层单板，不得有戗槎。制作胶合板门、纤维板门时，边框和横楞应在同一平面上，面层、边框及横楞应加压胶结。横楞和上、下冒头应各钻两个以上的透气孔，透气孔应通畅。木门窗的品种、类型、规格、开启方向、安装位置及连接方式应符合设计要求。木门窗框的安装必须牢固。预埋木砖的防腐处理、木门窗框固定点的数量、位置及固定方法应符合设计要求。木门窗扇必须安装牢固，并应开关灵活，关闭严密，无倒翘。木门窗配件的型号、规格、数量应符合设计要求，安装应牢固，位置应正确，功能应满足使用要求。

一般项目要求：木门窗表面应洁净，不得有刨痕、锤印。木门窗的割角、拼缝应严密平整。门窗框、扇裁口应顺直，刨面应平整。木门窗上的槽、孔应边缘整齐，无毛刺。木门窗与墙体间缝隙的填嵌材料应符合设计要求，填嵌应饱满。寒冷地区外门窗（或门窗框）与砌体间的空隙应填充保温材料。木门窗批水、盖口条、压缝条、密封条安装应顺直，与门窗结合应牢固、严密。木门窗制作的允许偏差和检验方法应符合列表的规定。木门窗安装的留缝限值、允许偏差和检验方法应符合列表的规定。

6）《建筑外门窗气密、水密、抗风压性能分级及检测方法》（GB/T 7106—2008）

该标准规定了建筑外门气密、水密及抗风压性能的术语和定义、分级、检测装置、检测准备、气密性能检测、水密性能检测、抗风压性能检测等内容。

气密性能检测：试件安装在检测装置上，分别按顺序进行预备加正压，检测加正压，预备加负压，检测加负压等操作过程。试件采取密封方式按上述过程检测附加空气渗透量；去除试件上的密封后按上述过程再进行检测空气总渗透量。再通过公式计算试件渗透量测定值（q_t，单位 m^3/h）和标准状态下通过试件空气渗透量值（q，单位 m^3/h），通过前两值计算出单位开启缝长空气渗透量（q_1，单位 $m^3/(m^2 \cdot h)$）或单位面积的空气渗透量（q_2，单位 $m^3/(m^2 \cdot h)$），然后根据后两值再计算出分级指标值。

水密性能检测：分为稳定加压法和波动加压法，根据不同地域的工程可采取相应的检测方法。试验过程：试件密封在检测装置上，对整个试件均匀地淋水，淋水量为 $2L/(m^2 \cdot min)$ 或 $3L/(m^2 \cdot min)$（根据不同方法）。在淋水的同时加压，定级检测时逐级加压至出现严重渗漏为止。工程检测时，直接加压到水密性能指标，压力时间为 15 分钟或出现严重渗漏为止。在逐级升压及持续作用过程中，观察渗漏状态和部位。结果表述：记录每个试件的严重渗漏压力差值，以严重渗漏压力差值的前一级检测压力差值作为该试件水密性能检测值。

抗风压性能检测-变形检测：检测试件在逐步递增的风压作用下，测试杆件相对面法线绕度的变化，得出检测压力差 P_1。反复加压检测：检测试件在压力差 P_2（定级检测）或 $P/2$（工程检测）的反复作用下，是否发生损坏和功能障碍。定级检测或工程检测：检测试件在瞬间风压作用下，抵抗损坏和功能障碍的能力。

7）《环境标志产品技术要求　木质门和钢质门》（HJ 459—2009）

该标准规定了木质门环境标志产品的基本要求、技术内容和检验方法。其中技术内容包括材料要求和产品要求。

（1）材料要求

生产企业宜使用次、小、薪材和人造板材，使用的木材来源应符合国家法律法规要求。人造板材中甲醛释放量不得大于 $0.12mg/m^3$。涂料中水性涂料应符合标准 HJ/T 201 的要求，木质材料的溶剂型涂料应符合标准 HJ/T 414 的要求，胶粘剂应符合标准 HJ/T 220 的要求，覆膜材料不得使用聚氯乙烯塑料。

（2）产品要求

木质门产品甲醛释放量不得大于 $0.12mg/m^3$。外门的空气声隔声性能应≥25dB 和气密性能（在 10Pa 压力差下）应≤$1.5m^3/(m \cdot h)$ 单位缝长空气渗透量和≤$4.5m^3/(m^2 \cdot h)$ 单位面积空气渗透量。对生产中产生的废弃物应采取回收利用，包装材料宜使用循环材料等。检测方法根据相应的有害物质限量国家强制标准和木质门相关标准的试验方法。

8）《门扇　湿度影响稳定性检测方法》（GB/T 22635—2008）

该标准规定了环境条件持续不变时，受湿度影响的门扇稳定性检测方法。基本试验方法包括门扇预处理、高湿处理和低湿处理。

（1）门扇预处理

门扇置于温度（20±2）℃，相对湿度（65±5）% 或（23±2）℃，相对湿度（50±5）% 环境条件下处理至少 7d 后，按照《门扇　尺寸、直角度和和平面度检测方法》（GB/T 22636—2008）测量其高度、宽度、整体平面度，必要时的局部平面度等初始测量值。

（2）门扇高湿处理

门扇置于温度（23±2）℃，相对湿度（85±5）% 的环境条件下至湿度平衡，则停止试验，再次测量以上性能。

（3）门扇低湿处理

门扇置于温度（23±2）℃，相对湿度（30±5）% 的环境条件下至质量平衡，则停止试验，再次测量其以上性能。结果表示应包括门扇初始测量值和高湿、低湿后的变化值。

9）《门扇　尺寸、直角度和平面度检测方法》（GB/T 22636—2008）

该标准规定了门扇的高度、宽度、厚度、直角度及门扇整体和局部平面度的检测方法。

10）《门扇　抗硬物撞击性能检测方法》（GB/T 22632—2008）

该标准规定了硬物撞击对门扇造成损坏的检测方法。基本试验方法：将门扇在温度（15～30）℃，相对湿度（25～75）% 环境条件下水平固定放置，选择标准中规定的四种撞击方式的一种方式，将一个直径为（50±1）mm 的钢球在一定高度（由所需的冲击能量决定）垂直落下至门扇表面，产生 15 个撞击点。撞击 30min 后，测量撞击凹印最大深度和最大直径，测量破裂区域的最大直径。结果表述：每个凹印测量点的最大深度和最大直径，破裂区域的最大直径，以及应用的冲击能量（单位为焦耳），门扇表面损坏情况等。

11）《建筑门窗反复启闭性能检测方法》（JG/T 192—2006）

该标准规定了建筑门反复启闭性能检测的术语和定义、试验原理、试验设备、试验条件、试验环境、试验准备、试验步骤等内容。基本试验方法：模拟正常使用的方法，对木质门进行一定次数的反复开启和关闭试验，比较试验前后整樘门及其五金配件的性能。在试件安装装置上把门扇、门框和五金配件安装固定成正常的使用状态，在门扇关闭状态下，测定门扇相对于门框的初始位置测量值及门扇对角线长度。再在一定的启闭作业力下，开动反复启闭操作

(反复启闭速度为 5 ~ 20 次/min)，在完成规定的循环次数的反复启闭后，在门扇关闭状态下，再次测量以上门扇相对于门框的初始位置点的测量值和门扇对角线长度值。结果表示：初始位置和最终检测测量值的变化量，启闭次数和速度，启闭的作用力大小，试验结束后试件变形或损伤的观察结果，木质门的启闭有无障碍以及其他异常情况等。

12) 《室内装饰装修材料　人造板及其制品中甲醛释放限量》(GB 18580—2001)、《室内装饰装修材料　木家具中有害物质限量》(GB 18584—2001)、《民用建筑工程室内环境污染控制规范》(GB 50325—2010) 等标准及控制规范对人造板及其制品的甲醛释放量都做出了限量规定，其中干燥器法≤1.5mg/L，$1m^3$ 气候箱法≤0.12mg/m^3。GB 18584 和 GB 50325 中还规定了木制品涂料中重金属含量的限量值和检测方法，此外后者还包括室内环境中的 VOC、TVOC 的限量和检测规定。

13) 其他木质门标准

《建筑门窗术语》(GB/T 5823—2008) 规定了木质门相关术语和定义，包括门扇、门框及其部件，木质门种类、开启方式等术语和定义。

《建筑门窗洞口尺寸系列》(GB/T 5824—2008) 规定了建筑门洞术语和定义，建筑门洞口的尺寸系列，建筑门洞口宽、高定位线的确定等内容。

《建筑门窗扇开、关方向和开、关面的标志符号》(GB 5825—1986) 规定了门扇的开启方向、开关面的要求，以及它们的标志符号，以便于在木质门的建筑设计、加工制作、安装施工的统一和科学。

《防火门》(GB 12955—2008) 规定了防火门的分类、代号与标记、要求、试验方法、检验规则、标志、包装、运输和贮存等内容。本标准适用于平开式木质、钢质、钢木质防火门和其他材质防火门。该标准是《木质防火门通用技术条件》(GB/T 14101—1993) 的替代版本，新版标准从国际、国外标准中引入了部分隔热防火门和非隔热防火门的概念和要求；同时，将原来的甲、乙、丙级防火门的耐火极限调整为 1.5h、1.0h 和 0.5h，丰富了我国防火门产品的种类，增加了实际应用的选择余地，对于仅需要防火门具有部分隔热性或耐火完整性要求的应用场合，可以选用部分隔热或非隔热的防火门。新版标准还规定门扇内若填充材料，应采用对人体无毒无害的防火隔热材料，减少对人身健康的影响。同时，新版标准还增加了钢木质防火门和其他材质防火门的内容和要求，为新材料、新技术应用和新型防火门的生产、检验提供了技术依据，拓展了防火门生产企业的发展空间。木质防火门的具体内容在本书其他章节有详细叙述，本处不再赘述。

《公共场所阻燃制品及组件燃烧性能要求及标识》(GB 20286—2006) 对公共场所用木质材料的阻燃性能提出了要求。该标准是公安部为了有效控制公共场所发生火灾时造成人员伤亡和财产损失而制定的。该标准明确了公共场所用阻燃制品及组件的定义及分类、燃烧性能要求及标识等内容，规定了公共场所使用的建筑制品、铺地材料、电线电缆、插座、开关、灯具、家电外壳等塑料制品以及座椅、沙发、床垫中使用的保温隔热层及泡沫塑料的燃烧性能，提出了相应的阻燃标准等级要求。此外，国家标准《建筑材料及制品燃烧性能分级》（GB 8624—2006）也是公安部制定的国家强制标准，两标准的检测方法相同，但前者因用于公共场所其检测指标和等级更高。

10.2.2　国外木质门标准现状

国外木质门标准一般分为室内门和室外门部分，在此基础上有检测指标的分级。欧盟标准与我国木质门标准的性能指标主要区别是前者有生物耐久性要求，而我国标准没有这方面的要求。我国木质门的检测方法基本采用或引用国外标准的检测方法，以下是木质门主要国际检测方法标准与我国标准的比较。

《声学-建筑和建筑构件隔声测量-第3部分：建筑构件空气省隔声的实验室测量》（ISO 140—3：1995）中的隔声量检测方法与《建筑门窗空气声隔声性能分级及检测方法》（GB/T 8485—2008）规定的检测方法是一样的。

《窗和门上高窗—抗风试验》（ISO 6612—1980）、《窗和门上高窗—空气渗透性试验》（ISO 6613—1980）两标准与《建筑外门窗气密、水密、抗风压性能分级及检测方法》（GB/T 7106—2008）的检测方法为非等效采用。《窗和门上高窗—抗风试验》（ISO 6612—1980）标准抗风压性能检测方法在变形、反复加压及安全检测的要求和程序与国家标准一致。《窗和门上高窗—空气渗透性试验》（ISO 6613—1980）标准气密性能检测方法在检测原理、检测装置及木质门空气渗透量的检测与计算与国家标准一致。

《门扇　抗硬物撞击性能检测方法》（ISO 8271：2005）与《门扇　抗硬物撞击性能检测方法》（GB/T 22632—2008）的检测方法为等效采用。

《门扇　湿度变化下的性能试验方法》（ISO 6444：2005）与《门扇　湿度影响稳定性检测方法》（GB/T 22635—2008）为非等效采用，检测方法基本一致。

《整樘门　软重物体撞击试验》（ISO 8270：1985）与《整樘门　软重物体撞击试验》（GB/T 14155—2008）的检测方法为等效采用。

《门扇—整体和局部平整度检测方法》（ISO 6442—2005）和《门扇—高度、宽度、厚度和直角度检测方法》（ISO 6443—2005）与《门扇　尺寸、直角度和平整度检测方法》（GB/T 22636—2008）的检测方法是一致的。

第11章　木质门选购、安装与使用

木质门产品被广泛应用于家庭住宅的卧室、客厅、书房或公共空间的办公室、会议厅、展览厅、酒店等处，是建筑构件和人们家居生活不可缺少的组成部分。而今，我国市场上的木质门品类繁多，规格不一，质量、性能、外观、选料、价格等方面也千差万别，这给消费者的选购带来诸多困难。本章主要就消费者普遍关注的木质门选购、安装和使用等方面的问题，提出一些意见和建议，供消费者参考。

11.1　木质门的选购

选购木质门应考虑的因素很多，本章中介绍一些最基本的要素，希望对消费者选购木质门起到一定的引导和启发作用。

11.1.1　种类

消费者选购木质门时可先从其种类入手，木质门主要分为实木门、实木复合门和木质复合门。实木门由于使用原木材料或集成材制成，具有天然环保、吸声隔声等特性，价位相对较高，属于高档产品。实木复合门是以胶合板、刨花板、纤维板等人造板为门芯，采用装饰单板或薄木饰面，合压制成，具有保温、不易变形、不易开裂等特性，相比实木门昂贵的造价，多数实木复合门的价位适中，属于中高档产品。木质复合门是指除实木门、实木复合门外，其他以木质人造板为主要材料制成的木质门。木质复合门不仅具有造型多样、款式丰富等特点，而且尺寸稳定、不易变形，采用机械化生产，效率高、成本低，经济实惠。

11.1.2　颜色与款式

确定好木质门的种类后，选择合适的颜色和款式，使其与居室整体装饰装修风格和谐一致，达到审美效果是消费者要考虑的第二个要素。

好的色彩搭配是渲染居室的关键要素，居室配色基本是以类似色度为主，附以对比因素。当居室环境为冷色调时，应挑选如白橡、桦木、枫木等浅色系的木质门；当居室环境为暖色调时，则应选择如柚木、樱桃木、胡桃木等深色系的木质门。木质门色彩的选择还应注意与家具、地面的色调要相近，而与墙面的色彩产生反差，这样有利于营造出有空间层次感的氛围。

选择木质门时除了要考虑颜色以外，还应注意木质门的款式同居室风格的谐调搭配。家居的装饰风格主要分为欧式、中式、美式、简约、古典等样式，一般来讲，中式风格可以选用榉木、桦木等能够展现木纹本色的木质门，造型简单，木质纹理纯正自然，具有现代气质，给人清新、明快、亮丽的视觉感；欧式或美式风格，可选择色泽凝重的胡桃木或花梨木等造型古典的木质门，效果感染力强，尽显尊贵、豪华的气派。总之，建议选择风格相似类近。

11.1.3　材料

实木门、实木复合门和木质复合门除了在加工工艺方面差别较大外，其最大的不同点在于这三种木质门所使用的材料不同，主要体现在门扇材料、门框材料、贴面材料、涂饰材料等方面，最终造成品质和价格上的差异。

门扇材料是木质门的主要材料，一扇木质门性能的优劣、价格的高低往往取决于所使用的门扇材料。以纯原木材料为门扇的实木门，其档次主要体现在材质、色泽、纹理等方面。檀木、胡桃木都属稀缺材种，材质优良，纹理多样，用其制作的实木门豪华大气，档次较高；水曲柳、楸木、柞木等属硬木类树种，适合制作中等档次的实木门；采用红松、榆木等常见材种制作的实木门，档次则相对较低。

木质门的门扇和门框不一定都使用同一种材质，实木门扇不代表就会用实木门框，有可能会使用纤维板做门框；贴面刨花板门扇不代表就会用贴面刨花板门框，有可能会使用实木门框或胶合板门框。如果选择实木门框，消费者需要注意其抗干缩率、抗湿胀率是否达标，否则会造成木质门关不严或关不上；如果选择刨花板、纤维板做门框，需要注意其抗冲击韧性等力学性能是否达标，否则会造成安全问题。

实木复合门表面所贴的装饰单板或薄木饰面因树种不同而表现出不同的外观效果。装饰单板分为科技木单板和天然木单板，科技木单板是将原木单板通过漂白、染色等一系列工艺深度加工而成，成本较低，但纹理不如天然木单板逼真。不同树种的天然木单板，其装饰效果和价格也会有所差异，采用黑檀、花梨等名贵木材的木单板制作的饰面材料，往往会使实木复合门显得厚重、高贵，其价格也高于以一般木材单板作为饰面材料的实木复合门。另外，某些实木复合门和木质复合门会将不同花纹的装饰纸和不同功能的 PVC 材料贴合在门的表面，以起到装饰和保护木质门的作用。装饰纸的纹路主要模仿橡木、柚木、榉木、檀木、枫木、胡桃木、松木等木纹，或大理石纹和幻彩等，也可根据消费者的特殊要求进行设计。木质门表面贴上装饰纸后，再贴一层 PVC 膜即可免除油漆。PVC 具有不易燃性、高强度、耐气候变化性以及优良的几何稳定性等功能，有些 PVC 甚至对氧化剂、还原剂和强酸都有很强的抵抗力。

木质门的涂饰材料主要指涂料，涂料作为木质门的后期加工工艺，其优劣直接影响着最后的使用效果，同时涂料成本也是木质门成本上最大的部分之一。涂料的种类大致分为酚醛树脂漆、醇酸树脂漆、不饱和硝基漆、聚酯漆及 PU 漆。其中酚醛树脂漆和醇酸树脂漆由于漆膜质感及附着力差，基本已被淘汰，大量使用的是硝基漆、不饱和聚酯漆及 PU 漆。硝基漆由于施工比较简单、适合手工操作，在涂饰实木门装饰部分如手工雕花时使用，但其漆膜薄，手感不好，效果不理想；不饱和聚酯漆相对漆膜厚重，但其稀释剂在挥发时含有氡气，而且漆膜硬度稍弱；最理想的是 PU 漆，PU 漆不但具有不饱和聚酯漆漆膜厚重、附着力强、透明层次好的优点，同时它的密封性好，在木材防潮方面也具有非常重要的作用，而且 PU 漆的硬度、耐久性、耐黄变性及环保性也是其他油漆无法比拟的，当然 PU 漆的价格也相对较高，一般在涂饰高档木质门时使用。

11.1.4　功能

针对木质门具体的使用场合，可赋予其一些特定的功能，这种具有某种特定功能的木质门称为特种功能木质门，这里所说的功能不单指木质门内木质单元具备某种功能，而更重要地表现在木质门整体具有这种功能，如对热、电、光、磁、声以及水分、火焰、菌类、虫类、安全性能（防盗）等表现出的特殊功能。

与普通木质门相比，特种功能木质门具有应用面宽、品种多，可适用于特殊用途等特点，具有很好的应用与发展前景。目前，特种功能木质门可分为：电磁屏蔽木质门、声功能木质门（隔声/隔声门）、光功能木质门、热功能木质门（木质防火门）、生物功能木质门及防盗木质门等，消费者应根据使用场所的不同要求来选择。

11.1.5　价格

如上所述，木质门的价格因其品类、材料、工艺、功能等不同而存在很大的差异，消费者应根据自己的实际需求、喜好以及经济承受能力来进行选择。建议消费者选购时，应先确定好自己的心理价位，然后再与同等价位的产品进行横向对比，选择出适合自己的木质门。

11.1.6　质量

目前，大多数消费者对木质门质量鉴别的方法知之甚少，选购时常常感到无所适从。下面对如何分辨木质门产品的质量提出几点建议和技巧，可归纳为四个字：看、量、闻、测。

（1）看。①整体看：站在距门 2m 之外，观察它的造型与做工，看门型是否工整，表面色泽是否纯正，纹理是否清晰。如果是纯实木门，表面的花纹通常不规则。②近看：站到 0.5m 之外，看门的接缝，边框等细小的部分做的是否精细，看它是否有拼接不严，露白茬等现象。③侧光看：站在门的侧面迎光看门板的油漆面是否有凹凸波浪，这样可以检验出门表面的平整度如何。④细看：仔细观察木质门表面有无色差、开裂、鼓泡，单板纵向拼接处有无叠离现象。另外，通过观察没有被油漆封住的锁孔处检验木质门的材质。

（2）量。根据相应标准，用尺子测量木质门的加工精度，如测量木质门的门框、门扇垂直度和边缘直度，门扇表面平整度，门扇翘曲度，门框、门扇组装精度等，看其是否符合标准中所规定的数值（见第 10 章）。

（3）闻。靠近木质门的锁孔位置，用鼻子轻嗅没有被油漆封住的锁孔处，如果闻到刺激性气味，说明该门的游离甲醛含量较高。

（4）测。查看厂家提供的检测报告，如果没有相关检测报告，通过上述方法发现木质门可能存在质量问题时，可委托具有资质的检测部门依据相应的国家标准对产品进行检测，如检测木质门含水率是否与安装当地的平衡含水率相适宜，一般为 6% ~14%；检测木质门所使用的人造板材料的浸渍剥离率是否小于等于 25%；检测木质门的隔声性能是否符合《建筑门窗空气声隔声性能分级及检测方法》（GB/T 8485—2001）中的Ⅵ级要求；检测木质门的甲醛释放量是否符合《室内装饰装修材料、人造板及其制品甲醛释放限量》（GB 18580—2001）中 E_1 级的要求；检测木质门油漆中的镉、汞、铅、铬等重金属的含量是否符合《室内装饰装修材料　木家具中有害物质限量》（GB 18584—2001）所规定的指标值。

另外，五金件的质量好坏也直接影响着木质门的使用寿命，所以消费者在学会如何鉴别门的质量的同时，还应掌握如何检查五金件质量的相关技巧。用于木质门的五金件主要有锁具（包括拉手）、合页等，选择时应注意以下几点。

（1）观察产品外观质量情况，包括锁头、锁体、锁舌、拉手与覆板部件及有关配套件是否齐全，电镀件、喷漆件表面色泽是否鲜艳、均匀，有无生锈、氧化迹象及破损。

（2）检查产品的使用功能是否灵活，通过反复开启，检验锁芯弹簧的灵敏程度。还应检查产品的保险结构情况，建议每把锁至少试三次以上。

（3）消费者在挑选钥匙时，尽量选择牙花数多的锁，因为钥匙的牙花数越多，差异性越大，锁的互开率就越低，则锁的安全可靠性就越强。

（4）锁具外观要清晰，表面不粗糙、无斑点，感觉要舒适、细腻、光滑。锁具开启旋转灵活，锁闭装置应起作用，手感不能有失效的感觉，保密性能要好。锁具材质要适中，一般来说，用手感觉锁具重量越重，说明锁芯使用材料越厚实，耐磨损。反之则材料单薄，易损坏。另外，转动锁具时，声音越小的越好。

（5）合页的材质有铁质、铜质和不锈钢质，一般来说，全铜或全不锈钢的较好。好的合页应具有防腐性能和良好的传动性及密封性，能够确保合页受力均匀，不因门的自重而造成损坏。选购合页时可通过多次开合和拉动检验其灵活性和方便性。

11.1.7 其他

建议消费者购买木质门时，最好选择信誉好的厂家产品和知名度高的品牌产品，其质量相对一般产品更有保障，产品售后服务相对更加完善。

11.2 木质门的安装

除了木质门本身的性能要求外，木质门的正确安装，也是确保其具有优良使用效果的关键环节。木质门的安装是一项比较琐碎而复杂的工程，因此，正规的木质门生产厂家均配备专业的安装技术人员。木质门的安装因门框的结构和安装现场略有差异。但总的要求是安装牢固，密封隔声即可。另外一些特殊功能的木质门安装也有一些特殊的要求。

11.2.1 安装前准备工作

1）门洞的测量

安装木质门前应预先测量好门洞的尺寸，门洞的测量需要测出门洞的宽度、高度和门洞墙体厚度三个部位的尺寸，精确到毫米。

（1）门洞的宽度：水平测量门洞左右的距离，选取三个以上的测量点进行测量，其中最小值为门洞的宽度尺寸。

（2）门洞的高度：垂直测量门洞上下的距离，选取三个以上的测量点进行测量，其中最小值为门洞的高度尺寸，另外，在测量高度的过程中要注意地面处理情况，应预留出地面装修材料的厚度以备所需。

（3）门洞墙体厚度：水平测量墙体厚度，选取三个以上的测量点进行测量，如选用非调节性门框线时，应以测量出的最大值为墙体厚度，如选用可调节性门框线时，应以测量出的最小值为墙体厚度，如果墙面还没有装修，则门洞墙体厚度需另加装修材料的厚度。

2）产品拆封

木质门运到施工现场后，应由安装负责人和业主共同对木质门质量进行检验后，拆封。

3）检查

门框和门扇安装前应先检查有无磕角、翘扭、弯曲、劈裂，如有以上情况应先进行修理。检查现场情况，整理并清洁好工作区域；检查门的尺寸是否与门洞尺寸相符，确认安装尺寸，清点所有产品及配件。准备安装工具，详细阅读安装说明书。

4）安装工具与材料

安装工具一般包括电锤、木工榔头、切角锯、手锯、角尺、卷尺、吊线锤、水平尺、塞尺、开孔器、錾子、改锥、电钻、钻头、木支撑等。目前也有一些木质门安装专用工具。

安装材料主要有铁片连接件、铁钉、自攻螺丝、502 胶、毛巾或棉纱、木楔、木条、发泡胶、密封胶等。

5）安装条件

（1）木质门必须采用预留洞口的安装方法，严禁边安装边砌口的做法。

（2）木质门须在安装洞口地面工程（如地砖、石材）完毕后，同时在墙面腻子刮完并打磨平整后（墙面需贴墙砖、石材处的洞口，须全部贴齐洞口侧边），方可进行安装作业；也可以在墙面工程完全完工后安装，并用密封胶收口。

（3）安装洞口墙体湿度过大时，应在安装墙体上做好防潮隔离层。

（4）安装现场环境整洁、无杂乱、无交叉作业。

11.2.2　安装流程

（1）组装门框：按照门扇及洞口尺寸在铺有保护垫或光滑洁净的地面组装门框。

（2）固定门框：用木楔、木撑将门框固定在门洞内，用线坠、水平尺校正门框的方正及内框规格，将发泡胶注入门框与墙体之间的结构空隙内。

（3）安装门扇：将门扇与门框用合页连接固定。

（4）安装锁具。

（5）安装门口线。

（6）安装门吸。

11.2.3　安装实例

因国内企业生产的门框结构的差异性，南北气候温差等诸多原因导致门框的安装方法不一致，按门框的结构分为可调式整体门框、可调式拆分门框；按固定方法分为硬性固定（主要用铁片、螺丝等）、软性固定（主要用泡沫胶剂）；门扇、门口线、五金等安装方式国内均基本一致，下面以某一企业的单扇平开门为例，按照可调式拆分门框（硬性固定）的安装方法对木质门安装程序进行详细介绍。

1）安装门框

（1）组装横套板。将横套板的主板与副板组装好（组装时应在凹槽内刷乳白胶），从套板的背面用自攻螺丝把主板与副板固定好，螺丝与螺丝之间的间距约为450~550mm，安装时所需横套板的净长度=门扇的宽度+5~6mm（扇框间隙），再在套板的背面长度方向两侧边固定“L”形状的铁片连接件，一侧固定二至三个（根据洞口宽度而定，两侧距端头80mm左右处各一个，中间位置一个），两侧连接件固定位置错开，用自攻螺丝固定。

（2）组装竖套板。将竖套板的主板与副板用固定横套板的方法固定，主竖套板和副竖套板的长度根据门扇的高度和预留缝尺寸确定，再在套板背面两侧边固定“L”形状的铁片连接件，一侧固定四个（两侧距端头80mm左右处各一个，中间距离均分三等分二个），两侧连接件固定位置错开，用自攻螺丝固定，竖套板下方与地面接触的端口应做封闭处理，以免吸潮变形；副板与主板组装后保证门口宽度尺寸=门扇厚度+5mm。

（3）组装门框。将组装好的横、竖套板放在用软质材料铺平的地面，将横套板放在两块竖套板顶端头的上方，竖套板把横套板支撑起，保证副板位置在同一侧尺寸一致；门框与门扇两侧边的缝隙尺寸和门扇与横套板的缝隙尺寸应一致，尺寸计算好后，再分别从横套板的背面用2~4颗铁钉把横、竖套板固定在一起，要求横套板与竖套板的夹角为直角，夹角处缝隙不大于0.2mm。

（4）固定门框。采用“L”形铁片连接件和自攻螺丝固定，具体方法如下：将组装好的门框放入门洞中，门框的背面与门洞口在同一平行面上，用木楔从门洞的左、右上方向下固定，用吊线锤检查门框的垂直度，使其垂直度偏差小于1mm，两对角线误差小于3mm，用水平尺检查横套板的水平度，使水平度尺寸小于1mm，水平度、垂直度达到所需的要求后，在“L”形连接件的另一转角面上的圆孔与墙体表面相对应的位置，用铅笔画一记号，所有的连接件位置都做好相应的记号，取下门框放置在一旁，用冲击钻在刚才画记号位置的墙上钻孔，孔径8~10mm，孔深50~60mm，钻孔时冲击钻钻头略向墙体内侧钻孔，这样可以避免把墙体边缘打裂，待所有孔钻完后，将比孔径略大的木销装入孔内，将孔内填满；再把刚才取下的门框放入洞口内，调整水平度与垂直度，用木销略固定一下门框，使其不晃动，再在“L”形铁片连接件的另一面用自攻螺丝与墙体上的木销固定（螺丝必须用螺丝刀或调速电钻拧紧，不能用木工榔头直接敲入），如果门框与墙体的缝隙较大，应先在洞口的两侧各钉一圈木条，中间空隙部分填充发泡胶后再固定门框，最后把隔声防撞胶条嵌入门框的指定位置。

2）安装门扇

在门扇上开合页槽，合页槽的大小根据合页在门扇侧边上所占的位置而定，在操作过程中不得损伤门扇及门框表面部位的油漆。

安装门扇时，先把合页在门扇上的螺丝拧紧一半，再把门扇与门框连接的合页上下先拧一至两颗螺丝，然后关门检查缝隙是否符合要求，开启是否灵活，有无回弹现象，如有不符合要求的及时通过合页调节，使各方面符合要求后再将其他螺丝拧紧，严禁将螺丝直接拧入门扇、门框内（较重的门扇建议每扇门安装三片合页）。

3）安装门锁

根据锁内说明书标准要求安装门锁，门锁位置为门下端到锁把中心 900 ~ 1000mm 之间（特殊门形装锁位置征询用户意见）。锁孔应用对应钻头按标准规格钻孔，不能用力过大，最好先用电钻在需镂空的位置均匀钻孔，再匀速地镂铣（用錾子修边），防止因振动过大造成其他部位开裂、分层。镂好后，将锁芯、把手、锁舌盖板装在门扇上，之后关闭门扇，在锁舌对应在门框的位置处开锁舌盒孔。锁具装完后检查门扇、门锁开关是否灵活，有无抖动现象，如有应及时调整锁具位置。

4）调门缝

门上端与门框顶板空隙 2 ~ 3mm，门下端与地面空隙 5 ~ 8mm，门与门框左右缝隙：装有合页一侧 2 ~ 3mm，装有门锁一侧 3 ~ 4mm。同一条门缝大小误差不超过 1mm。

5）安装门口线

安装门口线要先安装两侧的边口线，然后安装上口线。安装门口线时要注意线条尺寸必须精确，保证两个边口线高低一致，并与上口线接触缝隙处紧密，保证美观效果，同时保证安装牢固，线条锯口平齐。

6）安装门吸

在门扇开启背面相应的位置安装门吸，安装厨房、卫生间的地吸或墙吸时，应与客户做好沟通，注意防止打破地砖、墙砖及地下水管。

7）清理垃圾

安装完毕并检查合格后，应清理垃圾等残留物，并请用户验收和告之木质门的使用与维护等注意事项。

11.2.4　安装时应注意的问题

在安装木质门的过程中，还应注意以下问题。

（1）在确定了门洞口尺寸之后，木质门厂家或者装饰公司的专业人员将确定门的尺寸，一些承重墙的门洞口尺寸不能改动的需要定做门。

（2）在厨房、卫生间、地下室等湿度比较大的房间，门框禁止直接接触地面，需要留2～3mm的空隙，然后打玻璃胶进行密封，以免产品受到潮湿而变形。厨房、卫生间的门框背板需做防水防腐处理，避免水气被门框线吸收后发生变色、漆膜脱落、发霉变形的情况。

（3）在门框线与墙面接触部位均匀涂防水胶，使门框线与墙体牢固结合，如防水胶外露，应及时去除。

11.2.5 安装质量验收

木质门安装完毕后可从以下几个方面来衡量安装质量。

（1）门扇必须安装牢固，沿轴运动自如，开关灵活，启闭时无明显干扰噪声，关闭严密，无倒翘。

（2）门扇与门框的配合良好，严密牢固。

（3）门的割角、拼缝应严密平整；门上的槽、孔应边缘整齐，无毛刺。

（4）门的装饰表面无损伤，五金件运转正常，无明显的暴露瑕疵。

11.3 木质门的使用与维护

合理使用和维护是延长木质门寿命的一个重要途径，平常用户在使用和维护时应做到以下几方面的要求。

11.3.1 室内基本条件的控制

一般来讲，木质门对室内使用环境的总体温、湿度并没有特别的要求，它与人居的适宜温、湿度条件相顺应，保持室内空气相对湿度达到40%～80%之间即可。

在北方空气比较干燥的地区，可使用加湿器适当增大空气湿度，以防止木质门开裂、变形；在南方空气湿度较大的地区，应保持室内空气流通，防止木质门经常性受潮。

11.3.2 安装初期的保养

在安装使用初期，应增大室内空气的流通速度，以消除门体表面涂料中残留的气味；通常在安装木质门之后还会安排其他的装修，应特别注意避免装修材料如涂料、胶水的污染；避免在门的开启范围内放置硬物而发生撞击和划伤。

11.3.3　使用过程中注意事项

（1）防水防潮

木质门不能长期浸泡，如卫生间沐浴水溅落门板或地面积水浸泡门框时，应及时用干布擦拭干净，以免产生局部膨胀。

（2）表面清洁

清除木质门表面污迹时，采用软的棉布擦拭，用硬布很容易将产品表面漆膜划伤。污迹太重时，可使用中性清洗剂、牙膏或家居专用清洗剂去除污迹，之后，再干擦。注意不能用过于湿的抹布擦拭，以免木质门翘曲变形；另外，木质门的棱角处不要过多的擦磨，否则会造成棱角油漆脱落。

（3）门锁和合页

不要将含有腐蚀性的液体溅到木质门及门锁上。开启门锁或转动门锁把手时，不要用力过猛。锁开启时如不灵活，不可随便注油，以免粘附更多灰尘造成锁孔堵塞，可往钥匙孔塞入适量的铅笔芯粉末以润滑锁孔。合页发生松动时应立即拧紧，合页位置发生响声应及时注油以保持其运转顺畅。

（4）避免撞击门体

门体的缓冲装置只能在一定限度内抵抗撞击，避免大力倚靠门扇或悬吊在门把上摇荡，不要在门扇上钻孔安装挂件或悬挂重物，以免减少寿命。防止木质门受到不正常撞击，开启与关闭门扇时，力量要适度，切忌用力过猛或开启角度过大，反复的强烈撞击会损害门吸的正常使用。

（5）防止门扇变形

正常情况下门扇要经常保持关闭状态，以防碰撞、损坏；在供暖时，要保持门扇处于开启状态，避免因供暖引起门扇两面温度不均引起门扇的变形。门板表面的包覆材料不仅具有装饰功能，还承担着防潮和保护作用，如不慎损坏要及时修补，以免潮气进入引发门板的更大变形。

11.4　售后服务

11.4.1　保修期

木质门属木制产品，由于其特有的天然属性，在安装竣工后，经过春、夏、秋、冬不同季节的考验，在不影响使用的情况下，其尺寸和外形发生少量变化，属正常现象。目前，市场上销售的绝大多数产品售后保修期为一年，个别品牌实施3～5年保修期。

木质门保修期内相关规范正在制订中，原则上是比竣工时的验收条件要宽一些。在没有全行业的统一规范前，木质门企业可以按照本企业的具体情况制定相应的规范试行，并列入售后服务的文件或手册中。

11.4.2 保修时用户需注意的问题

产品如在保修期内需要保修服务，用户应直接与当地经销商或公司联系保修，同时需要提供：

（1）详细的地址、姓名、电话；

（2）说明遇到的问题；

（3）产品型号、安装日期并提供保修卡。

要求保修服务时须符合以下条件：顾客如在保修期内要求保修服务，必须出示有效的保修卡及发票。

以下情形会影响产品的保修服务：人为损坏产品；意外水泡造成的木门变形；产品表面有明显腐蚀；超过规定保修期限；经查核后非该公司的产品；非该品牌产品授权专业人员进行的安装；自然灾难所引致产品损坏。

11.4.3 企业服务

保修期内的质量缺陷，应以修理为主，返修后，用户与施工双方应及时对修复的木质门进行验收，施工方在整个保修期内有继续保修的义务。如确认无法修复者，应及时给予更换。

免责条款应写在服务说明书中，经确认不属于企业质量保证范围之列而引起的质量问题，可以协助客户进行收费服务。

售后服务部工作人员应热情接待每一位用户，公正办理，本着实事求是的原则为消费者服务，并努力做好产品售后服务的跟踪工作。

第 12 章　木质门图示

木质门作为家居的重要组成部分，经过十几年的快速发展，产品生产由初期的手工订做已经转向工厂化、机械化、规模化生产，木质门功能由单一实用型向实用、装饰、功能等多功能转变，木质门材料更加丰富，款式更加多样，时尚、简约、欧式、古典、现代、节能、环保等不同风格的木质门琳琅满目，实木门、实木复合门、木质复合门等各种产品不断满足人们的多元化需求。

12.1　实木门

实木门是指门扇、门框全部由相同树种或性质相近的实木、集成材制作的木质门。实木门的原料有实体木材和集成材两种。集成材是用板材或小方材在长度、宽度和厚度方向胶合而成。木材不仅具有质轻、强重比大、保温隔热等优良特性，而且木材纹理美观、手感温和，具有良好的视觉效果和触觉效果。实木门的工艺质量要求较高，其优点是豪华美观、高贵典雅、造型厚实、绿色环保。现代化精密工艺与传统的手工雕技相融合，赋予了实木门自然、恒久的人文艺术魅力，体现了尊贵、经典的艺术价值。实木门价格偏高，如果工艺处理不好，容易变形。

图 12-1 实木门——浙江梦天木业有限公司提供

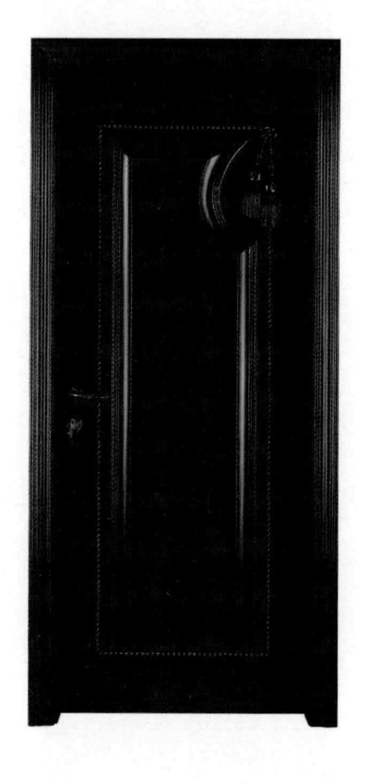

图 12-2　实木门——广东润成创展木业有限公司提供

图 12-3　实木门——巴洛克木业（中山）有限公司提供

图 12-4　实木门——湖州世友门业有限公司提供

图 12-5　实木门——吉林兄弟木业集团有限公司提供

图 12-6　实木门——佛山市德嘉木业有限公司提供

图 12-7　实木门——秦皇岛卡尔凯旋木艺品有限公司提供

图 12-8 实木门——江苏肯帝亚森工科技股份有限公司提供

12.2 实木复合门

实木复合门是以装饰单板为表面材料，以实木拼板为门扇骨架，芯材为木材、人造板材等复合制成的木质门。实木复合门的门扇边框常用的木材有杉木、松木等，中间填充材料主要有实木条、纤维板、刨花板、胶合板等，面层基材使用中密度纤维板或刨花板，表面贴各种名贵实木装饰单板，经热压或冷压后制成，并用实木条封边。

实木复合门相对于实木门加工效率高、节约优质木材，尺寸稳定、变形小、不开裂，具有保温、隔声的特点。实木复合门的质感略逊于实木门，但材质与款式更加多样，或是精致的欧式雕花，或是中式古典的各色拼花，时尚现代、不同装饰风格的实木复合门可以给予消费者更加丰富的选择空间。

图 12-9　实木复合门——巴洛克木业（中山）有限公司提供

图 12-10　实木复合门——湖州世友门业有限公司提供

图 12-11 实木复合门——北京安居益圆工贸有限公司提供

图 12-12 实木复合门——秦皇岛卡尔凯旋木艺品有限公司提供

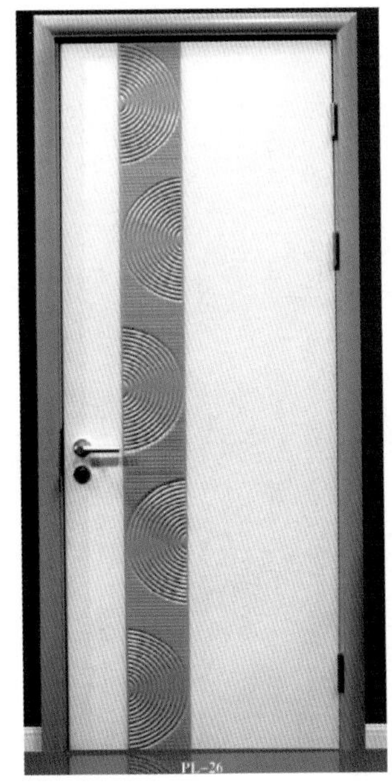

图 12-13　实木复合门——北京润成创展木业有限公司提供

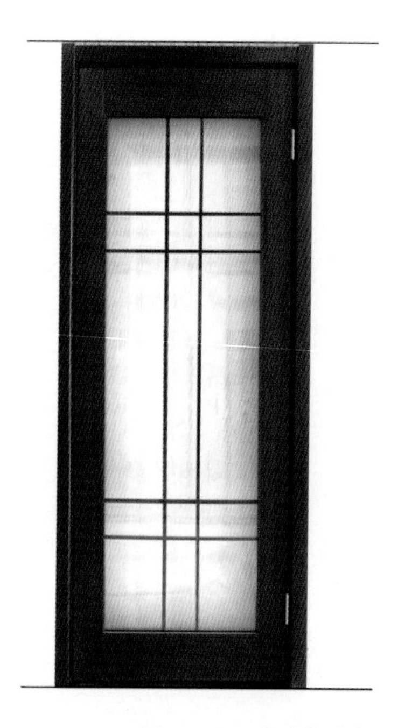

图 12-14　实木复合门——江苏肯帝亚森工科技股份有限公司提供

图 12-15　实木复合门——吉林兄弟木业集团有限公司提供

图 12-16　实木复合门——北京阏阏同创工贸有限公司提供

图 12-17　实木复合门——北京阏阏同创工贸有限公司提供

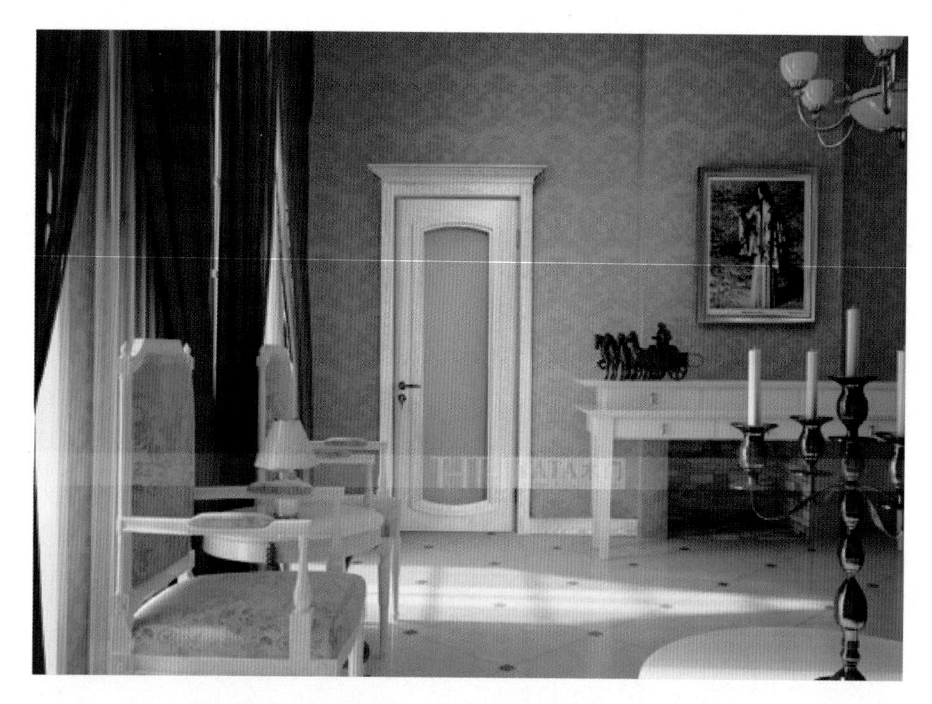

图 12-18　实木复合门——北京阏阏同创工贸有限公司提供

图 12-19　实木复合门——北京阏阏同创工贸有限公司提供

T 型实木复合门

T 型实木复合门是从欧洲最新引进设计理念的新型木质门，横剖面呈大写英文字母“T”，因此被称为“T”型门或“T”口门。T 型木质门源自德国，严谨的工艺、专业的性能使其在欧洲深受欢迎，门边凸出的部分压在门框线上，门框配有密封胶条，和平口门相比，T 型木质门保温、隔声、防潮、隔尘，整体协调美观。

图 12-20　T 型门——吉林森工北京门业分公司提供

图 12-21　T 型门——吉林森工北京门业分公司提供

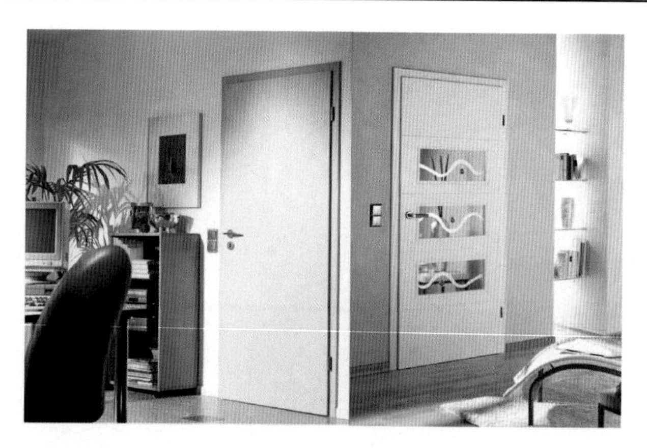

图 12-22 T 型门——吉林森工北京门业分公司提供

12.3 木质复合门

木质复合门是指除实木门、实木复合门外，其他以木质人造板为主要材料制成的木质门。木质复合门不仅具有造型多样、款式丰富等特点，而且尺寸性能稳定、不易变形，采用机械化生产，效率高、成本低，经济实惠。木质复合门多种多样，有模压门、装饰纸饰面木质复合门、聚氯乙烯（PVC）饰面木质复合门、浸渍胶膜纸饰面木质复合门等。木质复合门装饰效果好，比如装饰纸产品种类已经多达万余种，纹理、花色各不相同，经装饰纸饰面后的木质复合门，表面花色丰富，美观时尚，视觉效果好，可满足不同消费者的需求。装饰纸饰面木质复合门不仅美观漂亮，而且耐磨、耐干热、耐划痕、耐香烟灼烧、耐污染等多种性能都优于木材的表面性能，可满足多种场所的多种用途。

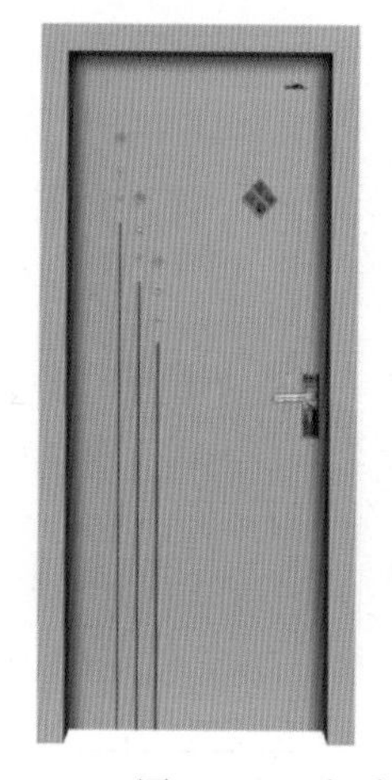 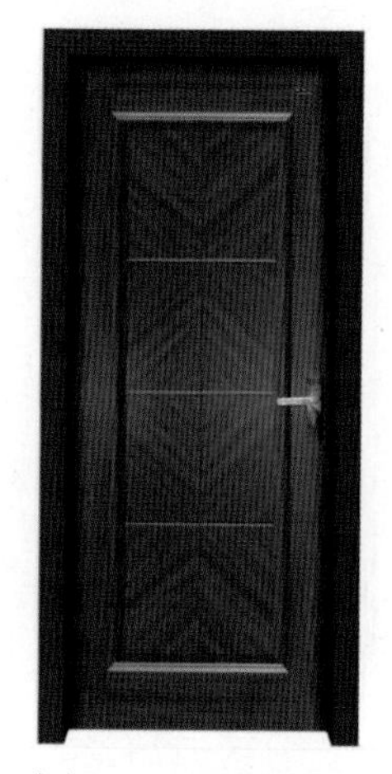 

图 12-23 木质复合门——重庆星星套装门有限责任公司提供

图 12-24　木质复合门——江苏合雅木门有限公司提供

图 12-25　木质复合门——江苏合雅木门有限公司提供

图 12-26　木质复合门——南京格林木业有限公司提供

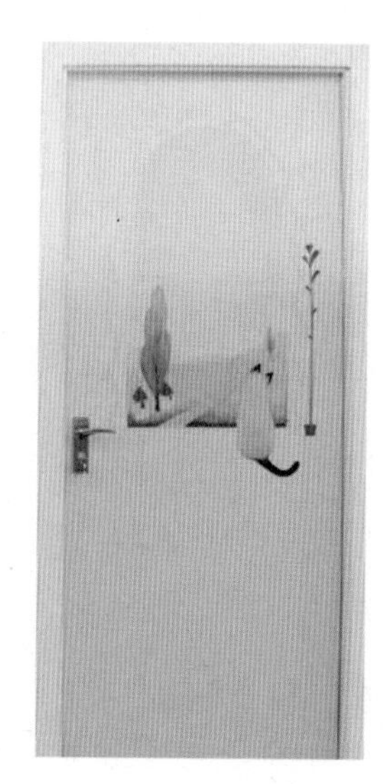
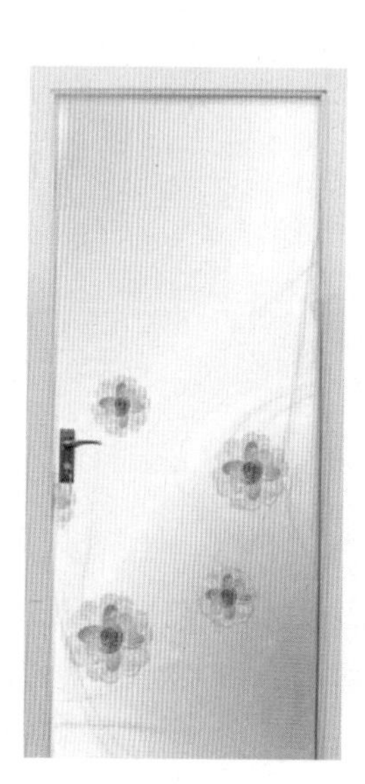

图 12-27　木质复合门——南京格林木业有限公司提供

参考文献

[1] 阿恩海姆．艺术与视知觉［M］．滕守尧，译．成都：四川人民出版社，1998.

[2] 艾森克，基恩．认知心理学［M］．高定国，译．上海：华东师范大学出版社，2004.

[3] 拜尔斯．世纪经典工业设计［M］．姜玉青，译．北京：中国轻工业出版社，2000.

[4] 朝仓直巳．艺术设计的平面构成［M］．林征，林华，译．北京：中国计划出版社，2000.

[5] 常怀生．环境心理学和室内设计［M］．北京：中国建筑工业出版社，2000.

[6] 陈开文．形式美是设计艺术的灵魂［J］．安徽建筑工业学院学报：自然科学版，2006，14（3）：20-22，25.

[7] 陈敏．产品色彩设计的特点及基本要求［J］．矿山机械，2003，31（3）：53-54.

[8] 草明．木质门窗迎来“第二春”［J］．中国林业产业，2005，（11）：61.

[9] 常乐，吴智慧．木质门国内市场的现状与展望［J］．家具与室内装修，2010，17（11）：26-27.

[10] 陈望衡．艺术设计美学［M］．武汉：武汉大学出版社，2000.

[11] 丹纳．艺术哲学［M］．北京：人民文学出版社，1963.

[12] 戴信友编著．家具涂料与涂装技术［M］．北京：化学工业出版社，2008.

[13] 邓旻涯主编．家具与室内装饰材料手册［M］．北京：化学工业出版社，2007.

[14] 樊秋生主编．门窗装饰工程施工技术［M］．北京：中国标准出版社，2004.

[15] 封凤芝，封杰南，梁寿编著．木材涂料与涂装技术［M］．北京：化学工业出版社，2008.

[16] 冯涓，王介民．工业产品艺术造型设计［M］．北京：清华大学出版社，2004.

[17] 付齐江．实木门加工工艺研究及重点［J］．国际木业，2006，36（6）：19-22.

[18] 高祥生，韩巍．室内设计师手册［M］．北京：中国建筑工业出版社，2001.

[19] 顾大庆．设计与视知觉［M］．北京：中国建筑工业出版社，2002.

[20] 郭茂来．视觉艺术概论［M］．北京：人民美术出版社，2000.

[21] 郭廉夫，张继华．色彩美学［M］．西安：陕西人民美术出版社，1992.

[22] 海福乐五金件手册［G］．海福乐中国有限公司，2011.

[23] 汉中市博物馆编．石门：汉中文化遗产研究［M］．西安：三秦出版社，2006.

[24] 郝金城．集成材制造技术［M］．哈尔滨：东北林业大学出版社，2001.

[25] 郝金城．非结构用集成材的制造与应用［J］．林产工业，1994，21（6）：15-17.

[26] 何晓佑，谢云峰．人性化设计［M］．南京：江苏美术出版社，2001.

[27] 洪梅，周春晖主编．实用建筑五金手册［M］．北京：中国标准出版社，2005.

[28] 黄国松．色彩设计学［M］．北京：中国纺织出版社，2003.

[29] 黄河润，穆亚平．影响微薄木粘贴质量因素的分析［J］．林业机械与木工设备，2003，31（3）：22-23.

[30] 黄伟．工业设计师完全手册［M］．广州：岭南美术出版社，2001.

[31] 黄彦然．油漆工程常见缺陷及其处理［J］．汕头科技，2004，4：53-54.
[32] 贾克琳．室内装修材料中甲醛释放规律研究进展［J］．环境与职业医学，2004，21(6)：493-494.
[33] 姜成增，刘孝岷．木材缺陷对木材利用的影响［J］．科技信息．2008，24：331.
[34] 江湘芸．产品造型设计材料的感觉特性［J］．北京理工大学学报，1999，19（1）：118-121.
[35] 金征，张伟．浅谈生产薄木及薄木装饰板的工艺特点［J］．木材加工机械，2004，15（3）：4-8.
[36] 金伯利·伊拉姆，李乐山译．设计几何学——关于比例与构成的研究［M］．北京：中国水利水电出版社，2003.
[37] 李斌．南方阔叶材刨切薄木生产工艺［J］．林业科技开发，2002，16（2）：44-45.
[38] 李军伟．浅谈人造薄木的生产工艺过程［J］．木材加工机械，1999，10（3）：22-25.
[39] 李新功，宋洁，郑霞．人造薄木的制造技术［J］．人造板通讯，2001，8（6）：19-21.
[40] 李乐山．工业设计思想基础［M］．北京：中国建筑工业出版社，2001.
[41] 李亮之．世界工业设计史潮［M］．北京：中国轻工业出版社，2001.
[42] 李清．视觉感知与平面设计［D］．上海：东华大学设计艺术学，2002.
[43] 李鹏．木质门窗设计与制造［M］．北京：化学工业出版社，2007.
[44] 李彦青．世界门窗主流市场东移［J］．工程塑料应用，2004，32（10）：55.
[45] 李蓓梅，樊广侠．木质内门的选购与保养［J］．林业机械与木工设备，2006，34(10)：43-45.
[46] 林书尧．基本造型学［M］．台北：维新书局，1981.
[47] 林书尧．视觉艺术［M］．台北：维新书局，1985.
[48] 林玉莲，胡正凡．环境心理学［M］．北京：中国建筑工业出版社，2000.
[49] 凌继尧，徐恒醇．艺术设计学［M］．上海：上海人民出版社，2004.
[50] 刘枫．门当户对-中国建筑门窗［M］．沈阳：辽宁人民出版社，2006.
[51] 刘建萍．胶合木胶合质量影响因素浅析［J］．木材工业．1998，12（6）：28-31.
[52] 刘涛．产品的设计色彩与人的情感心理［J］．沈阳航空工业学院学报，2000，17(4)：84-86.
[53] 刘文金，邹伟华．家具造型设计［M］．北京：中国林业出版社，2007.
[54] 刘一星．木材视觉环境学［M］．哈尔滨：东北林业大学出版社，1994.
[55] 刘一星，王逢瑚主编．木质建材手册［M］．北京：化学工业出版社，2007.
[56] 楼庆西．中国传统建筑木文化［M］．河南科学技术出版社，2001.
[57] 芦兰花．从敦煌写本《下女夫词》看敦煌地区的婚俗［J］．甘肃民族研究，2000，(4)：100-102.
[58] 路玉章．古建筑木门窗棂艺术与制作技艺［M］．北京：中国建筑工业出版社，2008.

[59] 路则光，吴智慧，孙友富．提高刨切薄木出材率的途径［J］．木材工业，2003，17（3）：29-30.
[60] 栾凤艳，王建满．薄木贴面工艺及贴面缺陷的预防措施［J］．林业机械与木工设备.2009，37（2）：47-49.
[61] 罗忆，黄圻，刘忠伟．建筑门窗［M］．北京：化学工业出版社，2009.
[62] 马未都．中国古代门窗［M］．北京：中国建筑工业出版社，2008.
[63] 迈耶（法），李玮译．视觉美学［M］．上海：上海人民美术出版社，1990.
[64] 米奇．枫木，硬枫和软枫［J］．家具，2005，（5）：63.
[65] 庞玉芝，时晓君，张春风．木方刨切方向的确定［J］．中国林副特产，2003，（3）：62.
[66] 朴永日．谈选用门窗五金件时的几个问题［J］．中国建筑金属结构，2009，（7）：51-56.
[67] 钱小瑜．创新是中国木门的发展之道［J］．中国人造板，2012，19（5）：1-7.
[68] 丘永福．造型原理［M］．台北：艺风堂出版社，1978.
[69] 饶勃主编．建筑门窗装修技术［M］．上海：上海科学技术文献出版社，2000.
[70] 邵政新．浅述建筑门窗的发展与市场［J］．山西焦煤科技，2004，（4）：16-17.
[71] 申行．各类木门简介［J］．中国木材，2000，（3）：42-43.
[72] 宿青平．门的哲学［M］．北京：中国旅游出版社，2006.
[73] 苏志英，柴德安．杨木厚芯胶合板制造及其在木门行业中的应用［J］．人造板通讯，2005，12（10）：23-25.
[74] 孙德阳．以人为本　提升木质门窗文化品质［J］．中国建筑金属结构，2004，（10）：26-27.
[75] 孙兰新，李永林主编．木工与门窗工［M］．北京：化学工业出版社，2002.
[76] 谭守侠，周定国主编．木材工业手册Ⅰ［M］．北京：中国林业出版社，2007.
[77] 滕守尧．审美心理描述［M］．成都：四川人民出版社，1998.
[78] 田卫国，刘瑞娜．集成材实木门的结构与加工工艺［J］．木材工业，2005，19（1）：40-42.
[79] 王艳，张帅，我国门窗五金配件现状与发展方向［J］．门窗.2008，2（3）：30-34.
[80] 王廷本．山毛榉≠榉木［J］．中国木材，1998，（3）：37-39.
[81] 魏洁，王枫．图形·空间·艺术［M］．南京：东南大学出版社，2003.
[82] 王海毅，王冬生，王晖．影响装饰纸质量的因素［J］．黑龙江造纸，2008，36（3）：36-38.
[83] 王慧芬，周鹏，李作正．建筑门窗的性能及发展趋势试析［J］．中州建设，2006，（6）：34.
[84] 王德胜．略谈装饰纸原纸的技术要求［J］．中国人造板，2006，13（12）：19-20.
[85] 王聚颜．木材变形开裂及其预防［J］．陕西林业科技，1989，（1）：59-62.
[86] 王恺主编．木材工业实用大全　家具卷［M］．北京：中国林业出版社，1998.
[87] 王恺主编．木材工业实用大全　涂饰卷［M］．北京：中国林业出版社，1998.

[88] 王恺主编．木材工业实用大全　木材卷［M］．北京：中国林业出版社，1998.
[89] 王恺主编．木材工业实用大全　木制品卷［M］．北京：中国林业出版社，1998.
[90] 王恺主编．木材工业实用大全　制材卷［M］．北京：中国林业出版社，1998.
[91] 王双科，邓背阶．家具涂料与涂饰工艺［M］．北京：中国林业出版社，2005.
[92] 温小军．常用木门的分类和材质及工艺特点［J］．山西建筑，2007，33（16）：245-246.
[93] 伍德．欧洲门窗市场有轻微恢复［J］．国际木业，2002，32（12）：25.
[94] 巫其祥．中国的门文化［J］．神州民俗，2003，（3）：28-33.
[95] 吴庆洲．工业设计视觉表现［M］．北京：中国建筑工业出版社，2005.
[96] 吴裕成．中国门文化［M］．天津：天津人民出版社，2006.
[97] 吴悦琦，张亚池．家具造型与结构设计［M］．北京：北京林业大学出版社，1989.
[98] 吴智慧．室内与家具设计［M］．北京：中国林业出版社，2005.
[99] 向冬枝，付齐江．实木门的加工工艺分析与质量控制［J］．门窗，2008，（2）：44-47.
[100] 向冬枝．木质门的选购、安装、使用与维护［J］．门窗，2008，（1）：57-60.
[101] 小原二郎．室内空间设计手册［M］．北京：中国建筑工业出版社，2000.
[102] 许方荣．我国木质门产业现状与发展趋势［J］．林产工业，2011，38（2）：9-12.
[103] 许国强．薄木生产时应注意的几个问题［J］．林业机械与木工设备，1999，27（9）：19-20.
[104] 徐钊编著．木质品涂饰工艺［M］．北京：化学工业出版社，2006.
[105] 杨鸿勋．建筑考古学论文集（增订版）［M］．清华大学出版社，2008.
[106] 杨天佑主编．建筑节能装饰门窗・卫浴产品［M］．广州：广东科技出版社，2003.
[107] 尹满新．室内装饰人造板甲醛释放量的控制［J］．辽宁林业科技．2008，3：46-48.
[108] 应晓孟，黄晓峰．胶合木门的研制与生产［J］．新型建筑材料，1990，（7）：29-32.
[109] 俞津．欧洲榉木、日本榉木和美国榉木［J］．家具，2004，25（2）：29.
[110] 俞津．欧洲樱桃木、日本樱桃木和美国樱桃木［J］．家具，2004，（3）：28.
[111] 余卓群．建筑视觉造型［M］．重庆：重庆大学出版社，1992.
[112] 曾正明．建筑五金速查手册［M］．北京：机械工业出版社，2005.
[113] 翟义勇主编．工程建设分项设计施工系列图集　门窗工程［M］．北京：中国建材工业出版社，2004.
[114] 张道一．工业设计全书［M］．南京：江苏科学技术出版社，1994.
[115] 张福昌，张彬渊．室内家具设计［M］．北京：中国轻工出版社，2001.
[116] 张福昌．造型基础［M］．北京：北京理工大学出版社，1994.
[117] 张广仁，艾军编著．现代家具油漆技术［M］．哈尔滨：东北林业大学出版社，2002.
[118] 张觉．韩非子［M］．上海：上海古籍出版社，2009.
[119] 张金菊，申世杰．集成材概述［J］．木材加工机械，2006，17（2）：43-47.